Flugzeuge der Welt 2015

Coverfoto: Pilatus PC-24
Dreiseitenrisse: Aeromedia Anton E. Wettstein, Mattes Kettner, Samuel Ehrat
Diverse Fotos wurden in verdankenswerter Weise von mehreren Fotografen zur Verfügung gestellt, u.a. von André Aebi.

ISBN 978-3-613-03740-3
www. motorbuchverlag.de
Druck und Bindung: Print Consult GmbH, 80538 München
Printed in Czech Republic

FLUGZEUGE DER WELT 2015

Claudio Müller

Motor buch Verlag

Seit 55 Jahren erscheint das Jahrbuch »Flugzeuge der Welt«. Wie üblich, präsentiere ich jene Typen, die sich derzeit in Produktion befinden oder ältere Modelle, welche einer wesentlichen Modernisierung unterzogen werden. Am interessantesten sind jedoch jeweils die Muster, die voraussichtlich im 2015 ihren Erstflug absolvieren. Gerade in diesem Jahr kann von einigen attraktiven Neuerscheinungen berichtet werden.

In der Ausgabe 2015 liegt der Schwerpunkt beim immer größer werdenden Markt der Businessjets. Nach einigen schwierigen Jahren kommt dieses Segment wieder in Schwung. Ein Zeichen dafür sind die hohe Zahl an Neuerscheinungen, die Wiederaufnahme von zwischenzeitlich eingestellten Projekten und die generelle Zunahme der Produktionszahlen. Auch die Anschaffungsfinanzierung ist wieder leichter geworden. Was Neuvorstellungen, Erstflüge und Markteinführungen angeht, war 2014 ein wichtiges Jahr. Angekündigt wurden beispielsweise von Gulfstream die Modelle 500 und 600. Cessna ist gleich mit drei Neu- bzw. Weiterentwicklungen Latitude, Longitude und Citation X+ im Markt. EMBRAER lieferte Ende 2014 erstmals die Legacy 500 aus, bald gefolgt von der Legacy 450. Nicht zu vergessen sind auch die Modelle von Dassault, die Falcon 5X und die Falcon 8X, welche beide 2015 den Erstflug erleben werden. Weiterhin gibt es aber Strukturbereinigungen im Markt. Die wichtigste, nämlich die Übernahme von Beechcraft durch die Muttergesellschaft von Cessna, die Textron Corp., wurde anfangs 2014 bekannt. Zentral für dieses Marktsegment sind mittlerweile die Fractional Ownership-Gesellschaften, allen voran die NetJets mit mittlerweile über 700 Flugzeugen im Bestand.

Auch der Markt an Leicht- und Sportflugzeugen entwickelt sich positiv. Auffällig ist dabei, wie sich die Volksrepublik China immer stärker in diesem Segment engagiert, meist durch Übernahmen von US Gesellschaften wie die Cirrus, Epic Aircraft, Teledyne Continental Motors oder neuerdings auch Mooney.

Weiterhin boomt das Segment der Verkehrsflugzeuge. Boeing wie auch Airbus meldeten für 2014 Rekordaufträge. Diese übertreffen seit Jahren die Produktion meist um das Doppelte. Aber auch die EMBARER-170/195-Familie verkauft sich weiterhin sehr gut. Gewisse Warnungen vor Übertreibungen sind mittlerweile aber hörbar. Sollte der Treibstoffpreis für längere Zeit auf tiefem Niveau verharren, nimmt auch der Druck nach Erneuerung der Flotten ab. Ursprünglich war geplant, 2015 rund 1800 alte Verkehrsflugzeuge zu verschrotten. Hier dürfte es zu einer gewissen Atempause kommen. Wichtige Erstflüge stehen 2015 oder 2016 vor der Tür: Das japanische Kurzstreckenflugzeug Mitsubishi MRJ sowie die Konkurrenzmuster zu Airbus A320 und Boeing 737, die chinesische Comac C919 und die russische United Aircraft MS-21. Ob die beiden letztgenannten Muster den Platzhirschen von Airbus und Boeing mittelfristig echte Konkurrenz bescheren werden, ist noch offen. Die Zahl der Erstbestellungen ist aber für die Hersteller ermutigend. Seit einigen Jahren nimmt die Bedeutung der Leasinggesellschaften zu. Diese wachsen unaufhörlich, nehmen stärker Einfluss auf die Entwicklung von neuen Typen und es kommen immer neue Firmen hinzu. Unschön ist der aktuelle Trend, durch leichtere und schlankere Sitze immer mehr Passagiere in Kurz- und Mittelstreckenflugzeugen hinein zu quetschen.

Verhalten ist die Entwicklung bei der Frachtluftfahrt. Eine leichte Erholung ist spürbar, welche sich aber zwischenzeitlich wieder abkühlte. Das schlägt sich auf den Bestellungseingang nieder. Nur noch die Boeing 777F verzeichnete 2014 einige Aufträge, während beispielsweise die Boeing 747-8F und der Airbus A330F keine Bestellungen erhielten. Dagegen scheint der Umbau von bisherigen Passagierflugzeugen in Frachtmaschinen wieder an Bedeutung zu gewinnen. Beispiele dafür sind der Airbus A320F sowie neuerdings Umbauten von A330 in A330F.
Die Militärluftfahrt steht offenbar vor einer Wende. Mittelfristig bahnt sich eine gefährliche Entwicklung an. Während die USA und fast ganz Europa ihre Verteidigungsbudgets seit Jahren entweder eingefroren oder teilweise massiv gesenkt haben, ist besonders in Asien und im mittleren Osten genau das Gegenteil der Fall. In diesen Regionen sind die Budgets substanziell erhöht worden, ein eigentliches Wettrüsten ist zu beobachten. So hat die Volksrepublik China in den letzten Jahren ihr Budget um rund 170% erhöht, während jenes von Italien im gleichen Zeitraum um 26% gesenkt wurde. Es ist daher kaum verwunderlich, in welchen Regionen die größeren Beschaffungen von Kampf- und militärischen Transportflugzeugen stattfinden. Der Gap zwischen Europa und vielen anderen Staaten nimmt laufend zu, wird aber von der Bevölkerung Europas trotz der schwelenden Krisen oder sogar kriegsähnlichen Verhältnisse nicht wahrgenommen. Ein beredtes Beispiel für diese Lethargie oder besser der Negierung von Tatsachen, zeigte die Schweizer Bevölkerung mit der Ablehnung der Beschaffung des neuen Kampfflugzeuges Gripen E im Rahmen einer Volksabstimmung. Ein gewisses Umdenken scheint sich anzubahnen. In Deutschland entzündete sich beispielsweise die Diskussion um die aktuell bedenkliche Einsatzbereitschaft u.a. der Luftwaffe. Wenn auch sehr halbherzig, will man durch punktuell höhere Budgets mindestens bei diesem Problem etwas Abhilfe schaffen.
Die Luftfahrtindustrie von China boomt weiterhin. Laufend werden neue Typen lanciert. Begonnen hat diese Entwicklung bei der Militärluftfahrt und weitet sich nun in die Verkehrsluftfahrt aus. Im Bereich der General Aviation sind erste Schritte gemacht, bald folgt auch ein Businessjet aus chinesischer Produktion. Weiter sind noch Spezialflugzeuge in Planung, wie diverse Drohnen sowie ein Wasserflugzeug. China dürfte somit in wenigen Jahren das einzige Land auf der Welt sein, welches Modelle für fast alle Sparten der Luftfahrt produzieren kann. Wer hätte das vor zehn Jahren gedacht!
Diese Dynamisierung der Branche, das Eintreten von neuen Anbietern im Markt, vor allem aus Asien, macht das Beobachten und das Beschreiben der neuesten Entwicklungen in dieser Buchreihe immer spannender. Wir können uns auf viele neue Entwicklungen freuen.

Claudio Müller

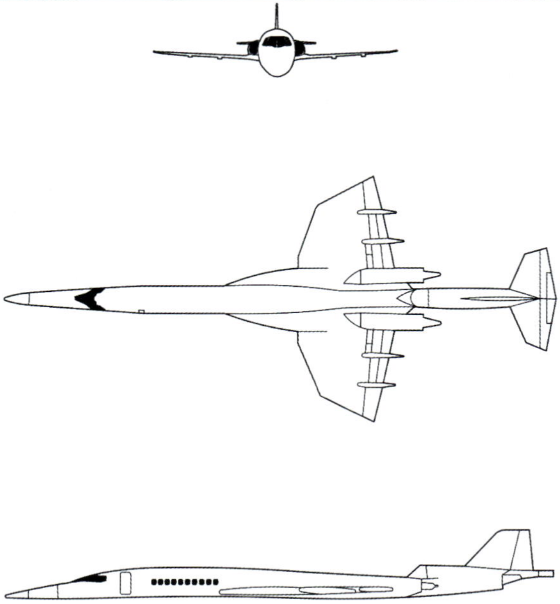

Abmessungen:
Spannweite 21,0 m
Rumpflänge 49,00 m
Höhe 8,00 m
Flügelfläche 125,00 m².

AERION AS2

Ursprungsland: USA/Europa.
Kategorie: Überschall-Businessflugzeug.
Triebwerke: Drei Mantelstromtriebwerke eines noch auszuwählenden Typs von je rund 6800 kp (67 kN) Standschub.
Leistungen (neueste Berechnungen): Max. Reisegeschwindigkeit Mach 1,6, Langstreckenreisegeschwindigkeit Mach 1,4; Höchstgeschwindigkeit im Unterschallbereich Mach 0,99; Dienstgipfelhöhe 15540 m; max. Reichweite mit IFR-Reserven 9260 km.
Gewichte: Leergewicht 22600 kg; max. Startgewicht 52000 kg.
Zuladung: Zwei Piloten und zwischen acht und elf Passagiere.
Entwicklungsstand: Heutigen Plänen zufolge soll ein erster Prototyp 2019 die Flugerprobung aufnehmen. Mit dem kommerziellen Einsatz wird ab 2021 gerechnet.
Bemerkungen: Nach Jahre langen Versuchen, einen Überschall-Businessjet auf den Markt zu bringen, scheint sich dieses Vorhaben dank der Aerion AS2 zu konkretisieren. Ein wichtiger Meilenstein ist dabei, dass sich Airbus am Projekt beteiligen will. Bei der AS2 handelt es sich um eine Weiterentwicklung des vor rund zehn Jahren begonnenen Projekts Aerion SBJ. Der Businessjet soll ein Optimum zwischen erreichbarer Höchstgeschwindigkeit und möglichst minimaler Umweltbelastung erzielen. So wird bewusst auf doppelte Schallgeschwindigkeit verzichtet. Die geplante Geschwindigkeit genügt jedoch, um beispielsweise die Strecke zwischen der Ostküste der USA und der Westküste Asiens in 9,5 Stunden zurückzulegen. Einen wesentlichen Beitrag zur Erzielung dieses Werts leistet der Flügel, welcher sowohl für hohe Unterschall- wie auch für mittlere Überschallgeschwindigkeit optimiert wird. Große Aufmerksamkeit in der Konzeption wird dem möglichst geringen Überschallknall geschenkt. Die rund neun Meter lange Passagierkabine erlaubt durchgehend Stehhöhe und soll gleichen Komfortansprüchen wie heutige Businessjets genügen. Aktuellen Schätzungen zufolge soll der Stückpreis auf rund US$ 100 Mio. zu stehen kommen.
Hersteller: Aerion Corporation, Reno, Nevada, USA.

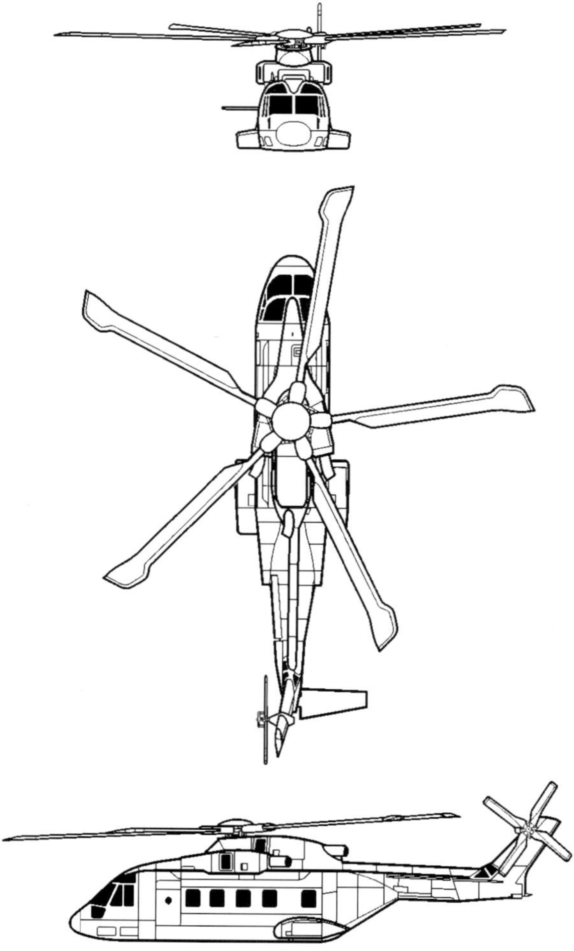

Abmessungen:
Rotordurchmesser 18,59 m
Rumpflänge 19,51 m
Höhe inkl. Rotorkopf 5,21 m.

AGUSTA WESTLAND AW101

Ursprungsland: Großbritannien und Italien.
Kategorie: Militärischer und ziviler Mehrzweck- und Transporthubschrauber.
Triebwerke: Drei Gasturbinen (RN) Rolls-Royce-Turboméca RTM 322 von je 2241 WPS (1671 kW) oder (Italienische Marine) General Electric CT7-6A1 von je 2040 WPS (1521 kW) Leistung.
Leistungen (CT7-6): Max. Fluggeschwindigkeit 308 km/h; ökonom. Reisegeschwindigkeit 267 km/h; Schwebehöhe mit Bodeneffekt 2745 m, ohne Bodeneffekt 1675 m; max. Flughöhe 4600 m; Reichweite mit 30 Passagieren 926 km; Überführungsreichweite mit Zusatztanks 1760 km.
Gewichte: Rüstgewicht ASW-Ausführung 9275 kg, Mehrzweckversion 9000 kg, Zivilausführung 8993 kg; max. Startgewicht ASW-Ausführung 13530 kg, übrige 14288 kg.
Zuladung: Zwei Piloten und 30 Passagiere; max. Nutzlast 6700 kg.
Bewaffnung (HM Mk.2): Vier Leichtgewichttorpedos Stingray oder Antischiffslenkwaffen der Exocet-Harpoon-Klasse; HH-101A: Drei 7,62-mm-Maschinengewehre M134.
Entwicklungsstand: Die erste Entwicklungsmaschine flog erstmals am 9. Oktober 1987. Bisher sind Bestellungen für rund 220 AW101 (davon fast 200 abgeliefert) in verschiedenen Ausführungen eingegangen: Marine Algeriens 6, Dänemark 18, Großbritannien 72, Italien 24 + 15 HH-101A, Kanada 15, Norwegen 16+, Portugal 12 (+ 2 Optionen), Polizei von Tokyo 1, Japanische Marine 14, Saudi Arabien 2; neu Nigeria 2.
Bemerkungen: Die AW101 wird in verschiedenen Ausführungen gebaut: ASW (U-Boot-Jäger), Minensucher, SAR/Rettungsaufgaben, taktischer Transporter, AEW sowie Zivilversion. Die Merlins der Royal Navy werden bereits einer intensiven Modernisierung unterzogen, welche u.a. ein Fly-By-Wire-System und eine neue Avionik- und Kommunikationssysteme umfasst. Ein neuer Hauptrotor wird bei allen englischen AW101 eingebaut. Dadurch erhöht sich die Nutzlast um 650 kg und erlaubt eine höhere Geschwindigkeit. Anfangs 2014 hatte die als HH-101 Caesar (siehe Foto) bezeichnete Combat-SAR-Version der italienischen Luftwaffe den Erstflug. Diese kann luftbetankt werden und ist an diversen Stellen gepanzert.
Hersteller: AgustaWestland Ltd., London, Werk Yeovil, Großbritannien.

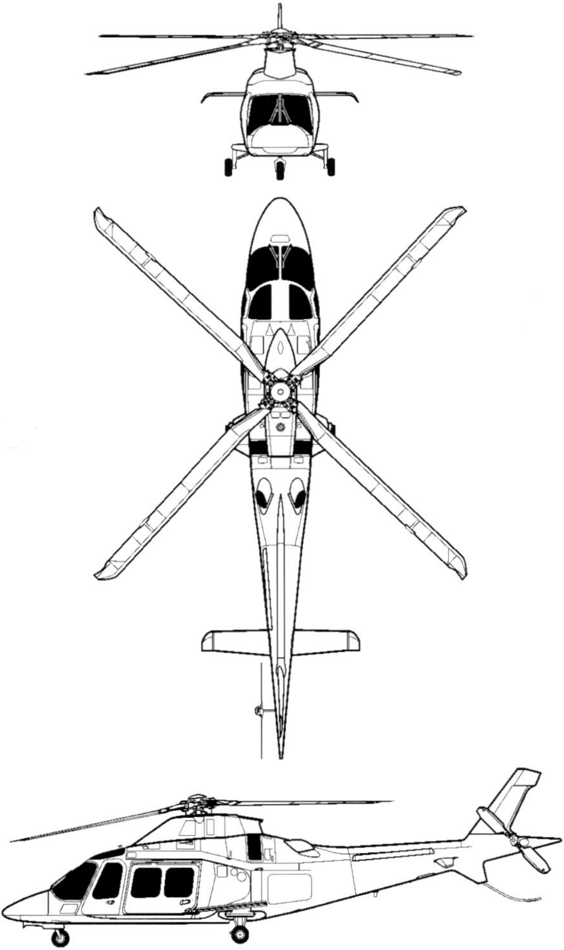

Abmessungen (Trekker):
Rotordurchmesser 10,83 m
Rumpflänge 11,65 m
Höhe über Rotor 3,08 m, über Heck 3,44 m.

AGUSTA WESTLAND AW109 TREKKER

Ursprungsland: Italien.
Kategorie: Leichter Mehrzweckhubschrauber.
Triebwerke: Zwei Gasturbinen Pratt & Whitney Canada PW207C von je 815 WPS (608 kW) Leistung.
Leistungen: Höchstgeschwindigkeit 311 km/h; max. Reisegeschwindigkeit 296 km/h auf Meereshöhe; max. Schrägsteiggeschwindigkeit 9,30 m/Sek; Dienstgipfelhöhe 4940 m; Schwebehöhe mit Bodeneffekt 4750 m, ohne Bodeneffekt 3050 m; Reichweite 824 km; max. Flugdauer 4 Std. 20 Min.
Gewichte: Leer 1660 kg; max. Startgewicht 3175 kg mit interner Nutzlast bzw. 3200 kg mit externer Nutzlast.
Zuladung: Ein Pilot und sieben Passagiere. Als Ambulanzhubschrauber zwei liegende Patienten und zwei Helfer. Max. Nutzlast (Power) 1130 kg.
Entwicklungsstand: Die neueste Version Trekker (siehe Foto) wurde im Februar 2014 vorgestellt. Erste Auslieferungen haben bereits begonnen. Die AW109 Grand (siehe Dreiseitenriss) fliegt seit Anfang 2005. Gegen 300 Grand/GrandNews/Trekker sind bestellt und rund 130 davon abgeliefert. Die verschiedenen Ausführungen Grand, Power und Nexus (siehe frühere Ausgaben) werden weiterhin produziert. Bisher sind gegen 600 Einheiten bestellt worden.
Bemerkungen: Die erfolgreiche lange Reihe von AW109-Versionen wird durch eine weitere – die Trekker – ergänzt. Sie basiert auf der AW109SP GrandNew und weist u.a. folgende Neuerungen auf: Statt Radfahrwerk besitzt sie Landekufen, zugelassen für Einpilotenbetrieb, Glas-Cockpit Garmin G1000HTM. Dank eines größeren Treibstofftanks können bessere Reichweitenleistungen erreicht werden. Wie der Name Trekker suggeriert, ist diese Ausführung primär für die Arbeitsfliegerei optimiert. Je nach Aufgabengebiet können optional ein Transporthaken, eine Rettungswinde mit einer Nutzlast von 272 kg, Suchscheinwerfer, Lautsprecher, FLIR usw. montiert werden.
Hersteller: AgustaWestland Ltd., Werk Vergiate, Italien.

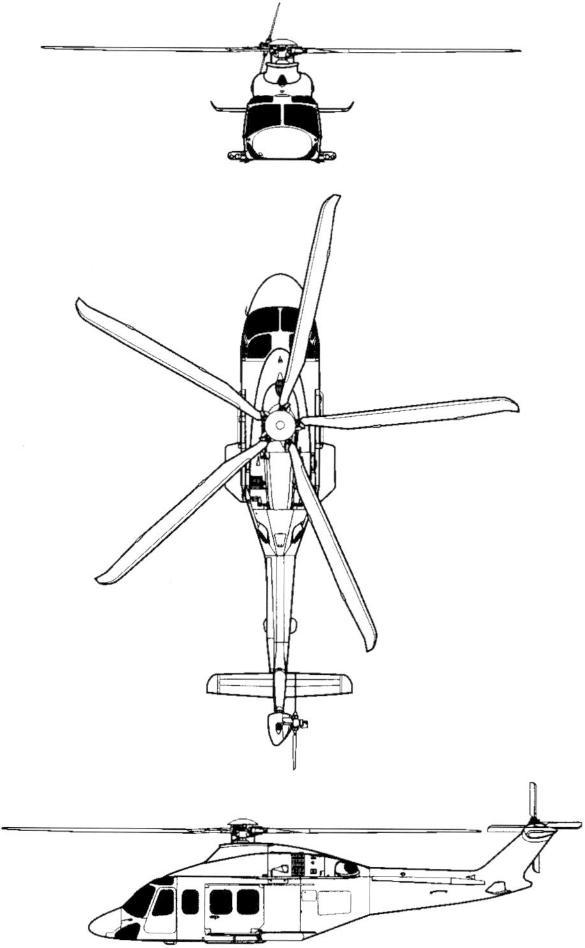

Abmessungen:
Rotordurchmesser 13,80 m
Rumpflänge bei drehendem Rotor 16,65 m, ohne Rotor 13,53 m
Höhe über Heckleitwerk 4,95 m.

AGUSTA WESTLAND BELL AW139/HH-139

Ursprungsland: Italien.
Kategorie: (AW139) Mittelschwerer Mehrzweckhubschrauber, (HH-139) Combat-SAR-Hubschrauber.
Triebwerke: Zwei Gasturbinen Pratt & Whitney Canada PT6C-67C von je 1679 WPS (1250 kW) Leistung.
Leistungen: Höchstgeschwindigkeit 310 km/h; max. Reisegeschwindigkeit 306 km/h; Schrägsteiggeschwindigkeit 10 m/Sek; Schwebehöhe mit Bodeneffekt 3600 m, ohne Bodeneffekt 2920 m; Dienstgipfelhöhe 5914 m; max. Flugdauer 5,12 Std; Reichweite mit 10 Passagieren 650 km, max. 1061 km.
Gewichte: Rüstgewicht je nach Ausführung 3800 kg, max. Startgewicht 6800 kg.
Zuladung: Ein bis zwei Piloten und zwischen 12 und 15 Passagiere oder für Rettungseinsätze sechs liegende Verletzte und vier Sanitäter; max. Nutzlast intern 2500 kg, extern 2778 kg.
Entwicklungsstand: Der Prototyp nahm am 3. Februar 2001 die Flugerprobung auf, gefolgt vom ersten Serienmuster am 24. Juni 2002. Ende 2003 wurden die ersten Maschinen ausgeliefert. Etwa 210 zivile Operators sowie militärische bzw. paramilitärische Organisationen haben bis Ende 2014 fast 800 Einheiten bestellt, 700 davon waren bereits gebaut. Derzeit produziert der Hersteller jährlich etwa 50 AW139. Einige der neuesten Besteller: Russische Regierung 7, Travira Air 2, Victorian Air Ambulance 6. Angesichts der großen Nachfrage wird die AW139 in den USA (bisher 200 gebaut) und seit 2012 auch in Russland in Lizenz hergestellt.
Bemerkungen: Ursprünglich ein Gemeinschaftsprojekt von Agusta und Bell, trägt heute AgustaWestland die alleinige Verantwortung für die AW139. Haupteinsatzgebiete sind: Transport von Geschäfts-/VIP-Personen, Überwachungsaufgaben, EMS-Transporte und Versorgung von Ölbohrplattformen. Die AW139 zeichnet sich durch eine für ihre Klasse sehr voluminöse Kabine aus. Die elektronische Ausrüstung entspricht dem heutigen Standard. Alle ab 2009 gebauten Modelle weisen ein auf 6800 kg erhöhtes max. Startgewicht auf. Die Italienische Luftwaffe hat 2012 zehn Einheiten einer speziellen Combat-SAR-Version HH-139A beschafft. Diese weist u.a. ein verstärktes und höheres Fahrwerk sowie verbesserte Avionik auf.
Hersteller: AgustaWestland Ltd., Werk Vergiate, Italien und Bell Helicopter Textron, USA.

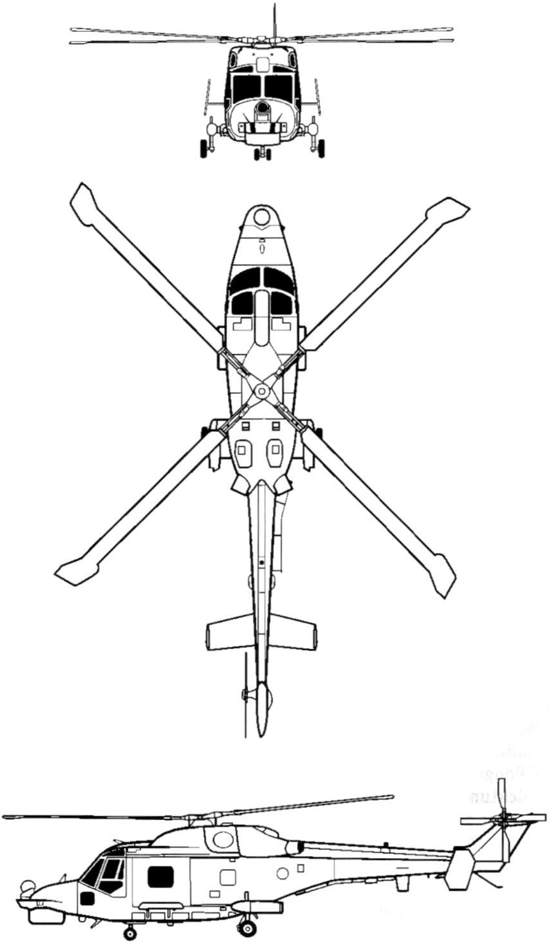

Abmessungen:
Rotordurchmesser 12,80 m
Rumpflänge 13,33 m
Höhe inkl. Rotorkopf 3,67 m.

AGUSTA WESTLAND AW159 WILDCAT

Ursprungsland: Großbritannien.
Kategorie: Militärischer Mehrzweckhubschrauber für Armee- und Marineeinsätze.
Triebwerke: Zwei Gasturbinen Honeywell LHTEC CTS800-4N von je 1620 WPS (1207 kW) Leistung.
Leistungen: Max. Reisegeschwindigkeit 245 km/h auf Meereshöhe; normale Reisegeschwindigkeit 230 km/h; Schrägsteiggeschwindigkeit 10 m/Sek; Schwebehöhe mit Bodeneffekt 2103 m, ohne Bodeneffekt 1448 m; Reichweite bei taktischem Einsatz 685 km, max. 1000 km; max. Flugdauer mit Zusatztanks 5 Std. 15 Min.
Gewichte: Rüstgewicht 3943 kg; max. Startgewicht 5800 kg.
Zuladung: Ein bis zwei Piloten und je nach Einsatzzweck bis zu zwölf Personen. Als Rettungshubschrauber drei bis acht Patienten samt Sanitäter; Rettungswinde von 272 kg Tragkraft.
Bewaffnung: Als Panzerabwehrhubschrauber an bis zu acht Aufhängepunkten TOW-, HOT- oder Hellfire-Lenkwaffen; als Schiffsabwehr-Hubschrauber Leichttorpedos, bis zu vier Lenkwaffen Sea Skua 2, AS12TT oder zwei Penguin.
Entwicklungsstand: Das erste Muster absolvierte den Erstflug am 28. November 2009, gefolgt vom zweiten am 14. Oktober 2010. Die Royal Army beschafft 40 Future Lynx, die Royal Navy 22. Die ersten Ablieferungen an die Army erfolgten 2012. 2013 folgten jene für die Navy. Neuester Besteller: Marine Süd Koreas 8.
Bemerkungen: Bei der AW159 Wildcat handelt es sich um eine wesentlich überarbeitete Weiterentwicklung der Lynx/Super Lynx AH9 (siehe Ausgabe 2009). Sie ist mit deutlich leistungsfähigeren CTS800-Triebwerken ausgestattet. Die Landversion erhält verbesserte Navigations- und Kommunikationssysteme sowie u.a. ein Laser-Zieldarstellungsgerät und wird besser geeignet sein, die Unterstützungsfunktion für die englischen AH-64D (siehe Seiten 96/97) zu erfüllen. Die Marineversion weist ein 360°-Seaspray-Radar im Rumpfbug auf und ist zusätzlich mit Night-Vision-Goggles (NVG), Glascockpit, digitaler Avionik und doppelt redundantem Databus MIL-STD-1553D ausgerüstet.
Hersteller: AgustaWestland Ltd., Werk Yeovil, Somerset, Großbritannien.

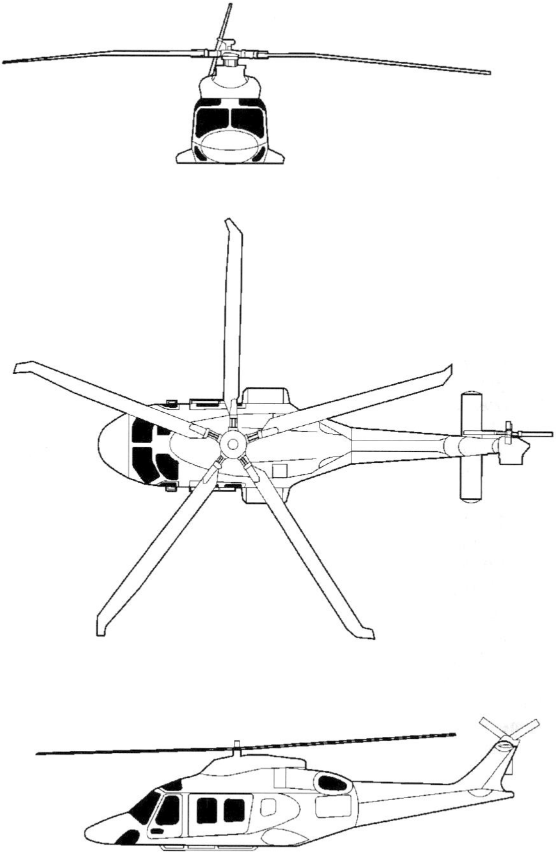

Abmessungen:
Rotordurchmesser 12,12 m
Rumpflänge bei drehendem Rotor 14,68 m
Höhe inkl. Rotorkopf 4,50 m.

AGUSTA WESTLAND AW169

Ursprungsland: Italien.
Kategorie: Mittelschwerer Mehrzweckhubschrauber.
Triebwerke: Zwei Gasturbinen Pratt & Whitney PW210A von je 1000 WPS (745 kW) Leistung.
Leistungen (provisorische Angaben): Reisegeschwindigkeit 260 km/h; weitere Angaben noch nicht erhältlich.
Gewichte: Max. Startgewicht 4500 kg.
Zuladung: Ein bis zwei Piloten und zwischen acht und zehn Passagiere oder für Rettungseinsätze zwei liegende Verletzte und zwei Sanitäter.
Entwicklungsstand: Ein erster von vier Prototypen flog erstmals am 10. Mai 2012, der letzte am 31. Januar 2013. Mit den Kundenauslieferungen will man gegen Ende 2015 beginnen. Bis Ende 2014 waren über 90 Hubschrauber von mehreren Betreibern bestellt, darunter Bond Air Services 10 + Optionen, Inaer Spanien 10. Die meisten werden die AW169 für Offshore- und Ambulanzeinsätze verwenden. Nebst in Italien wird die AW 169 auch in Philadelphia, USA, gebaut.
Bemerkungen: Mit der AW169 will der Hersteller die Angebotslücke zwischen der AW109 und der AW139 schließen und damit auch ein Konkurrenzprodukt beispielsweise zum Eurocopter EC145 anbieten. In diesem Wachstumssegment wird ein Produkt lanciert, welches neueste technologische Entwicklung enthält und eine große Zahl von Einsatzmöglichkeiten erlaubt. Im Vordergrund stehen dabei kommerzielle wie auch paramilitärische Aufgaben wie EMS-Einsätze, Law-and-Order-, Offshore- und SAR-Missionen. Bei der AW169 handelt es sich um eine völlig neue Entwicklung, bei der modernste Konstruktionsmethoden und Werkstoffe eingesetzt werden. Nebst auf Robustheit und Langlebigkeit wird starkes Gewicht auf hohe Wirtschaftlichkeit gelegt. Auch die Avionik entspricht neuesten Entwicklungen. Die Zelle wird »crash-resistent« ausgelegt. Dank großen Schiebetüren ist der Passagier- bzw. Frachtraum sehr gut zugänglich, was insbesondere bei Ambulanzeinsätzen wichtig ist.
Hersteller: AgustaWestland Ltd., Werk Vergiate, Italien.

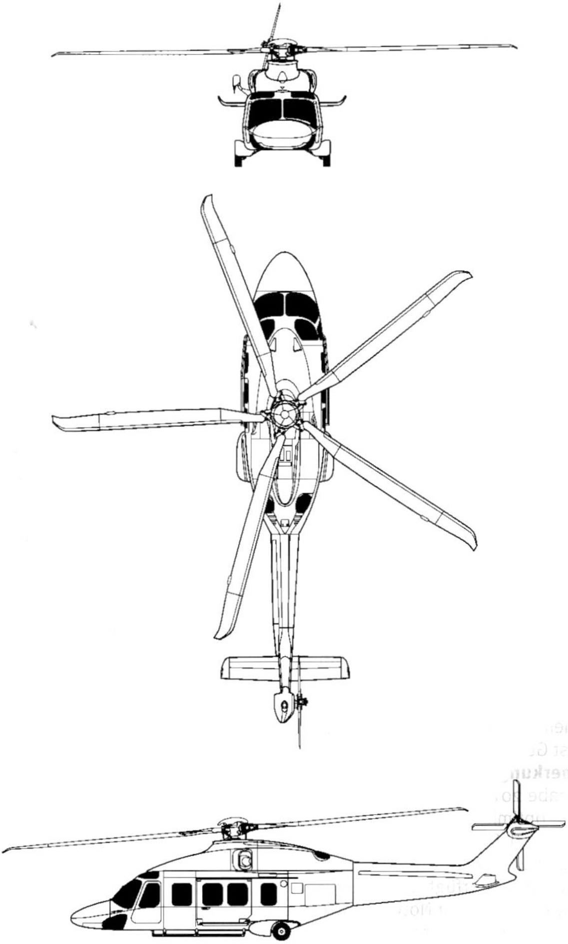

Abmessungen:
Rotordurchmesser 14,60 m
Rumpflänge bei drehendem Rotor 17,60 m, Rumpflänge alleine 14,60 m
Höhe über Heckleitwerk 5,06 m.

AGUSTA WESTLAND AW189

Ursprungsland: Italien.
Kategorie: Mittelschwerer Mehrzweckhubschrauber primär für Offshore-Einsätze.
Triebwerke: Zwei Gasturbinen General Electric CT7-2E1 von je 2000 WPS (1492 kW) Leistung.
Leistungen: Höchstgeschwindigkeit über 300 km/h, Reisegeschwindigkeit 278 km/h; Aktionsradius mehr als 370 km, mit Standardnutzlast noch 260 km.
Gewicht: Max. Startgewicht 8300 kg.
Zuladung: Zwei Piloten und normalerweise 16, max. bis zu 18 Passagiere. Extern können Lasten bis zu 2722 kg mitgeführt werden.
Entwicklungsstand: Die AW189 startete am 21. Dezember 2011 zum Erstflug und hat bereits Ende 2013 die Zulassung erhalten. Damit konnte mit den Kundenablieferungen anfangs 2014 begonnen werden. Als Erstbesteller gab die britische Bristow einen Auftrag über sechs Einheiten bekannt. ERA folgte mit fünf und Gulf Helicopters mit 15. Auch andere Betreiber haben die AW189 geordert, insgesamt waren es Ende 2014 über 90 Einheiten. 11 von Bristow betriebene AW189 werden neu im Auftrag der UK Coast Guard seit Anfang 2015 als Rettungshubschrauber eingesetzt.
Bemerkungen: Basierend auf der militärischen Version AW149 (siehe Ausgabe 2014) ist die AW189 primär für die harten Einsätze im Offshore-Markt optimiert und zwar sowohl für Passagier-, Frachttransporte sowie Such- und Rettungsmissionen. Sie entspricht den neuesten internationalen Sicherheitsvorschriften für Transporteinsätze vor allem auf Bohrinseln. Dazu verfügt die AW189 über eine spezifische Ausrüstung, u.a. Schwimmkörper für Notwasserungen, Notlichtsystem, faltbare Rettungsfloße außen am Rumpf, weiterentwickeltes Wetterradar, Schutzsystem gegen Vereisung usw. Eine Spezialausführung für sog. EMS-Einsätze befindet sich in Zusammenarbeit mit United Rotorcraft ebenfalls in Entwicklung. Wie bei neuen Hubschrauberkonstruktionen üblich verfügt die AW189 über eine voll digitalisierte Avionik, eine offene System-Architektur und integrierte Einsatzausrüstung. Der 4-Achs-Autopilot und die neueste Avionik sollen die Belastung der Piloten minimieren. Die Zellenkonstruktion ist sehr robust ausgelegt und soll den Insassen bei Abstürzen eine hohe Überlebenswahrscheinlichkeit ermöglichen.
Hersteller: AgustaWestland Ltd., Werk Vergiate, Italien.

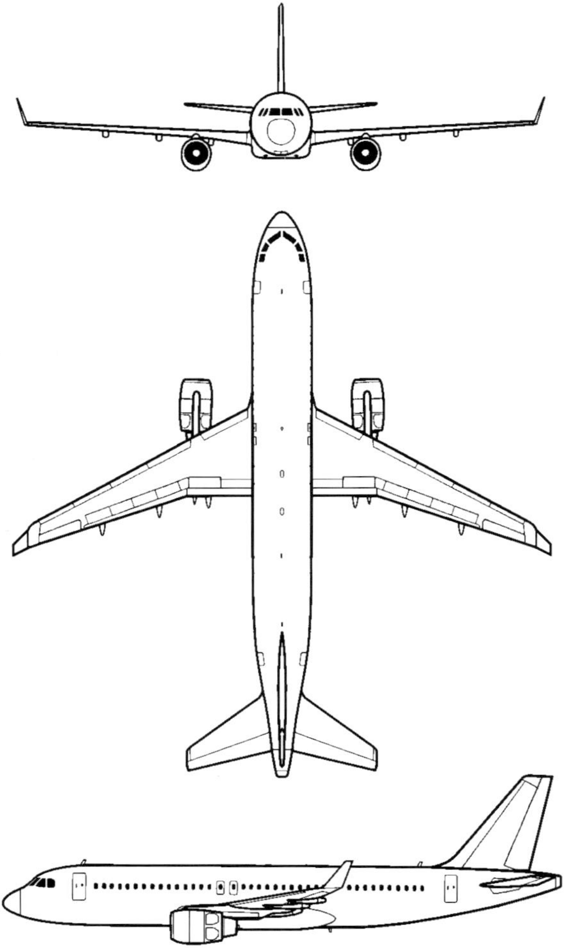

Abmessungen:
Spannweite 34,10 m
Länge (A320) 37,57 m, (A319) 33,84 m, (A321) 44,51 m
Höhe 11,76 m
Flügelfläche (A320) 122,40 m².

AIRBUS A320-200 »ENHANCED«/A321/A320NEO

Ursprungsland: Europäisches Konsortium.
Kategorie: Kurz- und Mittelstrecken-Verkehrsflugzeug.
Triebwerke (A320-200): Zwei Mantelstromtriebwerke CFM International CFM56-5B4 bzw. IAE V2500-A1 von je 12020 kp (117,90 kN) Standschub; (A320neo): Zwei Mantelstromtriebwerke Pratt & Whitney PW1127G von je 11930 kp (117,20 kN) Standschub bzw. CFM International LEAP-1A von etwa gleicher Stärke.
Leistungen (A320-200): Max. Reisegeschwindigkeit Mach 0,82, ökonom. Reisegeschwindigkeit 845 km/h; Dienstgipfelhöhe 11890 m; Reichweite mit max. Passagierzahl inkl. Reserven 5030 km.
Gewichte (A320-200): Rüstgewicht 41800 kg; max. Startgewicht 77020 kg.
Zuladung: Zwei Mann Cockpitbesatzung und Mehrklassenbestuhlung für normalerweise 150 Passagiere. Einheitsklassen-Innenausstattung für max. 189 Passagiere; max. Nutzlast 21600 kg.
Entwicklungsstand: Die »Enhanced-Version« fliegt seit 2008, die neueste Variante A320neo folgte am 25. September 2014. Vom Airbus-Bestseller A320 waren bis Dezember 2014 4761 bestellt und 3850 abgeliefert. Auch die A320neo weist Ende 2014 bereits ein rekordhohes Auftragspolster von 2817 Einheiten von über 30 Airlines auf. Die monatliche Produktionsrate beläuft sich aktuell auf 42 Einheiten. Bei Tianjin Zhongtian in der VR China sowie in Mobile, USA bestehen weitere Produktionsstraßen. Von der A318/A319/A320/A321-Familie zusammen sind bisher 11514 bestellt und 6385 abgeliefert worden.
Bemerkungen: Die A320 wird einer Verjüngungskur unterzogen. Zur weiteren Verbesserung der Aerodynamik und Verringerung des Luftwiderstandes gestaltet Airbus den Flügel-Rumpf-Übergang sowie die Entlüftungsventile neu, die Flügelenden sind mit Sharklets ausgerüstet. Ebenfalls optimiert ist die Triebwerksaufhängung. Alle diese Maßnahmen tragen zu einer Reduktion der direkten Betriebskosten bei. Schließlich erfährt auch die Passagierkabine eine Überarbeitung mit beispielsweise größeren Gepäckfächern. Die neueste Version A320neo ist mit Triebwerken neuester Technologie und überarbeiteten Flügelenden mit Sharklets ausgerüstet. Man verspricht sich eine Reduktion des spezifischen Treibstoffverbrauchs von 15% sowie deutlich bessere Lärm- und Abgaswerte. Diese Variante wird ab November 2015 verfügbar sein, später gefolgt von der A321neo.
Hersteller: Airbus, Teil der Airbus Group, Werke Toulouse-Blagnac, Frankreich und Hamburg-Finkenwerder, Deutschland.

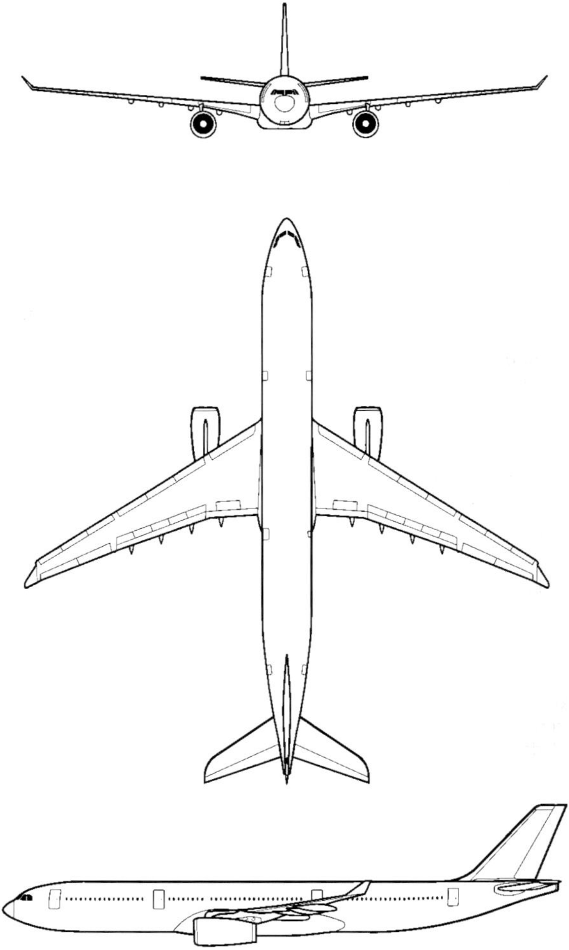

Abmessungen (A330-300/-200):
Spannweite inkl. Winglets 60,30 m
Länge 63,70/58,98 m
Höhe 16,83/17,89 m
Flügelfläche 363,10 m².

AIRBUS A330-300/-200/A330NEO

Ursprungsland: Europäisches Konsortium.
Kategorie: Mittel- bis Langstrecken-Verkehrsflugzeug.
Triebwerke: Zwei Mantelstromtriebwerke Rolls-Royce Trent 772, General Electric CF6-80E1 oder Pratt & Whitney PW4168 von zwischen 28500 und 31000 kp (279 und 316 kN) Standschub.
Leistungen (A330-300/200): Max. Reisegeschwindigkeit 880/900 km/h; ökonom. Reisegeschwindigkeit 861/880 km/h; Dienstgipfelhöhe 12000/12500 m; Reichweite mit 335/293 Passagieren 8800/12650 km.
Gewichte (A330-300/200): Rüstgewicht 124000/120000 kg; max. Startgewicht 235000/238000 kg.
Zuladung (A330-300/-200): Zwei Mann Cockpitbesatzung und bei üblicher Zweiklassenbestuhlung 30/36 Passagiere in der Business-Klasse und 305/205 in der Touristenklasse in Sechser- bzw. Achterreihen mit zwei Mittelgängen. Max. 440/380 Passagiere in Neunerreihen.
Entwicklungsstand: Die erste A330-300 nahm die Flugerprobung im Oktober 1992 auf, die erste A330-200 am 13. August 1997. Die Auslieferungen begannen Ende 1993 bzw. im April 1998. Von der A330-Reihe inkl. der neuen A330neo waren Ende 2014 1467 bestellt, aufgeteilt in 617 A330-200, 38 A330F, 692 A330-300, 10 A330-800 und 110 A330-900, abgeliefert waren 1154. Monatlich werden von allen Ausführungen zehn Einheiten gebaut.
Bemerkungen: Auch die A330-Familie wird kontinuierlich weiter entwickelt. Ab 2015 ist eine Ausführung mit auf 242000 kg erhöhtem Abfluggewicht erhältlich. Damit kann die Reichweite bei voller Nutzlast um rund 900 km ausgeweitet werden. Bei der A330-300 wird dafür ein weiterer Rumpftank eingebaut; Erstbesteller Delta Air Lines. Weiter ist eine leichtere Regionalversion lanciert mit geringerem Abfluggewicht und leistungsreduzierten Rolls-Royce-Trent 700-Triebwerken. Ganz neu wird die A330neo angeboten, erhältlich ab 2017 in zwei Versionen: A330-800 mit Rumpflänge der A330-200 und die A330-900 mit jener der A330-300. Nebst vielen kleineren Verbesserungen sind die neuen Rolls-Royce Trent 7000-Triebwerke mit einer Leistung von bis zu 32650 kp (320,3 kN) für deutlich günstigere Treibstoffwerte verantwortlich.
Hersteller: Airbus, Teil der Airbus Group, Werk Toulouse-Blagnac, Frankreich.

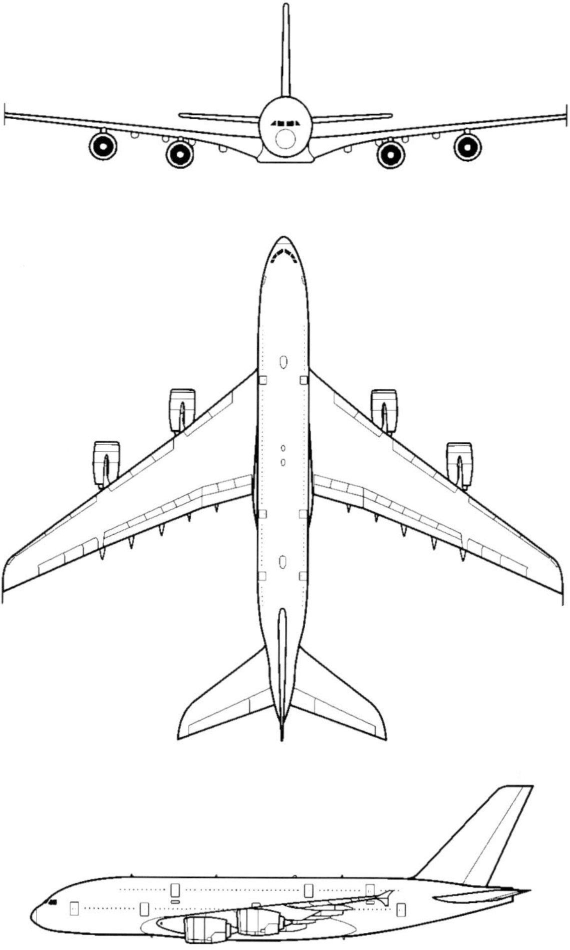

Abmessungen:
Spannweite inkl. Winglets 79,80 m
Länge 73,00 m
Höhe 24,10 m
Flügelfläche 845 m^2.

AIRBUS A380-800

Ursprungsland: Europäisches Konsortium.
Kategorie: Langstrecken-Verkehrsflugzeug.
Triebwerke: Vier Mantelstromtriebwerke Rolls Royce Trent 970 bzw. General Electric/Pratt & Whitney Engine Alliance GP7270 von je 31750 kp (312 kN) Standschub.
Leistungen: Max. Reisegeschwindigkeit Mach 0,89; ökonom. Reisegeschwindigkeit Mach 0,85; Dienstgipfelhöhe 13100 m; Reichweite mit normaler Passagierzahl 15000 km.
Gewichte: Rüstgewicht 276000 kg; max. Startgewicht (-800) 560000 kg, als Option 569000 kg.
Zuladung: Zwei Mann Cockpitbesatzung und in typischer Dreiklassenbestuhlung je nach Fluggesellschaft zwischen 407 und 526 Passagiere, mit Einheitsklasse 853 Passagiere (zwei von Austral so bestellt).
Entwicklungsstand: Das erste von vier Erprobungsmustern startete am 27. April 2005 zum Erstflug. Nach technisch bedingten Verzögerungen konnte der Erstkunde SIA die A380 erst im Oktober 2007 in Dienst nehmen. Bis Ende 2014 waren 317 von 18 Gesellschaften und eine VIP-Ausführung bestellt, 152 davon wurden abgeliefert. Hauptbesteller mit neu 140 Einheiten ist die Emirates.
Bemerkungen: Das weltgrößte Verkehrsflugzeug wird vorerst in zwei Versionen angeboten: Die Passagiervariante A380-800 sowie eine VIP-Ausführung. Später sind noch Varianten mit verlängertem Rumpf geplant. Der Rumpf umfasst zwei Etagen durchgehend für Passagiere sowie einen Gepäck- und Frachtraum. Im Querschnitt ist dieser gegenüber der Boeing 747 (siehe Seiten 78/79) im unteren Passagierraum um rund 0,50 m und im oberen um 1,85 m breiter. Die ganze Konstruktion der A380 ist auf große Wirtschaftlichkeit ausgelegt. Es wurden die neuesten Technologien angewendet, um die Betriebskosten tief zu halten. So bestehen beispielsweise große Teile des Rumpfes aus Verbundwerkstoffen. Seit 2013 ist eine Weiterentwicklung erhältlich, die dank auf 573000 kg erhöhtem Startgewicht Reichweiten bis zu 15360 km oder eine um 1500 kg größere Nutzlast ermöglicht. Airbus prüft derzeit, auch eine Version A380neo anzubieten.
Hersteller: Airbus, Teil der Airbus Group, Werke Toulouse-Blagnac/Hamburg-Finkenwerder, Frankreich/Deutschland.

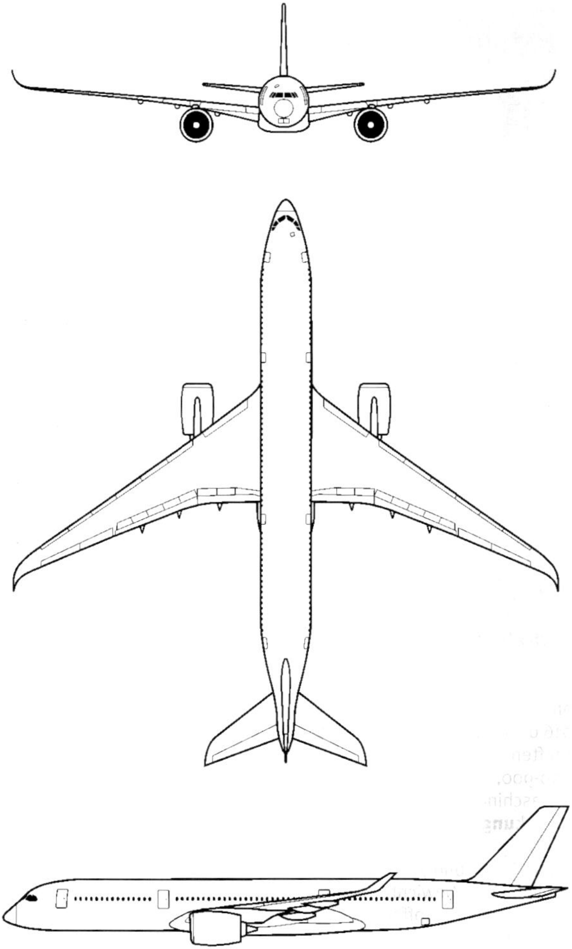

Abmessungen (A350-800/-900/-1000):
Spannweite 64,75 m
Länge 60,54/66,89/73,88 m
Höhe 17,10 m
Flügelfläche (-800/-900) 443 bzw. (-1000) 460 m².

AIRBUS A350

Ursprungsland: Europäisches Konsortium.
Kategorie: Langstrecken-Verkehrsflugzeug.
Triebwerke (A350-800/-900/-1000): Zwei Mantelstromtriebwerke Rolls-Royce Trent XWB von je 34360/38100/44100 kp (337/374/432 kN) Standschub.
Leistungen (A350-800/-900/-1000, provisorische Angaben): Höchstgeschwindigkeit Mach 0,89; Reisegeschwindigkeit Mach 0,85; max. Reichweite 15700/15000/15600 km.
Gewichte (A350-800/-900/-1000): Max. Startgewicht 259000/268000/308000 kg.
Zuladung (A350-800/-900/-1000): Zwei Mann Cockpitbesatzung und in einer üblichen Dreiklassenbestuhlung 270/314/350 Passagiere.
Entwicklungsstand: Der Prototyp der Erstvariante A350-900 flog erstmals am 14. Juni 2013, der zweite von insgesamt fünf vorgesehenen folgte am 14. Oktober 2013. Die Kundenablieferungen haben Ende 2014 begonnen. Als nächste Ausführung folgt 2015 die A350-800 und schließlich 2016 die A350-1000. Bisher sind von 33 Luftverkehrs- und Leasinggesellschaften Aufträge für 780 Maschinen erteilt worden, aufgeteilt in 595 A350-900, 16 A350-800 und 169 A350-1000. Derzeit größter Besteller mit 80 Maschinen ist die Qatar Airlines.
Bemerkungen: Mit der A350-Familie unternimmt der Hersteller einen technologischen Sprung nach vorne und betritt in manchen Bereichen Neuland. Für rund 70% der Struktur verwendet man neueste Werkstoffe, womit deutlich Gewicht gespart wird. So besteht ein Großteil des Rumpfes aus Verbundwerkstoffen. Die Flügel sind nach neuesten aerodynamischen Gesichtspunkten optimiert. Alle diese Maßnahmen sollen laut Airbus eine Steigerung der wirtschaftlichen Effizienz von rund 25% bringen. Auch bezüglich Lärmpegel und CO2-Ausstoß werden Bestwerte erwartet. Zudem wird auch ein größerer Passagierkomfort angeboten. A350-800 und -900 unterscheiden sich primär in der Rumpflänge. Dagegen wird die größte Variante, die A350-1000, nebst längerem Rumpf gegenüber den beiden anderen Ausführungen auch einige weitere Veränderungen erfahren. So ist der Flügel bei gleicher Spannweite um 4% vergrößert bzw. verbreitert. Vorgesehen ist auch ein dreiachsiges Hauptfahrwerk. Schließlich erhält die A350-1000 wesentlich stärkere Triebwerke.
Hersteller: Airbus, Teil der Airbus Group, Werk Toulouse-Blagnac, Frankreich.

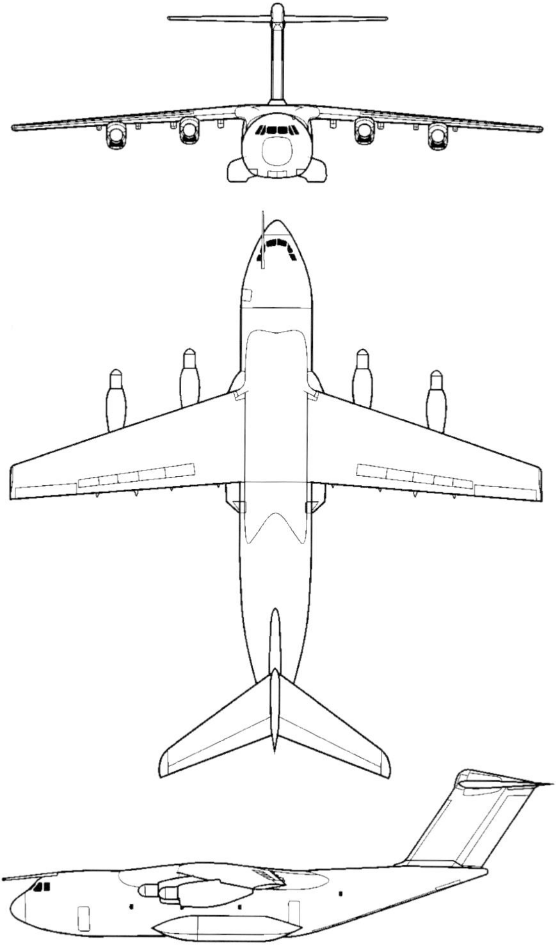

Abmessungen:
Spannweite 42,36 m
Länge 45,10 m
Höhe 14,70 m
Flügelfläche 221,50 m².

AIRBUS A400M ATLAS (GRIZZLY)

Ursprungsland: Europäisches Konsortium
Kategorie: Taktischer und strategischer Militärtransporter.
Triebwerke: Vier Propellerturbinen EuroProp International (EPI) TP400-D6 von je 13000 WPS, reduziert auf 11000 WPS (8200 kW) Leistung.
Leistungen: Max. Reisegeschwindigkeit 780 km/h, Mach 0,72, auf niedriger Höhe 555 km/h; Dienstgipfelhöhe 11300 m; Reichweite mit einer Nutzlast von 20 t 6390 km, mit 30 t 4535 km; Überführungsreichweite 8790 km.
Gewichte: Leergewicht 76820 kg; max. Startgewicht 141000 kg.
Zuladung: Zwei Mann Cockpitbesatzung und z. B. zwei Tiger-Kampfhubschrauber, ein Roland-SAM-System oder ein 12 m-Standard-Container; max. Nutzlast 31500 kg, mit Überlast 37000 kg.
Entwicklungsstand: Der erste von fünf Prototypen nahm die Flugerprobung am 11. Dezember 2009 auf, die erste Serienmaschine folgte am 6. März 2013. Die Indienstellung folgte im Oktober 2013 bei der Französischen Luftwaffe. Nach derzeitigem Informationsstand sind 174 Exemplare von folgenden Luftwaffen bestellt: Belgien 7, Deutschland nur noch 53, Frankreich 50, Großbritannien 22, Luxemburg 1, Malaysia 4, Spanien 27, Türkei 10. Bis 2014 waren rund zehn A400M an die Luftwaffen Frankreichs, Deutschlands, Großbritanniens und der Türkei abgeliefert.
Bemerkungen: Beim Airbus A400M Grizzly (bei der RAF Atlas genannt) werden erstmals für einen Militärtransporter sowohl im Entwicklungs- wie auch im Fertigungsprozess kommerzielle Praktiken angewendet. Viele Elemente stammen von zivilen Modellen ab, so z. B. das Cockpit, welches weitgehend jenem der heutigen Airbus-Verkehrsflugzeuge entspricht. Die A400M löst vorab die C-160 Transall sowie die C-130 Hercules ab. Gegenüber diesen Mustern weist sie bei weitgehend gleich hohen Betriebskosten eine doppelte Nutzlast-/Volumenkapazität auf. Der Frachtraum ist 17,71 m lang (inkl. Rampe 23,11 m), 4,00 m breit sowie 3,85 m hoch. Nebst der Transportausführung ist auch eine Tankervariante geplant. Zudem soll die A400M dank im Frachtraum zu platzierenden modularen Ausrüstungselementen als Plattform für eine Vielzahl weiterer Aufgaben dienen.
Hersteller: Airbus Defense & Space, Teil der Airbus Group, Werk (Endmontage) San Pablo, Sevilla, Spanien.

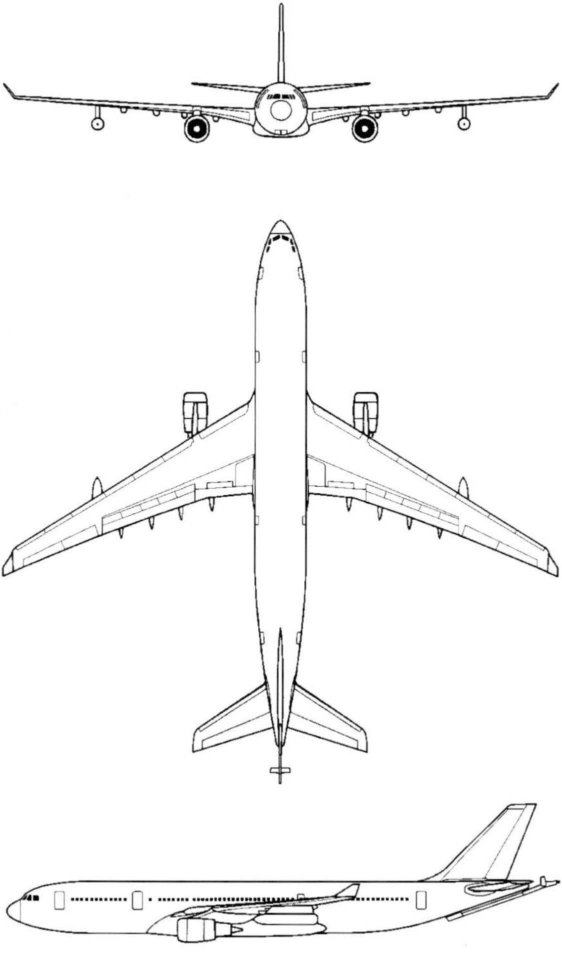

Abmessungen:
Spannweite inkl. Winglets 60,30 m
Länge ohne Luftbetankungsausleger 58,98 m, inkl. Tankausleger 59,69 m
Höhe 17,89 m
Flügelfläche 363,10 m².

AIRBUS A330-200 MRTT VOYAGER

Ursprungsland: Europäisches Konsortium.
Kategorie: Militärischer Transporter, Tanker und Frachter.
Triebwerke: Zwei Mantelstromtriebwerke Rolls-Royce Trent 772, General Electric CF6-80E1 oder Pratt & Whitney PW4168 von zwischen 29600 und 31000 kp (302 und 316 kN) Standschub.
Leistungen: Max. Reisegeschwindigkeit 900 km/h (Mach 0,86); ökonom. Reisegeschwindigkeit 880 km/h (Mach 0,82); Dienstgipfelhöhe 12650 m; Reichweite als Frachter mit Nutzlasten von 62000 kg bzw. 50000 kg 7780/9815 km, max. Reichweite 14800 km; als Tanker Aktionsradius von 1850 km bei Abgabe von 50000 kg Treibstoff.
Gewichte: Rüstgewicht 120000 kg; max. Startgewicht 233000 kg.
Zuladung: Zwei Mann Cockpitbesatzung und auf dem Hauptdeck 380 Soldaten oder 26 LD3-Container für Fracht; max. Nutzlast als Frachter 62000 kg, als Tanker eine Zuladung von 140000 kg. Für Sanitätseinsätze kann die MRTT mit bis zu 130 Tragen ausgerüstet werden.
Entwicklungsstand: Die erste für militärische Einsätze vorgesehene A330-200 MRTT begann die Flugerprobung am 24. Juni 2006. Aktueller Auftragsbestand: Australien 5, Großbritannien 14, Indien 6, Saudi Arabien 6, UAE 3. Neuester Besteller ist Singapur 6. Großbritannien hat die als Voyager bezeichnete A330-200MRTT 2013 in Dienst genommen. Frankreich beschafft 12 Einheiten.
Bemerkungen: Airbus entwickelte aus der A330-Familie eine militärische Variante MRTT als Luftbetanker, die bis zu 140000 l Treibstoff mitführen kann. Die Tanks befinden sich in den Flügeln sowie im unteren Laderaum. So bleibt das Hauptdeck frei für Passagiere und Fracht. Die Treibstoffabgabe erfolgt entweder über zwei Stationen unter den Flügeln oder mittels eines Auslegers am Heck, der auf zwischen 11,6 und 17,8 m ausgefahren werden kann. Die Bedienung erfolgt an einer Konsole im Cockpitbereich. Aus einer Ableitung der Frachtversion A330F (siehe Ausgabe 2014) soll ein Nachfolger für den Airbus-Transporter A300 Beluga gebaut werden. Fünf Exemplare wurden bestellt.
Hersteller: Airbus Defence & Space, Teil der Airbus Group, Werke Toulouse-Blagnac/Getafe, Frankreich/Spanien.

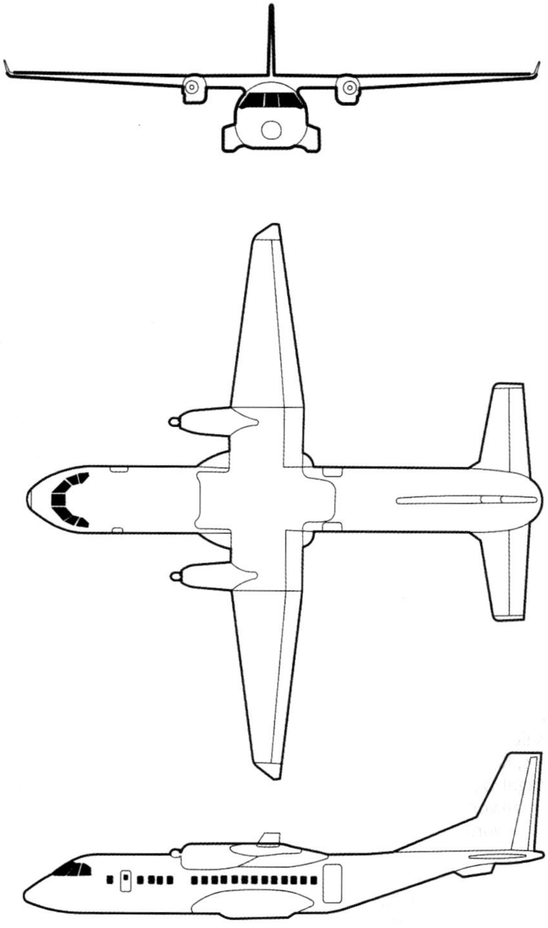

Abmessungen:
Spannweite 25,81 m
Länge 24,45 m
Höhe 8,60 m
Flügelfläche 59,10 m².

AIRBUS (CASA) C-295

Ursprungsland: Spanien.
Kategorie: Mehrzwecktransporter.
Triebwerke: Zwei Propellerturbinen Pratt & Whitney Canada PW127G von je 2645 WPS (1972 kW) Leistung, 2920 WPS (2177 kW) mit APR.
Leistungen: Max. Reisegeschwindigkeit 474 km/h auf 7620 m; Steigzeit auf Dienstgipfelhöhe von 7620 m 12 Min; Reichweite mit max. Nutzlast 1445 km, max. Reichweite 5278 km.
Gewichte: Leergewicht 11000 kg; max. Startgewicht 23200 kg.
Zuladung: Zwei Piloten und normalerweise 69 oder bis zu 78 voll ausgerüstete Soldaten; für Evakuationseinsätze 27 liegende Personen und vier Helfer; als Frachter fünf Standard-Container oder drei leichte Fahrzeuge; max. Nutzlast 9250 kg.
Entwicklungsstand: Der erste, bereits dem Serienstandard entsprechende Prototyp, nahm die Flugerprobung am 22. Dezember 1998 auf. Im Oktober 2001 begann CASA mit den Auslieferungen. Folgende Luftwaffen haben bisher Bestellungen aufgegeben: Ägypten neu 20, Algerien 6, Brasilien neu 15, Finnland 3, Ghana 2, Indonesien 9, Jordanien 2, Kazakhstan 4, Kolumbien neu 6, Mexico neu 4, Oman 8, Polen 12, Philippinen 3, Portugal 12, Spanien 13, Tschechien 4. Für die C-295 MPA liegen folgende Aufträge vor: Marine von Chile 6, Portugal 5 der 12 bestellten, UAE 4. Mitte 2013 wurde die 100. Maschine ausgeliefert.
Bemerkungen: Basierend auf der CN-235 (siehe Ausgabe 2012) wurde die C-295 von CASA alleine entwickelt. Durch Einfügen von Rumpfsegmenten vor und hinter dem Flügel vergrößerte man die Außenlänge um 3,10 m, die Kabinenlänge um 3,00 m. Stärkere Triebwerke gelangen zum Einbau, verbunden mit Sechsblatt-Propellern neuester Technologie von Hamilton. Weiter mussten wegen der höheren Gewichte Flügel und Fahrwerk verstärkt werden. Dank dieser Maßnahmen steigt die Ladekapazität gegenüber dem Ausgangsmuster um rund 50%. Die C-295 verfügt über eine neue Avionik Topdeck von Sextant und ist für Luftbetankungen ausgelegt. Eine Seeüberwachungs- und U-Bootbekämpfungsversion C-295MPA »Persuader« wird ebenfalls angeboten. Mitte 2013 wurde eine C-295 für Löscheinsätze erprobt.
Hersteller: Airbus Defense & Space, Teil der Airbus Group, Werk Sevilla, Madrid, Spanien.

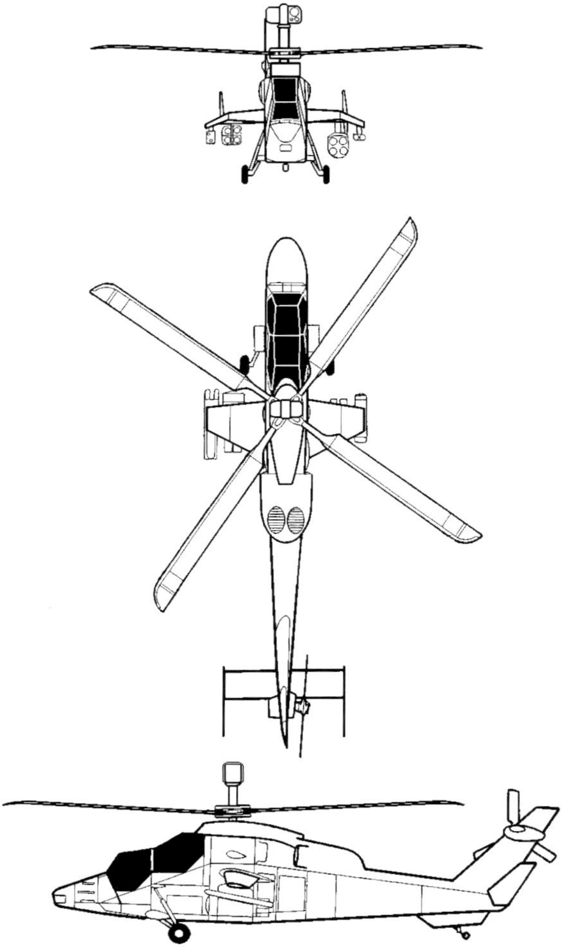

Abmessungen:
Rotordurchmesser 13,00 m
Rumpflänge (HAP mit Kanone) 14,77 m, (UHT) 14,08 m
Höhe inkl. Rotorkopf 3,83 m, inkl. Mastvisier 5,20 m.

AIRBUS HELICOPTERS EC665 TIGER/UHU

Ursprungsland: Frankreich und Deutschland.
Kategorie: Zweisitziger Panzerabwehr- und Erdkampfunterstützungs-Hubschrauber.
Triebwerke: Zwei Gasturbinen MTU/Rolls-Royce/Turboméca MTR 390-E von je 1467 WPS (1094 kW) Leistung.
Leistungen (HAP): Höchstgeschwindigkeit 322 km/h; max. Reisegeschwindigkeit 287 km/h; normale Reisegeschwindigkeit 250 km/h; max. Schrägsteiggeschwindigkeit 11,5 m/Sek; Dienstgipfelhöhe 3960 m; Schwebehöhe ohne Bodeneffekt 3500 m; Flugdauer 2,85 Std; Reichweite 800 km.
Gewichte: Leer (UHT) 4350 kg; normales Startgewicht 5200 kg; max. Überlast (HAD) 6600 kg.
Bewaffnung (HAP): 30-mm-Kanone, bis zu 68 ungelenkte Raketen und vier Mistral-Luft-Luft-Lenkwaffen; (HAD): U. a. acht Panzerabwehrlenkwaffen HOT/Trigat und zwei Luft-Luft-Lenkwaffen Mistral; (UHT): Zwei Behälter für je 22 ungelenkte 67-mm-Raketen, zwei starre 12,7-mm-Kanonen unter den Flügeln und Stinger-Luft-Luft-Lenkwaffen.
Entwicklungsstand: Fünf Prototypen wurden gebaut, wovon der erste am 27. April 1991 erstmals flog. Insgesamt liegen Aufträge für nur noch 183 Tiger vor. Die Französische Luftwaffe erhält noch 80 Maschinen (je 40 HAP und HAD; Erstflug der letzteren am 17. Dezember 2010), die Deutsche Armee nur noch 57 UHT's. Weitere Besteller: Australische Armee 22, Spanien 24 Einheiten einer verbesserten Ausführung HAD (Lizenzbau, Erstflug 14. Dezember 2007).
Bemerkungen: Drei Versionen werden gebaut: HAP (**H**élicoptère d'**A**ppui **P**rotection = Feuerunterstützung, mit Schützenoptik mittels TV-/Infrarotkamera, Laser-Entfernungsmesser) und HAD (**H**élicoptère **A**ppui **D**estruction = Unterstützungs- und Kampfhubschrauber) für die Französische Armee und UHT (**U**nterstützungshubschrauber **T**iger, Ausrüstung weitgehend baugleich mit der HAD-Version) für die Deutsche Armee. Die Zelle besteht zu über 75% aus Verbundwerkstoffen. Die Panzerabwehrversion (siehe Dreiseitenriss) erhält ein auf dem Rotormast montiertes Visier mit Kamera. Laufend werden Zusatzsysteme, vorwiegend für den Eigenschutz des Hubschraubers neu installiert.
Hersteller: Airbus Helicopters, Teil der Airbus Group, Werke Donauwörth, Deutschland und Marignane, Frankreich.

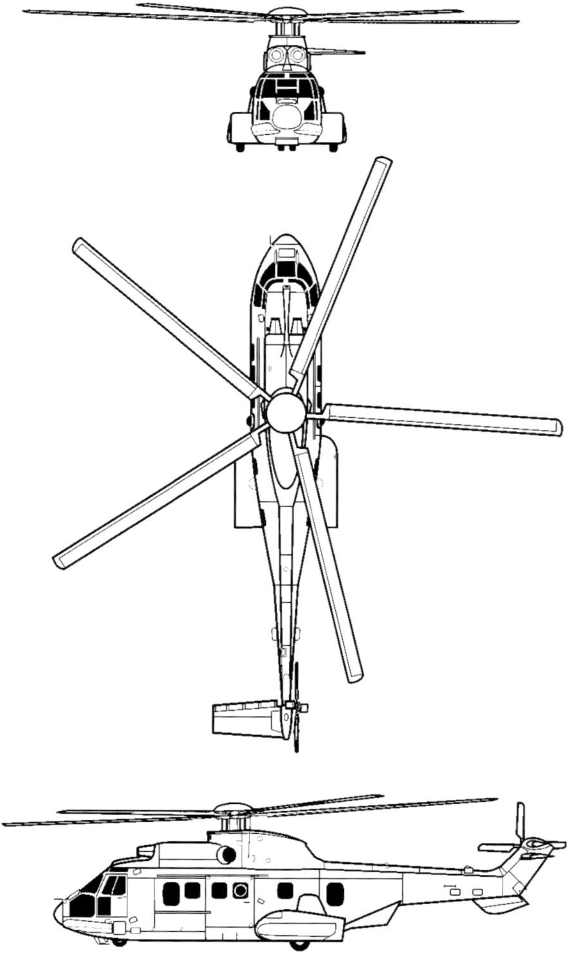

Abmessungen:
Rotordurchmesser 16,20 m
Rumpflänge inkl. Heckrotor 16,79 m
Höhe inkl. Rotorkopf 4,60 m, über Heckrotor 4,97 m.

AIRBUS HELICOPTERS EC225E SUPER PUMA

Ursprungsland: Frankreich.
Kategorie: Mittelschwerer ziviler (EC225) und militärischer (EC725) Mehrzweckhubschrauber.
Triebwerke (EC225): Zwei Gasturbinen Turboméca Makila 2A von je 2100 WPS (1566 kW) Leistung.
Leistungen (EC225): Höchstgeschwindigkeit 324 km/h; Reisegeschwindigkeit 275 km/h auf Meereshöhe; max. Schrägsteiggeschwindigkeit 8,7 m/Sek; Schwebehöhe mit Bodeneffekt 3670 m, ohne Bodeneffekt 2481 m; Dienstgipfelhöhe 5900 m; Reichweite mit Standardtreibstoffzuladung 871 km; (EC225e) Reichweite mit zehn Passagieren 556 km.
Gewichte (EC225): Leer 5256 kg; max. Startgewicht 10400 kg, mit Außenlast 11000 kg.
Zuladung: Zwei Piloten und 24 Passagiere oder 29 Soldaten; max. Nutzlast 5000 kg.
Entwicklungsstand: Erstflug des Prototyps der Ursprungsausführung AS332 am 13. September 1978. Von allen Super Puma-Varianten sind bis heute rund 850 Maschinen in Auftrag gegeben worden, davon rund zwei Drittel durch mehr als 40 militärische bzw. paramilitärische Organisationen. Die aktuell angebotenen Versionen sind die zivile EC225 (Erstflug 27. November 2000) und die Militärausführung EC725. Der Auftragsbestand von EC225 und EC725 zusammen beläuft sich derzeit auf etwa 350 Hubschrauber.
Bemerkungen: Anfang 2014 lancierte Airbus Helicopter eine verbesserte Variante der EC225e. Um eine bessere Reichweite zu erzielen wird in einem Gepäckfach ein 370 Liter-Zusatztank eingebaut. Das maximale Abfluggewicht steigt auf 11500 kg. Dank stärkerer Triebwerke Makila 2A1 sind die Leistungswerte gegenüber dem Ausgangsmuster weitgehend gleich. Eine verbesserte Avionik soll die Belastung des Piloten reduzieren, insbesondere in der Anflugsphase. Weitere Ausführungen sind in früheren Ausgaben von Flugzeuge der Welt beschrieben.
Hersteller: Airbus Helicopter, Teil der Airbus Group, Werk Marignane, Frankreich.

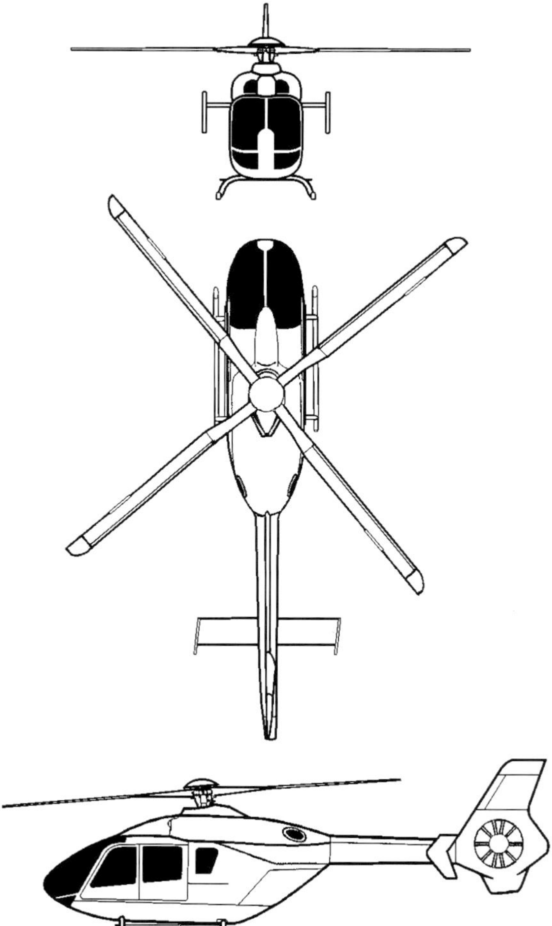

Abmessungen (EC135P3/T3):
Rotordurchmesser 10,40 m
Länge inkl. Rotor 12,26 m, Rumpflänge 10,21 m
Höhe inkl. Rotorkopf 3,16 m, Höhe über alles 3,51 m.

AIRBUS HELICOPTERS EC135T2e/EC135P3/T3

Ursprungsland: Deutschland.
Kategorie: Leichter Mehrzweckhubschrauber.
Triebwerke: Zwei Gasturbinen (EC135T3) Turboméca Arrius 2B2 Plus von je 660 WPS (492 kW) oder (EC135P3) Pratt & Whitney Canada PW206B3 gleicher Leistung.
Leistungen (EC135P3/T3): Höchstgeschwindigkeit 259 km/h; max. Reisegeschwindigkeit 252 km/h auf Meereshöhe; ökonom. Reisegeschwindigkeit 239 km/h; max. Vertikalsteiggeschwindigkeit 2,00 m/Sek; Dienstgipfelhöhe 6095 m; Schwebehöhe mit Bodeneffekt 4570, ohne 3880 m; max. Reichweite 609 km.
Gewichte (EC135PT3T3): Leer 1482 kg; max. Startgewicht 2980 kg.
Zuladung: Sechs bis acht Personen; bei Rettungseinsätzen zwei Tragen und zwei Sanitäter; max. Nutzlast 1498 kg intern, extern 1300 kg.
Entwicklungsstand: Der erste Prototyp EC135 fliegt seit 15. Februar 1994; Beginn der Ablieferungen am 31. Juli 1996. Die neueste Version EC135P3/T3 begann die Flugerprobung im Juli 2012. Ende 2014 ist das erste Serienexemplar übergeben worden. Airbus Helicopters hat von allen Ausführungen bisher fast 1200 Einheiten gebaut. Unter den zahlreichen Operators befinden sich viele Polizeicorps und Rettungsorganisationen aus der ganzen Welt. Die militärische Ausführung heißt EC635 und wird von den Luftwaffen Irlands 2, Irak 24, Jordanien 13 und Schweiz 18 eingesetzt.
Bemerkungen: Derzeit werden die folgenden Versionen gebaut: EC135P2e/T2e, welche generell bessere Leistungswerte aufweisen. Eine veredelte Version wird unter der Bezeichnung EC135 Hermes vertrieben. Die militärische Ausführung heißt EC635, ist – abgesehen von Zusatzausrüstungen – mit der zivilen jedoch weitgehend identisch. Ganz neu ist die EC135P3/T3. Dank leistungsstärkerer Triebwerke kann sie größere Nutzlasten über weitere Strecken transportieren. Zudem sind die »hot-and-high«-Eigenschaften deutlich verbessert. Die Rotorblätter sind um 10 cm verlängert. Das Cockpit ist weitgehend neu und umfasst eine integrale Avionik von Thales Avionics mit LCD-basierten Multi-Funktions-Displays und einem Navigations-/GPS-System Garmin GTN-750.
Hersteller: Airbus Helicopters, Teil der Airbus Group, Werk Donauwörth, Deutschland.

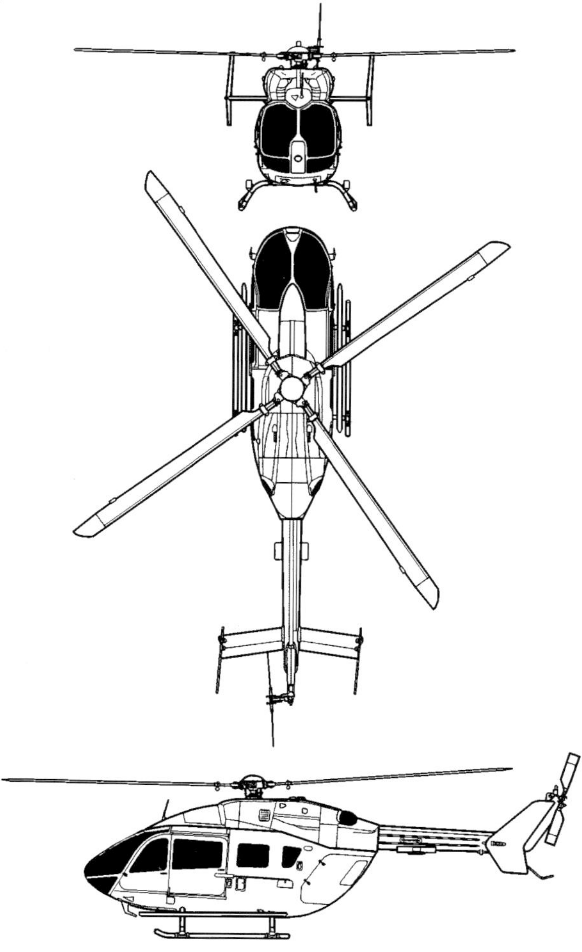

Abmessungen:
Rotordurchmesser 11,00 m
Rumpflänge 10,20 m, mit drehendem Rotor 13,00 m
Höhe inkl. Rotorkopf 3,96 m.

AIRBUS HELICOPTERS EC145T2/UH-72A LAKOTA

Ursprungsland: Deutschland und Japan
Kategorie: Mehrzweckhubschrauber.
Triebwerke: Zwei Gasturbinen Turbomeca Arriel 2E von je 1038 WPS (775 kW) Leistung.
Leistungen: Höchstgeschwindigkeit 270 km/h auf Meereshöhe; max. Reisegeschwindigkeit 248 km/h, max. Schrägsteiggeschwindigkeit 8,4 m/Sek; Dienstgipfelhöhe 5486 m; Schwebehöhe mit und ohne Bodeneffekt 2130 m; normale Reichweite 670 km; Einsatzdauer 3,30 Std.
Gewichte: Leergewicht 1742 kg; norm. Startgewicht 3350 kg; max. Startgewicht 3650 kg.
Zuladung: Acht bis zwölf Personen inkl. Piloten; bei EMS-Einsätzen zwei liegende Verletzte und zwei Sanitäter; max. Nutzlast 1731kg.
Entwicklungsstand: Erstflug der EC145 am 12. Juni 1999. Die Ablieferungen begannen Mitte 2001. Aktuell sind mehr als 500 Einheiten im Einsatz, darunter französische Sécurité Civile 32, Gendarmerie 15, ADAC 2, REGA 6. Weitere Großbesteller: Republik Kazakhstan 45 sowie DRF Luftrettung 25 T2; Ablieferung letzterer seit September 2014. 345 UH-72A Lakota werden durch die US Army beschafft (Lizenzbau), über 300 davon sind bereits ausgeliefert. 5 gingen an die US Navy für die Test Pilot School. Weitere 100 als TH-72A bezeichnete Trainingshubschrauber sollen beschafft werden. Thailand bestellte 2014 zusätzliche neun UH-72A (total 15). Neu erhält die Deutsche Luftwaffe 15 EC645T2 (Erstflug 27. November 2014) für Kommando-Operationen.
Bemerkungen: Die von der BK117 abgeleitete EC145 Ausführung (siehe Dreiseitenriss) weist namhafte Verbesserungen auf. Der Co-Produzent Kawasaki vertreibt dieses Muster unter dem Namen BK117C2. Seit Juni 2010 fliegt die EC145T2 mit wesentlich stärkeren Triebwerken und überarbeitetem Getriebe sowie neuer integraler Avionik Helionix. Damit verbessern sich alle Flugleistungen, insbesondere in hohen und heißen Gebieten. Ganz neu ist der Fenestron-Heckrotor aus Verbundwerkstoff; Ablieferung ab 2013. Die militärische Ausführung heißt EC645. Unter der Bezeichnung UH-72A Lakota betreibt die US Army eine Weiterentwicklung der Basisversion EC145 mit spezifischer Ausrüstung.
Hersteller: Airbus Helicopters, Teil der Airbus Group, Werke Donauwörth, Deutschland, sowie Kawasaki Heavy Industries Ltd., Gifu, Japan.

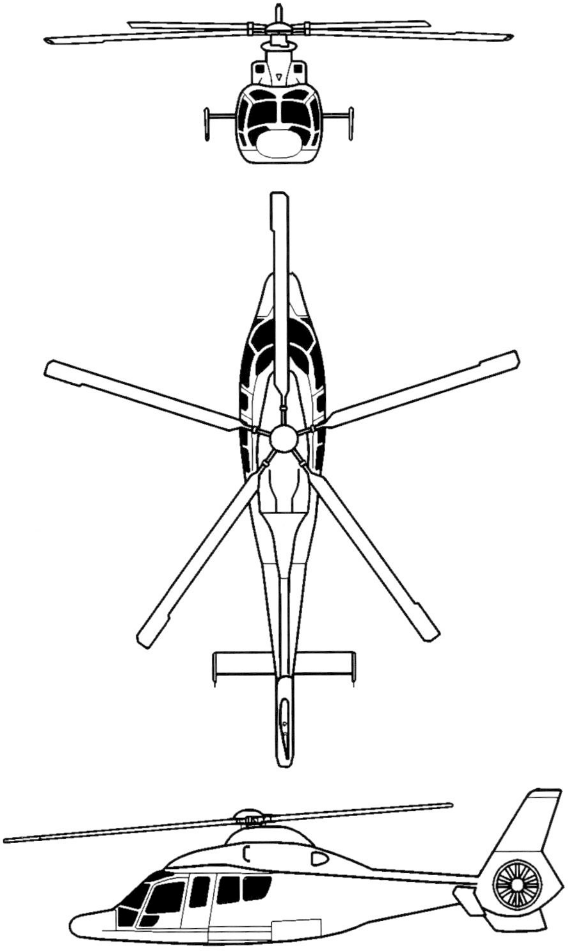

Abmessungen:
Rotordurchmesser 12,60 m
Rumpflänge 12,71 m
Höhe inkl. Rotorkopf 3,64 m, inkl. Seitenleitwerk 4,35 m.

AIRBUS HELICOPTERS EC155B1

Ursprungsland: Frankreich.
Kategorie: Ziviler und militärischer Mehrzweckhubschrauber.
Triebwerke: Zwei Gasturbinen Turboméca Arriel 2C von je 850 WPS (636 kW) Leistung.
Leistungen: Höchstgeschwindigkeit auf Meereshöhe 324 km/h; max. Reisegeschwindigkeit 280 km/h; ökonom. Reisegeschwindigkeit 261 km/h; max. Schrägsteiggeschwindigkeit 8,7 m/Sek; Dienstgipfelhöhe 4572 m; Schwebehöhe mit Bodeneffekt 4155 m, ohne Bodeneffekt 3291 m; Reichweite 855 km auf Meereshöhe, mit Zusatztanks 982 km. Max. Flugdauer mit Zusatztanks 5,0 Std.
Gewichte: Leer 2624 kg; max. Startgewicht mit interner Nutzlast 4950 kg, mit externer Nutzlast 5000 kg.
Zuladung: Ein bis zwei Piloten und max. 13 Passagiere bzw. 14 Soldaten; max. Nutzlast 1994 kg.
Entwicklungsstand: Die EC155 fliegt seit 17. Juni 1997. Bisher wurden über 100 Hubschrauber an über 30 Betreiber ausgeliefert, darunter 15 an die Deutsche Bundespolizei und drei an die Royal Thai Police 3. Die EC155 wird in kleinen Stückzahlen weiterhin gebaut.
Bemerkungen: Die EC155 ist eine wesentlich weiterentwickelte Ausführung der AS365N3 (siehe Ausgabe 2012). Sie zeichnet sich vor allem durch eine um 30 cm verlängerte Kabine aus, die zudem 18 cm höher ist. Das Innenvolumen nahm sogar um 40% zu. Ebenfalls deutlich größer wurde der Gepäckraum. Als Antrieb dienen zwei leistungsgesteigerte Arriel 2C-Triebwerke mit einem neuen faltbaren Spheriflex-Fünfblattrotor, welcher einen um 60 cm größeren Durchmesser aufweist. Der Zehnblatt-Fenestron-Heckrotor wurde zur Lärmreduktion ebenfalls modifiziert. Das Cockpit ist vollständig digitalisiert. Die Grundausführung soll etwa US$ 10 Mio. kosten. Gegenwärtig prüft Airbus Helicopters eine leistungsfähigere Version EC155HP. Diese soll auch die Basis für eine militärische Ausführung EC655 sein. Für diese sind bisher keine Aufträge eingegangen.
Hersteller: Airbus Helicopters, Teil der Airbus Group, Werk Marignane, Frankreich.

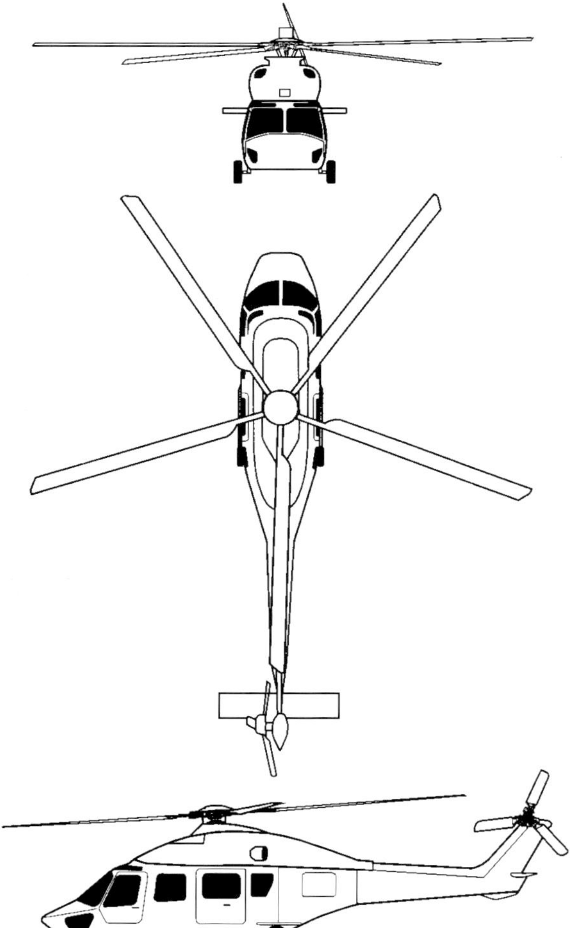

Abmessungen:
Rotordurchmesser 14,80 m
Rumpflänge 15,68 m
Höhe über Rotorkopf 3,47 m, über Heckrotor 5,34 m.

AIRBUS HELICOPTERS EC175/AC352

Ursprungsland: Frankreich und Volksrepublik China.
Kategorie: Ziviler Mehrzweckhubschrauber.
Triebwerke: Zwei Gasturbinen Pratt & Whitney Canada PT6C-67E von je 1775 WPS (1325 kW) Leistung.
Leistungen: Höchstgeschwindigkeit 305 km/h; Reisegeschwindigkeit 278 km/h; Dienstgipfelhöhe 6000 m, Aktionsradius mit 16 Passagieren bei Offshore-Einsätzen 250 km, Reichweite 1175 km; max. Flugzeit 4 Std. 19 Min.
Gewichte: Leergewicht 4630 kg; max. Startgewicht rund 7800 kg.
Zuladung: Zwei Piloten und 16 Passagiere.
Entwicklungsstand: Die Flugerprobung des ersten Prototyps begann am 17. Dezember 2009, der zweite startete genau ein Jahr später. Das erste Serienmuster fliegt seit Dezember 2012. Aus technischen Gründen verzögerte sich der Beginn der Auslieferungen an Kunden auf Ende 2014. Bisher sind rund 40 Festbestellungen (+ Optionen) von 17 Betreibern bekannt gegeben worden, darunter von Bristow (12), Héli Union (4), Milestone Aviation (5) und UTair (15). Die EC175 wird parallel in Frankreich wie auch in China endmontiert, die Teileherstellung erfolgt jeweils nur an einem Ort.
Bemerkungen: Die EC175 ist ein 50 : 50-Joint-Venture zwischen Frankreich und der Volksrepublik China. Dieses neue Muster zeichnet sich durch eine breite Einsatzmöglichkeit aus. Dazu weist es eine vergleichsweise sehr große Kabine auf. Weitere Attribute sind hohe Sicherheit und dank reduzierten Wartungskosten auch eine gute Wirtschaftlichkeit. Konstruktion wie auch eingebaute Systeme entsprechen der heutigen State-of-the-Art. Weite Teile des Rumpfes sind aus Verbundwerkstoffen. Eingebaut ist die neueste Avionik Helionix. Was Platzverhältnisse, Reisekomfort, Vibrations- und Lärmwerte wie auch Emissionslasten angeht, sollen Bestwerte erreicht werden. In der Volksrepublik China wird dieser Typ neu unter der Bezeichnung AC352 gebaut. Seit 2013 bietet der Hersteller eine spezifische VIP-Version an. Später könnte noch eine militärische Ausführung folgen.
Hersteller: Airbus Helicopters, Teil der Airbus Group, Werke Marignane, Frankreich und Harbin Aviation Industry Group (AVIC II), Harbin, Volksrepublik China.

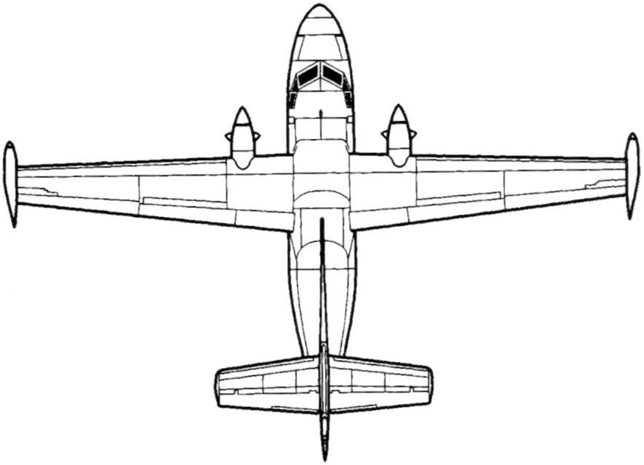

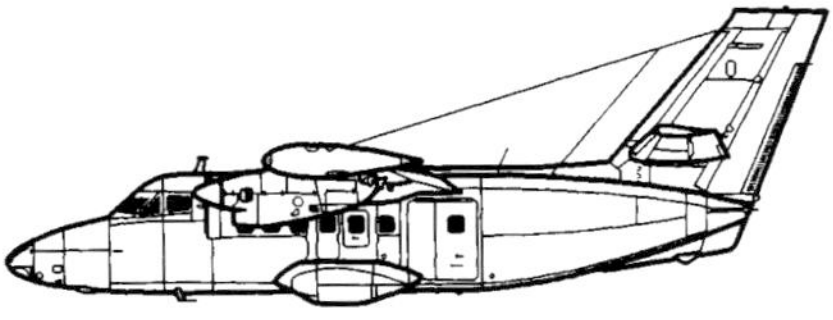

Abmessungen:
Spannweite 19,98 m
Länge 14,42 m
Höhe 5,83 m
Flügelfläche 34,86 m^2.

AIRCRAFT INDUSTRIES L-410 UVP-E20

Ursprungsland: Tschechien/Russland.
Kategorie: Kurzstrecken-Transportflugzeug für militärische und zivile Zwecke.
Triebwerke: Zwei Propellerturbinen General Electric H80-200 von je 850 WPS (634 kW) Leistung.
Leistungen: Max. Reisegeschwindigkeit 405 km/h; max. Steiggeschwindigkeit 8,5 m/Sek; Dienstgipfelhöhe 8382 m; max. Reichweite 1520 km; max. Flugdauer 5,1 Std.
Gewichte: Max. Startgewicht 6600 kg.
Zuladung: Zwei Mann Cockpitbesatzung und je nach Innenausstattung bis zu 19 Passagiere, als Frachter max. Nutzlast 1800 kg.
Entwicklungsstand: Die Ursprungsausführung L-410 flog erstmals am 16. April 1969. 1138 wurden ausgeliefert, davon sind heute noch rund 400 in Betrieb. Die erste L-410 UVP-E20 mit GE H80-Triebwerken startete am 16. November 2011 zum Erstflug. Mit den Auslieferungen begann man 2013. Bisher sind von dieser Variante etwa 50 Einheiten verkauft worden.
Bemerkungen: Eines der erfolgreichsten Transportflugzeuge der Sowjetunion-Aera wurde neu lanciert. Die neue Ausführung L-410 UVP-E20 verbindet die guten Eigenschaften eines robusten und wirtschaftlichen Transporters der Ursprungsvariante L-410 mit modernen Komponenten. Allen voran sind die GE-Triebwerke zu erwähnen, eine Weiterentwicklung der Walter M601-E/F-Turbine, sowie eine State-of-the-Art Avionik. Die L-410 weist die größte Kabine in ihrer Klasse auf und kann für die verschiedensten Zwecken schnell umgerüstet werden. Dieses sehr einfach und robust gebaute Flugzeug verfügt über STOL-Eigenschaften und kann dank dem widerstandsfähigen Fahrwerk auf unvorbereiteten Pisten starten und landen, dies auch in heißen und hochgelegenen Gebieten. Bei der ebenfalls erhältlichen L-420 handelt es sich um das gleiche Flugzeug, aber mit US-Zulassung.
Hersteller: Aircraft Industries, ex. LET Kunovice, Tochtergesellschaft der russischen UMMC, Kunovice, Tschechien.

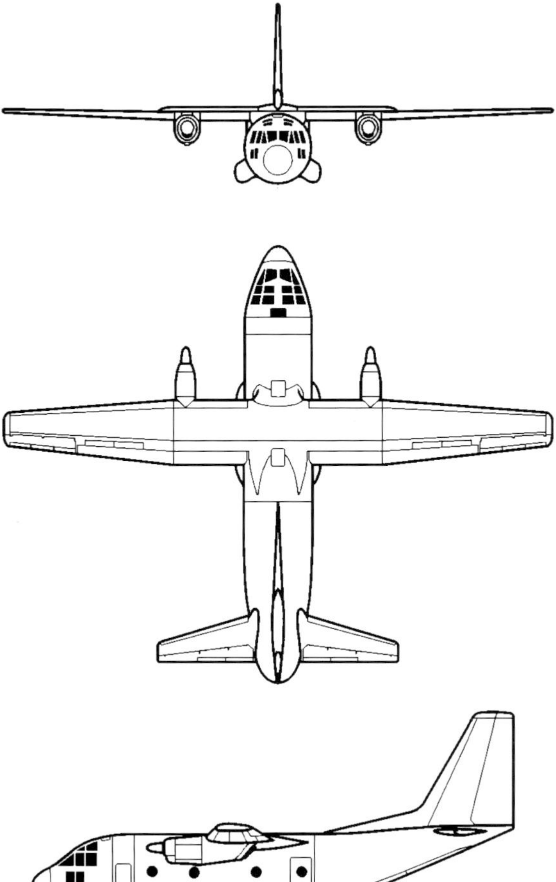

Abmessungen:
Spannweite 28,70 m
Länge 22,70 m
Höhe 9,64 m
Flügelfläche 82,00 m^2.

ALENIA AERMACCHI C-27J SPARTAN

Ursprungsland: Italien.
Kategorie: Militärischer Mehrzweck- und STOL-Transporter.
Triebwerke: Zwei Propellerturbinen Allison AE2100-D2 von je 4637 WPS (3460 kW) Leistung.
Leistungen: Max. Reisegeschwindigkeit 602 km/h, Langstrecken-Reisegeschwindigkeit 500 km/h auf 6000 m, Anfangssteiggeschwindigkeit 10+ m/Sek; Dienstgipfelhöhe 9150 m; Reichweite mit einer Nutzlast von 10000 kg 1852 km, mit 6000 kg 4260 km; Überführungsreichweite 5926 km.
Gewichte: Leergewicht 16500 kg; max. Startgewicht 31800 kg.
Zuladung: Zwei Mann Cockpitbesatzung und als Truppentransporter 53 voll ausgerüstete Soldaten, 46 Fallschirmjäger oder 36 Verwundete bzw. bis zu 11500 kg Fracht.
Entwicklungsstand: Der erste Prototyp der C-27J fliegt seit 25. September 1999, gefolgt vom ersten Serienmuster am 12. Mai 2000. Die C-27J wurde nach zivilen Grundsätzen im Juni 2001 zugelassen, erste Auslieferungen erfolgten ab 2003. Etwa 100 Bestellungen sind bisher eingegangen, u.a. von Australien 10, Bulgarien 2, Griechenland 8, Italien 12, Litauen 3, Marokko 4, Mexico 4, Peru 4, Rumänien 7, Slowakei 2, Taiwan 6, Tschad 2. Ende 2014 befanden sich rund 70 Maschinen im Einsatz.
Bemerkungen: Die C-27J ist eine wesentlich weiterentwickelte Ausführung des Ursprungmodells G.222 (siehe Ausgabe 1995). In einem Joint-Venture von 50 : 50 mit Lockheed Martin entwickelt, weist sie viele Gemeinsamkeiten mit dem mittelschweren Transporter C-130J Hercules II auf (siehe Seiten 228/229). So sind Triebwerk, Sechsblattpropeller und Avionik weitgehend identisch. Damit verspricht man sich bei einem gemeinsamen Beschaffen beider Muster einen wesentlich wirtschaftlicheren Betrieb. Zusammen mit der US Firma ATK bietet der Hersteller unter der Bezeichnung MC-27J Praetorian eine Version als Kampfzonentransporter an. Dazu können mittels einschiebbaren Paletten u. a. eine 30-mm-Kanone GAU-23 Bushmaster, elektrooptische Instrumente oder Infrarotsensoren mitgeführt werden. Die Italienische Luftwaffe will drei bestehende Einheiten in diese Version umbauen.
Hersteller: Alenia Aermacchi Aeronautica, Rom, Werk Torino-Caselle, Italien.

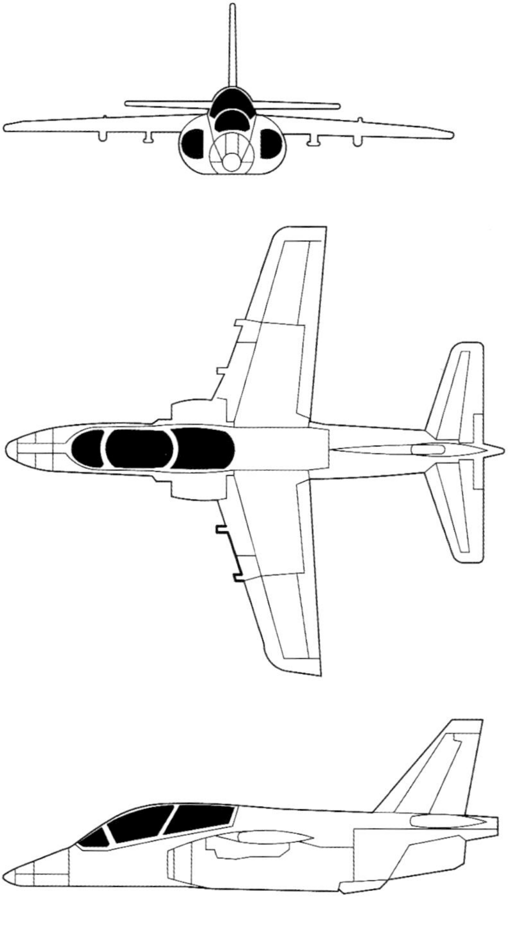

Abmessungen:
Spannweite 8,43 m
Länge 9,85 m
Höhe 3,80 m
Flügelfläche 12,60 m².

ALENIA AERMACCHI M-345 HET

Ursprungsland: Italien.
Kategorie: Basis- und Fortgeschrittenentrainer.
Triebwerk: Ein Mantelstromtriebwerk Williams International FJ44-4M von 1542 kp (15,12 kN) Standschub.
Leistungen (geschätzt): Höchstgeschwindigkeit 795 km/h; max. Reisegeschwindigkeit 740 km/h; Anfangssteiggeschwindigkeit 24 m/Sek; Dienstgipfelhöhe 12190 m; max. Reichweite 1778 km.
Gewichte: Leergewicht 2300 kg; max. Startgewicht 4100 kg.
Bewaffnung: An vier Stationen unter den Flügeln und einer unter dem Rumpf können Waffen aller Art bis zu einem Gewicht von 1000 kg mitgeführt werden.
Entwicklungsstand: Ein noch nicht der definitiven Ausführung entsprechender Demonstrator M-311 fliegt seit 2012. Der erste eigentliche Prototyp soll die Flugerprobung Ende 2015 aufnehmen. Soweit bekannt, will die Italienische Luftwaffe 30 Exemplare dieses Typs als Ersatz für die Aermacchi MB.339 beschaffen, u. a. auch für die Kunstflugstaffel »Frecce Tricolori«. Die Einsatzreife soll 2017 erreicht werden. Das Ausgangsmuster SIAI-Marchetti S.211 fliegt seit 1981 und wurde an mehrere Luftwaffen, u. a. Singapur und Philippinen geliefert.
Bemerkungen: Unter dem Motto »HET – **H**igh **E**fficiency **T**rainer« wird aus der S.211 eine aktualisierte Ausführung M-345 mit äußerst günstigen Betriebskosten entwickelt. Diese sollen sich für diesen Jet in etwa der Größenordnung eines propellerbetriebenen Trainers der Pilatus PC-9-Kategorie bewegen. Die M-345 HET füllt die Nische zwischen den Basistrainern und den Fortgeschrittenentrainern aus. Die Konstruktion ist konventionell fast ausschließlich aus Aluminium. Die Avionik basiert auf jener der Alenia Aermacchi M-346 (siehe Seiten 52/53), ausgestattet u.a. mit sog. HOTAS-Controls, Head-Up-Display, Multifunktions-Displays und realtime Datalink. Wie weit um diesen Typen herum ein ganzes Trainingssystem angeboten wird, ist noch nicht bekannt.
Hersteller: Alenia Aermacchi SpA, Werk Varese-Venegono, Italien.

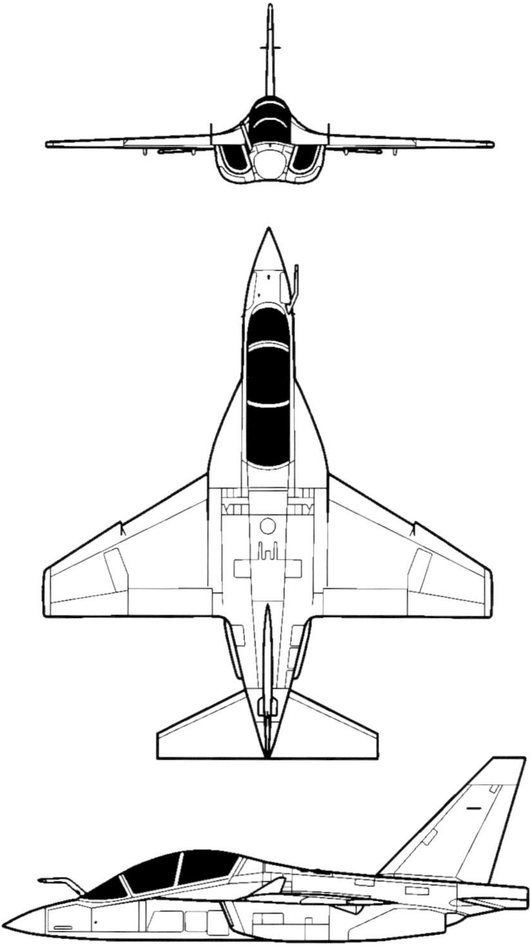

Abmessungen:
Spannweite 9,72 m
Länge 11,49 m
Höhe 4,91 m
Flügelfläche 23,52 m^2.

ALENIA AERMACCHI M-346/T-346A MASTER

Ursprungsland: Italien.
Kategorie: Fortgeschrittenentrainer.
Triebwerke: Zwei Mantelstromtriebwerke ITEC Honeywell F124-GA-200 von je 2850 kp (27,95 kN) Standschub.
Leistungen: Höchstgeschwindigkeit 1092 km/h (Mach 0,96) auf 1520 m; Anfangssteiggeschwindigkeit 112 m/Sek; Dienstgipfelhöhe 13700 m; Reichweite mit max. internem Kraftstoff 1980 km, mit zwei externen Zusatztanks und 10% Reserven 2720 km.
Gewichte: Leergewicht 3910 kg; Startgewicht für Trainingseinsätze 7400 kg, mit voller Bewaffnung 10200 kg.
Bewaffnung: Die M-346 kann an bis zu neun Außenlastträgern eine Waffenlast von bis zu 3000 kg mitführen.
Entwicklungsstand: Das erste von drei Erprobungsmustern startete am 15. Juli 2004 zum Erstflug. Der zweite Prototyp folgte am 17. Mai 2005, das erste Serienmuster am 7. Juli 2008. Als Erstbesteller beschafft die Italienische Luftwaffe vorerst neun, später insgesamt 15 als T-346A bezeichnete Maschinen. Die ersten Exemplare wurden im November 2011 abgeliefert. Weitere Besteller: Israel 30, Singapur 12, Polen 8, UAE eventuell 48.
Bemerkungen: Die T-346A (früher als M-346 Master bezeichnet) ist eine Ableitung des russisch-italienischen Gemeinschaftsprojekts Yak/AEM-130 (siehe Seiten 314/315). Obwohl äußerlich diesem Muster ähnlich, handelt es sich weitgehend um eine Neukonstruktion mit etwas geringeren Abmessungen. Die Struktur besteht überwiegend aus Leichtaluminium, Teile der Flügel sowie Höhen- und Seitenleitwerk sind aus Verbundwerkstoffen. Eine wesentliche Neuerung stellt die von Teleavio/Marconi gelieferte, je nach Einsatz verschieden programmierbare Flugsteuerung dar. Diese kann von manuell bis zur Fly-By-Wire-Konfiguration eingestellt werden. Dadurch lässt sich ein optimaler Trainingseffekt erzielen. Die doppelt redundante Avionik-Struktur basiert auf einem MIL-STD-1553B-Databus und umfasst u. a. TACAN, IFF, IN/GPS usw. Dank diesen Vorzügen ist die M-346 eines der zur Zeit weltweit fortschrittlichsten Trainingssysteme für angehende Kampfflieger.
Hersteller: AleniaAermacchi SpA, Werk Varese-Venegono, Italien.

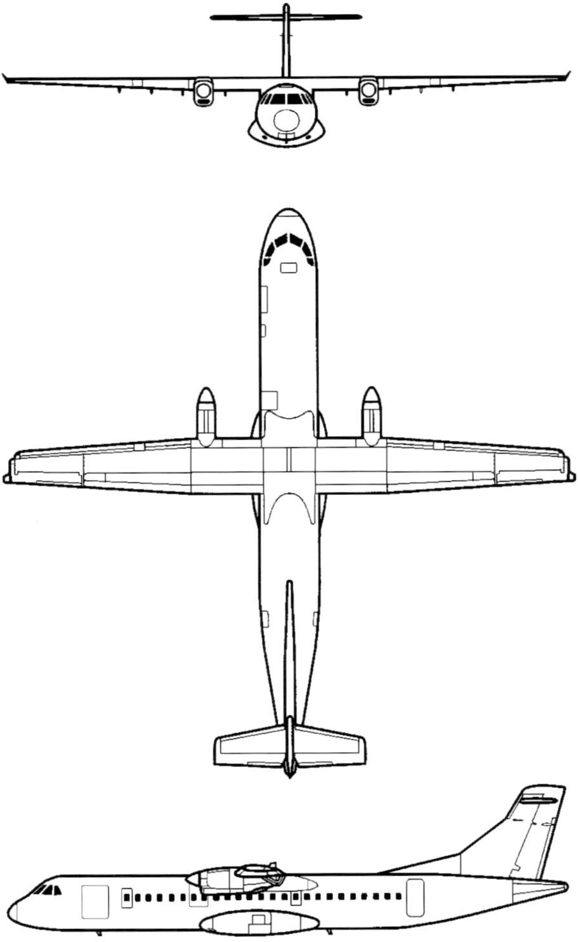

Abmessungen (ATR 42/ATR 72):
Spannweite 24,57/27,05 m
Länge 22,67/27,17 m
Höhe 7,59/7,65 m
Flügelfläche 54,50/61,00 m^2.

ATR 42-600/ATR 72-600

Ursprungsland: Frankreich und Italien.
Kategorie: Regionalverkehrsflugzeug.
Triebwerke (ATR 42-600/ATR 72-600): Zwei Propellerturbinen Pratt & Whitney Canada PW127M von je 2160 WPS (1590 kW) bzw. 2475 WPS (1820 kW) Leistung.
Leistungen (ATR 42-600/ATR 72-600): Max. Reisegeschwindigkeit 555/511 km/h auf 7620 m; ökonom. Reisegeschwindigkeit 450 km/h auf 7620 m; Reichweite mit 48/68 Passagieren und max. Gepäckzuladung 1484/1527 km und ohne Nutzlast über 4000 km.
Gewichte (ATR 42-600/ATR 72-600): Rüstgewicht 11300/13010 kg; max. Startgewicht 18600/23000 kg.
Zuladung: Zwei Mann Cockpitbesatzung und verschiedene Innenausstattungen für (ATR 42) max. 48 bzw. (ATR 72) 64 bis 74 Passagiere in Viererreihen mit Mittelgang; Nutzlast (ATR 42-500/600) 5450/5500 kg, als Frachter 5800 kg bzw. (ATR 72-500/600) 7350/7500 kg.
Entwicklungsstand: Die neueste Ausführung ATR 72-600 flog erstmals am 24. Juli 2009. Die erste ATR-72-600 erhielt der Erstbesteller am 19. August 2011. Im Dezember 2014 wurde die 200. Einheit abgeliefert Von allen Varianten waren bis Ende 2014 1470 Einheiten (ATR-42 470, ATR-72 1000) bestellt, 1190 davon ausgeliefert. Aktuell beläuft sich die Jahresproduktion auf rund 80 Einheiten.
Bemerkungen: Mit der ATR-42/72-600 wurde die dritte Generation dieses bewährten Flugzeugs lanciert. Bei gleichen Abmessungen wie die früheren Varianten erfährt sie einige Verbesserungen. So sind stärkere Triebwerke PW127M eingebaut, die insbesondere bessere Startleistungen auf hoch gelegenen Flugplätzen ermöglichen. Zudem kann eine größere Nutzlast mitgeführt werden. Das Cockpit ist völlig neu und mit einer Thales-Avionik ausgerüstet. Weiter erhöhte man den Kabinenkomfort. Derzeit wird an einer nochmals verbesserten, größeren und voraussichtlich mit einem neuen Rumpf ausgestatteten Weiterentwicklung für 90 Passagiere gearbeitet. Unter der Bezeichnung ATR 72-600THMUA ist eine Seeüberwachungsversion erhältlich. Zehn Einheiten hat die Türkische Marine beschafft.
Hersteller: Avions de Transport Régional (ATR): Aérospatiale Matra, Toulouse-Blagnac, Frankreich und Alenia, Neapel, Italien.

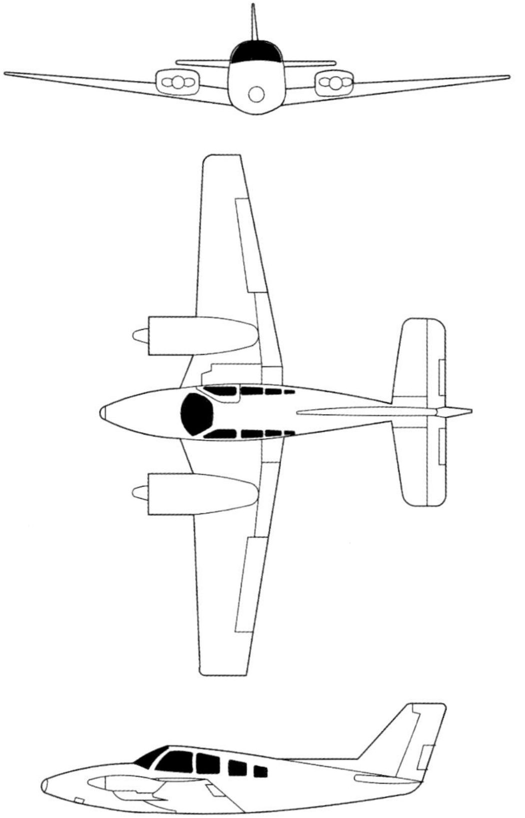

Abmessungen:
Spannweite 11,53 m
Länge 9,09 m
Höhe 2,97 m
Flügelfläche 18,52 m^2.

BEECHCRAFT B.58 BARON

Ursprungsland: USA.
Kategorie: Zweimotoriges Sport- und Reiseflugzeug.
Triebwerke: Zwei luftgekühlte Vierzylinder-Boxermotoren Teledyne Continental IO-550C von je 300 PS (224 kW) Leistung.
Leistungen: Max. Reisegeschwindigkeit 374 km/h; Anfangssteiggeschwindigkeit 8,8 m/Sek; Dienstgipfelhöhe 6306 m; Reichweite mit vier Passagieren 1876 km; Überführungsreichweite 2741 km.
Gewichte: Leergewicht 1814 kg; max. Startgewicht 2495 kg.
Zuladung: Pilot und vier maximal fünf Passagiere; Maximalzuladung 597 kg.
Entwicklungsstand: Die Beechcraft Baron wird in unterschiedlichen Versionen ab 1961 angeboten. Seitdem befindet sich dieses Muster ununterbrochen in Produktion. Die neueste Ausführung wird seit 2005 abgeliefert. Bis 2014 wurden rund 6800 Exemplare gebaut. Derzeit produziert der Hersteller jährlich rund 30 Einheiten.
Bemerkungen: Die Beechcraft B.58 Baron ist von der einmotorigen G.36 Bonanza (siehe Ausgabe 2008 unter Hawker) abgeleitet. Ursprünglich gab es zwei Varianten: Die B.55 mit kürzerem Rumpf und die B.58 mit verlängertem Rumpf. Derzeit wird nur noch letztere Ausführung gebaut. Die aktuelle Ausführung dieses noch konventionell in Aluminiumbauweise hergestellten Typs ist mit einem Glascockpit Garmin G.1000 ausgerüstet. Dank einer großen zweiflügligen Tür ist der Einstieg in die für diese Klasse von Flugzeugen recht großzügig dimensionierte Kabine bequem. Die Inneneinrichtung wurde in den letzten Jahren überarbeitet: Bessere Geräuschdämmung, verstärkte Lüftung/Heizung, neue Sitze und ein Satelliten gestütztes Unterhaltungssystem. Der Hersteller gibt als Verkaufspreis US$ 1,2 Mio. an. Geplant ist, in einigen Jahren auch eine Version mit einem Dieseltriebwerk anzubieten. Im Vergleich zu mehreren Konkurrenzmustern zeichnet sich die Baron durch hohe Reichweitenleistung aus.
Hersteller: Beechcraft Corporation, Tochtergesellschaft der Textron Inc., Werk Wichita, Kansas, USA.

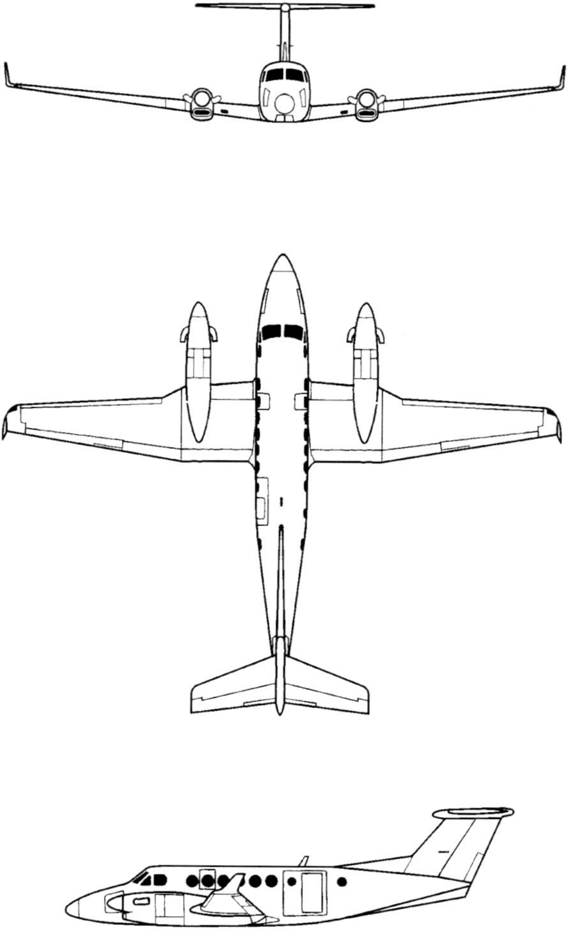

Abmessungen:
Spannweite (C90GTx/250+350i+350ER) 16,36/17,65 m
Länge (C90GTx/250/350i+350ER) 10,82/13,36/14,22 m
Höhe (C90GTx/250/350i+350ER) 4,34/4,52/4,37 m
Flügelfläche (C90GTx/250+350i+350ER) 27,30/28,80 m².

BEECHCRAFT KING AIR C90GTX/250/350I

Ursprungsland: USA.
Kategorie: Arbeits-, Firmen- und Mehrzweckflugzeug.
Triebwerke (C90GTx/250/350i): Zwei Propellerturbinen Pratt & Whitney Canada PT6A-135A von je 550 WPS (410 kW), PT6A-52 von je 850 WPS (634 kW) bzw. PT6A-60A von je 1050 WPS (783 kW) Leistung.
Leistungen (C90GTx/250/350i): Höchstgeschwindigkeit 500/574/583 km/h; Reisegeschwindigkeit 385/474/570 km/h; Anfangssteiggeschwindigkeit 9,0/12,4/13,8 m/Sek; Dienstgipfelhöhe 9144/10700/10700 m; Reichweite mit vier Passagieren und mit 45 Min Reserven 2213/1990/3268 km; (350ER) 4770 km.
Gewichte (C90GTx/250/350i): Leergewicht 3282/3982/4320 kg; max. Startgewicht 4581/5670/6804 kg, (350ER) 7490 kg.
Zuladung (C90GTx/250/350i): Ein bis zwei Mann Cockpitbesatzung und in der Kabine normalerweise sieben/neun Einzelsitze in vis-à-vis-Anordnung, max. jedoch bis zu 9/15 Passagiere; max. Nutzlast 1501/1728/2528 kg, bei vollen Treibstofftanks (C90GTx) 335 kg.
Entwicklungsstand: Seit 1964 befindet sich dieses Muster ununterbrochen in Produktion. Aktuell fliegen über 7200 King Airs in mehr als 20 Varianten. Derzeit werden die Versionen C90GT, B200, 250 und 350 angeboten. Die C90GTx ist seit 2010 erhältlich, die 350i (siehe Dreiseitenriss und Foto) seit 2009. Die neueste Ausführung King Air 250 wird seit Mitte 2011 ausgeliefert. 2013 verzeichnete der Hersteller einen Rekordauftrag für bis zu 105 King Air 350i durch die Wheels Up. Jährlich werden etwa 85 King Airs gebaut.
Bemerkungen: Die C90GTx King Air verfügt gegenüber der Vorversion C90GTi über Winglets aus Verbundwerkstoff. Damit konnten einige Leistungsdaten verbessert werden wie Nutzlast, Reichweite und spezifischer Kraftstoffverbrauch. Die 350i schließt die lange Reihe von Versionen nach oben ab. Sie stellt derzeit die größte und am besten ausgerüstete Ausführung dar. Neu ist vor allem die Inneneinrichtung. Für längere Strecken ausgelegt ist die King Air 350ER, welche seit 2008 angeboten wird. 2010 lancierte der Hersteller die King Air 250. Dank Winglets, leichteren Propellern aus Verbundwerkstoff und überarbeiteten Triebwerken bietet sie bessere Start- und Landeeigenschaften. Weiterhin werden mehrere militärische Varianten der King Air 350 gebaut, meistens für ELINT/SIGINT-Aufgaben.
Hersteller: Beechcraft Corporation, Tochtergesellschaft der Textron Inc., Werk Wichita, Kansas, USA.

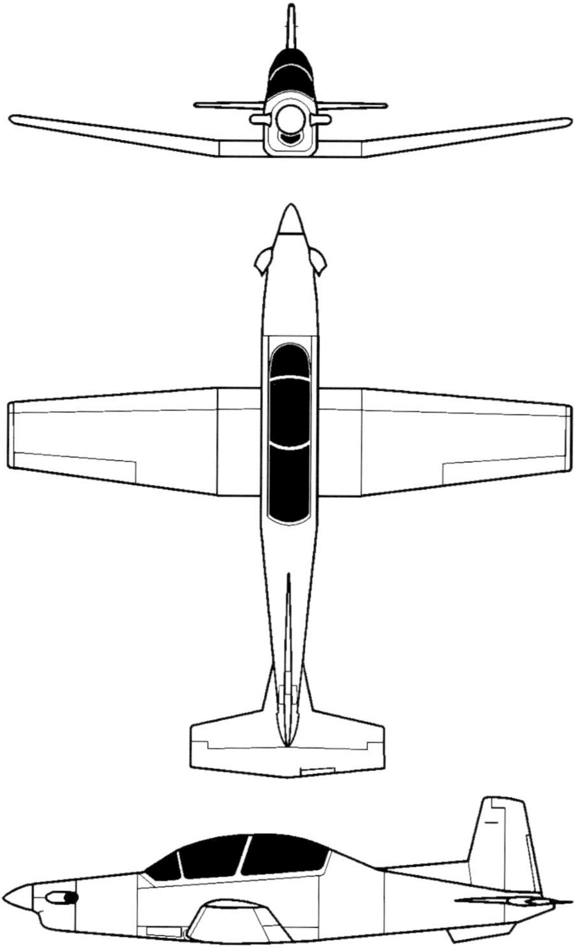

Abmessungen:
Spannweite 10,15 m
Länge 10,14 m
Höhe 3,26 m
Flügelfläche 16,29 m².

BEECHCRAFT T-6A/B/C TEXAN II

Ursprungsland: USA/Schweiz.
Kategorie: Zweisitziger Basis- und Fortgeschrittenentrainer.
Triebwerk: Eine Propellerturbine Pratt & Whitney Canada PT6A-68 von 1708 WPS (1275 kW) Leistung, reduziert auf 1100 WPS (820 kW).
Leistungen: Höchstgeschwindigkeit in großen Höhen 575 km/h, auf Meereshöhe 500 km/h, Reisegeschwindigkeit auf 2285 m 426 km/h; Anfangssteiggeschwindigkeit 20,3 m/Sek; Dienstgipfelhöhe 10670 m; Reichweite 1574 km; max. Flugdauer 3 Std.
Gewichte: Leergewicht 2087 kg; max. Startgewicht 2955 kg.
Entwicklungsstand: Der erste Erprobungsträger (eine umgebaute Pilatus PC-9) flog erstmals im September 1992. Darauf stellte Beech zwei weitere Produktionsprototypen her (Erstflug 23. Dezember 1993), gefolgt vom ersten Serienflugzeug am 15. Juli 1998. Vorgesehen ist, für die amerikanischen Streitkräfte insgesamt 773 Maschinen zu beschaffen: USAF 454 (alle mittlerweile abgeliefert), USN 315, 295 davon bisher bestellt. Weitere T-6A/B erhielten oder erhalten Griechenland 45, NATO Flying Training (NFTC) 26 T-6A, Irak 15 T-6A, Israel 25 T-6A, Marokko 24 T-6C, Mexiko Luftwaffe neu 24 T-6C+, Marine 2 T-6C+, Neuseeland 11 T-6C, US Army 4 T-6B. Neuerdings soll auch die RAF die T-6C beschaffen.
Bemerkungen: Die Texan II basiert auf der Pilatus PC-9 (siehe Ausgabe 2008). Rund 70% der Konstruktion wurde jedoch neu definiert. Die wesentlichen Unterschiede sind: Verstärkte Rumpfstruktur und Cockpithaube, Druckkabine, Null-Null-Schleudersitze, neue digitale Elektronik (GPS, MLS, Antikollisionsanzeige, HUD) und Einpunktbetankung. Die T-6A ist Bestandteil eines integrierten Trainingssystems, welches auch Simulatoren und übrige Logistik umfasst. 272 der von der USN geplanten Texan II sind T-6B mit einem integralen Glas-Cockpit, HUD und weiterentwickelter Avionik. Von ihr abgeleitet ist neu die T-6C für den Export im Angebot. Hawker testet derzeit für die USAF eine leichte Erdkampfversion AT-6 Coyote; Erstflug 5. April 2010. Die Zelle weist punktuelle Strukturverstärkungen auf, die Triebwerkleistung ist auf 1600 WPS (1193 kW) erhöht. Unter den Flügeln können Waffen mitgeführt werden. Eventuell beschafft Irak 24 Einheiten.
Hersteller: Beechcraft Corporation, Tochtergesellschaft der Textron Inc., Werk Wichita, Kansas, USA.

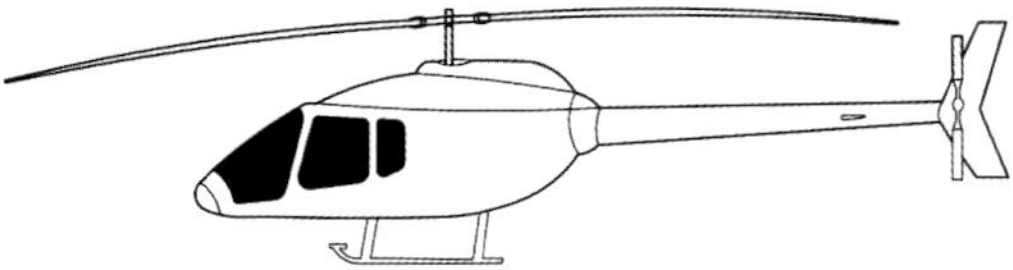

Abmessungen:
Rotordurchmesser 11,28 m
Länge 12,90 m
Höhe 3,05 m.

BELL 505 JET RANGER X

Ursprungsland: USA/Kanada.
Kategorie: Leichthubschrauber.
Triebwerk: Eine Gasturbine Turboméca Arrius 2R von 504 WPS (376 kW) Leistung.
Leistungen (nach Angaben des Herstellers): Höchstgeschwindigkeit 232+ km/h; Dienstgipfelhöhe 6096 m; Schwebehöhe mit Bodeneffekt 4267 m, ohne Bodeneffekt 3657 m; max. Flugdauer 3,5 Std; Reichweite zwischen 670 und 780 km.
Gewichte: Noch keine Angaben erhältlich.
Zuladung: Ein Pilot und bis zu vier Passagiere; Nutzlast intern 689 kg.
Entwicklungsstand: Ein erster Prototyp startete am 10. November 2014 zum Erstflug. Bisher sind Kaufabsichtserklärungen für rund 240 Einheiten eingegangen, 70 davon allein aus der Volksrepublik China.
Bemerkungen: Bell möchte mit der 505 an die früheren kommerziellen Erfolge der JetRanger-Familie anschließen, von der bisher fast 7400 hergestellt wurden. Dieser Leichthubschrauber ist zudem eine Antwort an die Konkurrenten Eurocopter EC120 und Robinson R66. Die Jet Ranger X stellt eine völlige Neukonstruktion dar. Sie verfügt über eine geräumige Kabine und ist dank großflächiger Fenster sehr hell und komfortabel, der Boden völlig eben. Aus welchen Werkstoffen die Zelle hergestellt wird, ist noch nicht bekannt. Ein Teil der dynamischen Komponente wird von der sich mittlerweile nicht mehr in Produktion befindlichen Bell 206L übernommen, so zum Beispiel der Zweiblattrotor und der Heckrotor. Dank automatischer Triebwerksteuerung und -überwachung soll die Arbeitsbelastung des Piloten auf ein Minimum beschränkt werden. Es ist davon auszugehen, dass Bell ein sehr preisgünstiges Modell sowohl in der Anschaffung wie auch im Betrieb anstrebt. Der Dreiseitenriss auf Seite 62 ist als sehr provisorisch zu betrachten.
Hersteller: Bell Helicopter Textron Inc., Canadian Division, Mirabel, Montreal, Kanada.

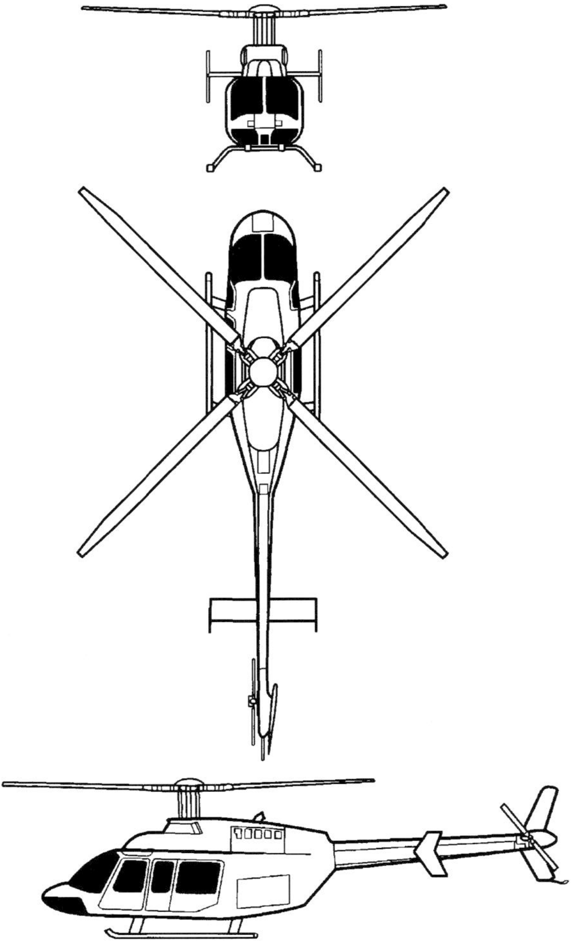

Abmessungen:
Rotordurchmesser 10,66 m
Rumpflänge 10,57 m, bei drehendem Haupt- und Heckrotor 12,61 m
Höhe über Heckflosse 3,10 m,
mit den als Option erhältlichen höheren Kufen 3,30 m.

BELL 407/407GX

Ursprungsland: USA (Kanada).
Kategorie: Leichter Mehrzweckhubschrauber.
Triebwerk: Eine Gasturbine Rolls Royce 250-C47B von 674 WPS (503 kW) Leistung.
Leistungen: Höchstgeschwindigkeit 259 km/h, max. Reisegeschwindigkeit 246 km/h; max. Schrägsteiggeschwindigkeit 6,4 m/Sek; Dienstgipfelhöhe 6096 m; Schwebehöhe mit Bodeneffekt 5852 m, ohne Bodeneffekt 5364 m; Reichweite ohne Reserven 611 km; max. Flugzeit 3,8 Std.
Gewichte: Standard-Leergewicht 1221 kg max. Startgewicht 2268 kg, mit externer Nutzlast 2722 kg.
Zuladung: Pilot und sechs Passagiere; max. interne Nutzlast 1047 kg, externe Nutzlast 1200 kg.
Entwicklungsstand: Der erste von zwei Prototypen nahm im Juni 1995 die Flugerprobung auf. Bell begann mit der Auslieferung noch 1995. Im Juni 2010 wurde das 1000. Exemplar einem Kunden übergeben. Mittlerweile dürften über 1300 Exemplare bestellt worden sein.
Bemerkungen: Die Bell 407 ersetzte die Erfolgsmodelle 206 JetRanger und TwinRanger. Nebst deutlich stärkerem Triebwerk verfügt die 407 über einen von der OH-58D abgeleiteten Vierblattrotor aus Kunststoff. Auch das Dynamiksystem ist von diesem Muster übernommen. Schließlich wird ein volldigitales Triebwerkmanagementsystem FADEC eingebaut. Dank dieser Maßnahmen fliegt die 407 wesentlich vibrationsärmer und kostengünstiger. Gegenüber der Vorgängerin 206 ist die Kabine 18 cm breiter und verfügt über größere Fenster und Türen. Die ab 2004 ausgelieferten Modelle weisen einige Verbesserungen auf, die besonders der Zuverlässigkeit und dem Komfort dienen, so u.a. neuer Heckausleger, überarbeitete Kühlung, Startgenerator, faltbare Rotorblätter, neue Sitze usw. Bell bietet auch eine deutlich leistungsgesteigerte Ausführung 407HP an, welche über ein Triebwerk Honeywell HTS900 verfügt. Als jüngstes Glied wurde anfangs 2011 die 407GX lanciert, ausgerüstet mit der Garmin G100H-Avionik und weiteren Verbesserungen. Bell präsentierte 2011 die Ausführung 407AH für militärische und paramilitärische Aufgaben. Die Vereinigten Arabischen Emirate haben 30 Exemplare bestellt.
Hersteller: Bell Helicopter Textron Inc., Canadian Division, Mirabel, Montreal, Kanada.

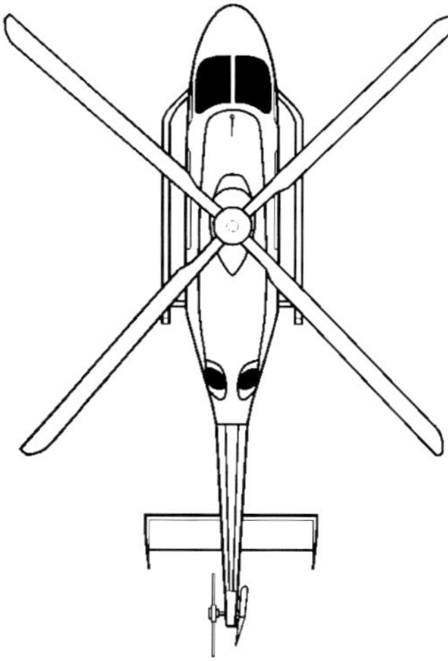

Abmessungen:
Rotordurchmesser 11,28 m
Rumpflänge 12,17 m
Höhe über Rotor 4,04 m.

BELL 429 GLOBAL RANGER

Ursprungsland: USA (Kanada, Südkorea).
Kategorie: Leichter Mehrzweckhubschrauber.
Triebwerke: Zwei Gasturbinen Pratt & Whitney PW207D von je 710 WPS (529 kW) Leistung.
Leistungen (429WLG): Max. Reisegeschwindigkeit 281 km/h; Schwebehöhe bei max. Abfluggewicht ohne Bodeneffekt 3439 m, mit Bodeneffekt 4307 m; max. Reichweite 763 km, max. Flugzeit 4,0 Std.
Gewichte (429WLG): Leergewicht 2144 kg; max. Startgewicht 3402 kg.
Zuladung: Pilot und bis zu acht Passagiere oder Frachtzuladung intern von 1140 kg, als Außenlast 1257 kg. Als Ambulanzhubschrauber zwei liegende Verletzte.
Entwicklungsstand: Der erste von zwei 429-Prototypen fliegt seit 27. Februar 2007, gefolgt vom zweiten am 27. August 2007. Die Auslieferung begann Bell im Juli 2009. Bisher sind über 200 Exemplare bestellt und rund 125 ausgeliefert worden. Seit Anfang 2013 fliegt die Version 429WLG. Neu hat die Küstenwache Kanadas 15, die Schwedische Polizei 7 Einheiten bestellt.
Bemerkungen: Die Bell 429 basiert auf der 427 bzw. 427VFR (siehe Ausgabe 2007). Sie weist aber verschiedene Verbesserungen auf. Die Kabine lässt sich für verschiedenste Zwecke umgestalten. Die großen Türen (auf Wunsch als Schiebetüren) erleichtern dabei den Ein- und Auslad von Fracht. Im Cockpit wurde die BasiX-Avionik integriert. Dadurch kann die 429 durch einen Piloten alleine bedient werden. Das dynamische System (Rotorkopf, Getriebe und Rotoren) stammt von der 407 (siehe Seiten 64/65), die Rotorblätter sind aber rund 40 cm länger und 25 mm breiter. Der Heckrotor ist X-förmig angeordnet. Sämtliche Sitze sind »crashresistent« konstruiert. Korea Aerospace stellt die Kabine und den Heckteil aller 429 her, während das Rotorsystem durch Bell, Fort Worth, beigesteuert wird. Die ganze Konstruktion hat man auf wirtschaftlichen Betrieb hin optimiert. Mit der sog. MAPL-Technologie (**M**odule **A**ffordable **P**roduct **L**ine) wurde erreicht, dass diverse Module auch für zukünftige Modelle verwendet werden können. Die neueste Ausführung heißt 429WLG und ist mit einem Einziehfahrwerk ausgerüstet. Bell gibt für diese Variante einen Preis von US$ 6,5 Mio. an.
Hersteller: Bell Helicopter Textron Inc., Canadian Division, Werke Mirabel, Montreal, Kanada und Korea Aerospace, Sachon, Süd-Korea.

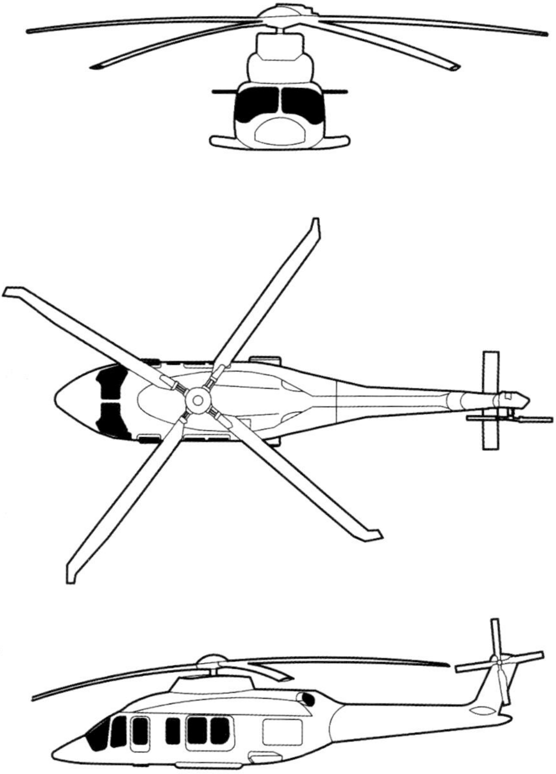

Abmessungen:
Rotordurchmesser 16,70 m
weitere Angaben noch nicht erhältlich.

BELL 525 RELENTLESS

Ursprungsland: USA.
Kategorie: Ziviler Mehrzweckhubschrauber.
Triebwerke: Zwei Gasturbinen General Electric CT7-2F1 von je rund 1800 WPS (1342 kW) Leistung.
Leistungen (nach Angaben des Herstellers): Höchstgeschwindigkeit 287 km/h; Reichweite mit max. interner Treibstoffzuladung und sechs Passagieren rund 920 km.
Gewichte: Max. Startgewicht 8750 kg.
Zuladung: Zwei Piloten und bis zu 16 Passagiere, bei dichter Bestuhlung bis zu 20 Personen; max. Nutzlast 3357 kg.
Entwicklungsstand: Ein erster Prototyp soll nach einer leichten Verzögerung im ersten Quartal 2015 die Flugerprobung aufnehmen. Je nach deren Verlauf könnten die ersten Serienexemplare bereits 2016 zur Auslieferung gelangen. Wie viele 525 bereits bestellt sind, ist derzeit nicht bekannt.
Bemerkungen: Nach vielen Jahren Pause lanciert Bell wieder einmal eine völlige Neukonstruktion eines mittelschweren Mehrzweckhubschraubers. Es handelt sich hierbei um das bisher größte Hubschraubermodell des Herstellers. Besonderer Wert wurde darauf gelegt, möglichst alle Mitbewerber bezüglich diversen Kriterien zu schlagen. Im Vordergrund stehen dabei die AgustaWestland AW189 (siehe Seiten 18/19) und die Airbus Helicopters EC175 (siehe Seiten 44/45). So behauptet der Hersteller, dass die 525 bezüglich Sicherheit, Komfort, Verhältnis Nutzlast/Reichweite, Transportvolumen jeweils das klassenbeste Modell darstellt. Der Rumpf besteht aus einer Kombination von Aluminiumlegierungen und Verbundwerkstoffen. Die Inneneinrichtung kann je nach Bedürfnis flexibel gestaltet werden. Im Cockpit ist die digitale Avionik Garmin G5000HTM eingebaut. Besonders zu erwähnen ist, dass die 525 über eine Fly-By-Wire-Steuerung verfügt. Der Hauptrotor ist fünfblättrig und soll sehr wenig Vibration auslösen. Bell wird auch eine spezifische SAR-Ausführung anbieten.
Hersteller: Bell Helicopter Textron Inc., Canadian Division, Mirabel, Montreal, Kanada.

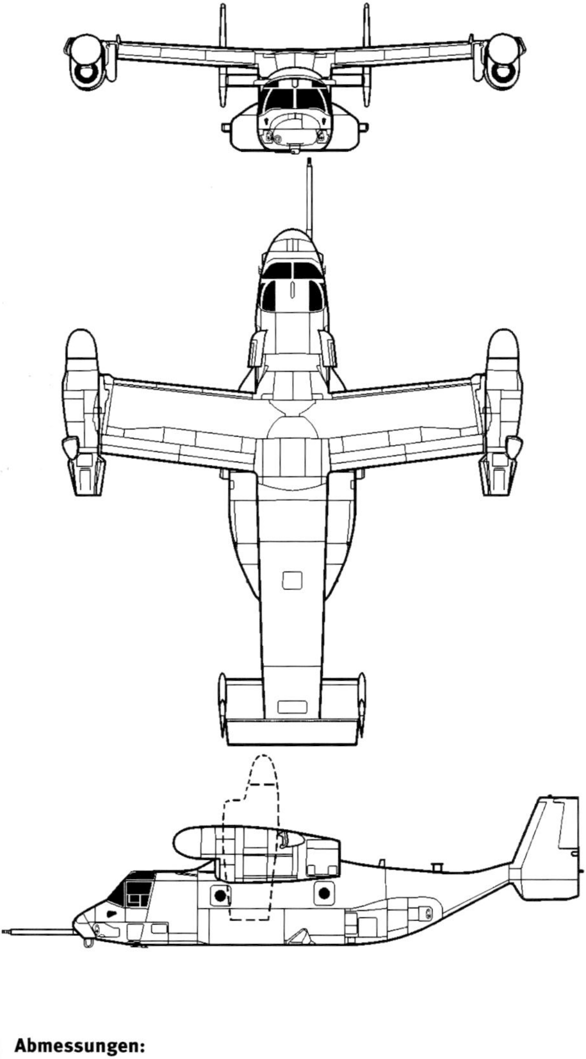

Abmessungen:
Spannweite inkl. Rotoren 25,77 m, ohne 15,52 m
Länge mit gefalteten Rotoren 19,20 m, Rumpflänge alleine 17,47 m
Höhe über alles 6,73 m.

BELL-BOEING V-22B OSPREY

Ursprungsland: USA.
Kategorie: Schwenkrotorflugzeug (MV-22B) als Kampfzonentransporter und (CV-22B) für militärische Spezialeinsätze.
Triebwerke: Zwei Propellerturbinen Rolls Royce AE1107C von je 6150 WPS (4590 kW) Leistung.
Leistungen: Max. Reisegeschwindigkeit als Flächenflugzeug 550 km/h, in Helikopterkonfiguration 185 km/h auf Meereshöhe; max. Geschwindigkeit mit einer Außenlast von 6804 kg 370 km/h; max. Steiggeschwindigkeit im Flugzeugmodus 16,25 m/Sek; Dienstgipfelhöhe 7925 m; Reichweite bei Senkrechtstart und einer Nutzlast von 5443 kg 2224 km, bei Kurzstart und einer Nutzlast von 9072 kg 3336 km; Überführungsreichweite 3892 km.
Gewichte (CV-22B): Rüstgewicht 15032 kg; normales Startgewicht unter VTO-Bedingungen 23855 kg, max. unter STO-Bedingungen 27442 kg.
Zuladung: Drei Mann Besatzung und bis zu 24 ausgerüstete Soldaten oder 12 Tragen für Verletzte plus Sanitäter, max. Nutzlast 9072 kg.
Entwicklungsstand: Der erste V-22-Prototyp nahm die Flugerprobung am 9. März 1989 auf. Vier weitere, weitgehend dem Serienstandard entsprechende Ospreys folgten ab Ende 1996. Bis Ende 2014 sind rund 270 Einheiten hergestellt worden. Die US-Streitkräfte beschaffen voraussichtlich: USMC 360 MV-22B, USN 48 HV-22B, USAF 51 CV-22B für Spezialmissionen. Die erste Einsatzstaffel des USMC mit der definitiven Ausführung wurde Mitte 2006 gebildet. Die Luftwaffen Israels und Japans werden voraussichtlich von diesem Typ 6 bzw. bis zu 17 beschaffen.
Bemerkungen: Die Osprey gibt es vorerst in zwei Ausführungen, den Kampfzonentransporter MV-22B sowie die für Spezialeinsätze vorgesehene CV-22B (siehe Dreiseitenriss und Foto). Von der MV-22 unterscheidet sie sich hauptsächlich durch zusätzliche Avionik und Kommunikationssysteme. So wurde neu das Terrainfolgeradar Raytheon APQ-186 sowie ein Elektronikabwehrsystem ITT ALQ-211 eingebaut. Zur Erhöhung des Aktionsradius auf 925 km sind in den Flügeln acht zusätzliche Tanks und seitlich am Rumpf zwei Treibstoffbehälter vorhanden. Derzeit prüft man, die V-22 mit neuen Triebwerken auszurüsten.
Hersteller: Bell Helicopter Textron Inc., Fort Worth, Texas, und Boeing Helicopter Company, Philadelphia, Werk Amarillo, Texas, USA.

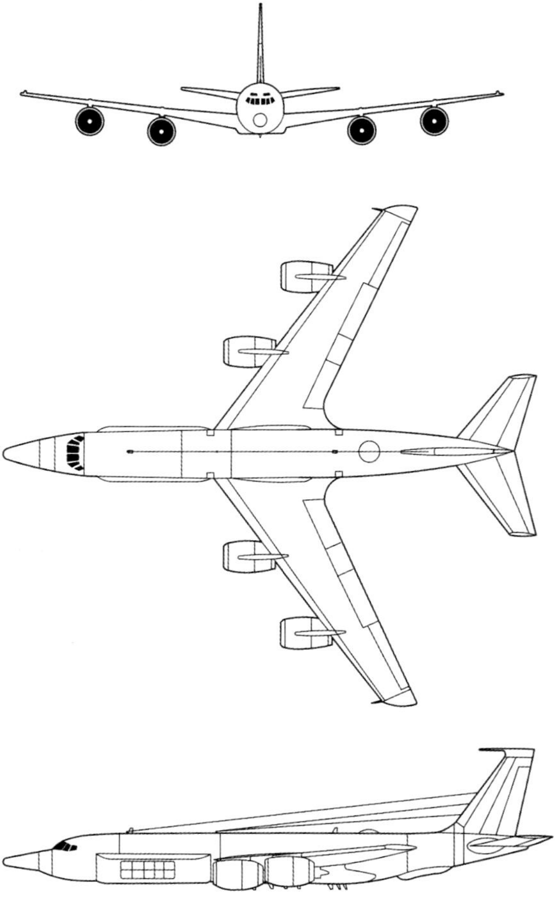

Abmessungen:
Spannweite 39,88 m
Länge 41,53 m
Höhe 12,70 m
Flügelfläche 226,00 m².

BOEING RC-135W RIVET JOINT

Ursprungsland: USA.
Kategorie: Elektronisches Überwachungsflugzeug.
Triebwerke: Vier Mantelstromtriebwerke CFM International F-108-CF-201 von je 9980 kp (97,86 kN) Standschub.
Leistungen: Höchstgeschwindigkeit 933 km/h; Anfangssteiggeschwindigkeit 24,8 m/Sek; Dienstgipfelhöhe 15200 m; Aktionsradius rund 5000 km.
Gewichte: Leergewicht ca. 79500 kg; max. Startgewicht 146000 kg.
Zuladung: Drei Mann Cockpitbesatzung und je nach Einsatz bis zu 22 Systemoperateure.
Entwicklungsstand: Die Royal Air Force übernimmt drei umgebaute ehemalige Tanker KC-135R als RC-135W. Das erste Muster wurde 2014 der RAF übergeben, das letzte soll 2017 zulaufen. Die USAF betreibt von einer ähnlichen Ausführung derzeit 17 Maschinen.
Bemerkungen: Wenn auch die Zelle sehr alt ist, so wurde die gesamte Elektronik von L3 Communications neu gebaut. Die RC-135W verfügt über eine Vielzahl von Sensoren, welche einer multidisziplinären Crew ermöglichen, u.a. durch Funkaufklärung (sog. SIGINT-Aufgaben) feindliche Bewegungen zu erkennen und das ganze Spektrum von elektromagnetischen Emissionen zu erfassen. Damit lassen sich sowohl auf strategischer wie auf taktischer Ebene Informationen online gewinnen. Die von der RC-135W gewonnenen Informationen werden in einer Unterstützungseinheit am Boden online verarbeitet. Auch die RC-135W der USAF werden laufend aufdatiert.
Hersteller: The Boeing Company, Defense & Space Group, Seattle, Washington, USA.

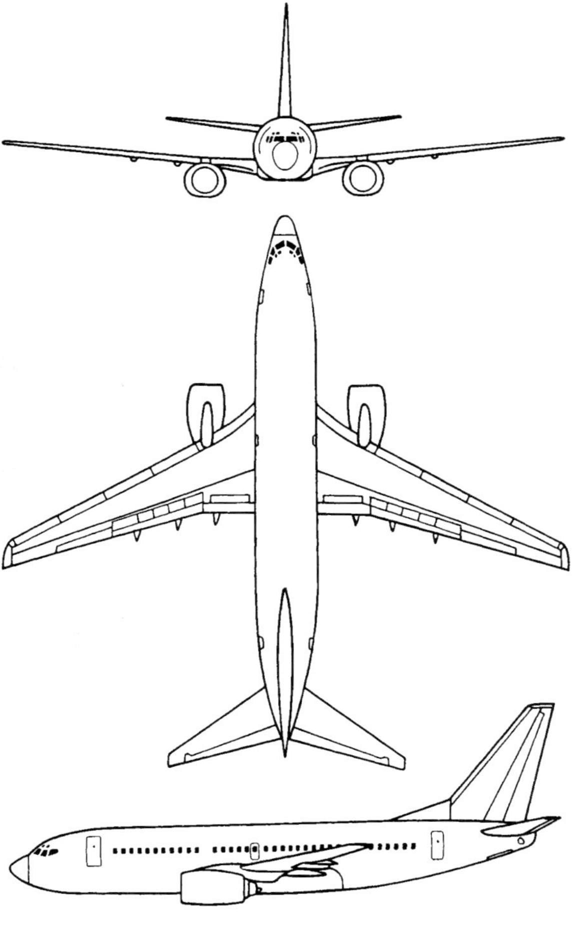

Abmessungen:
Spannweite ohne Winglets 34,30 m, inkl. Winglets 35,70 m
Länge (-600) 31,20 m, (-700) 33,60 m, (-800) 39,50 m
Höhe 12,50 m
Flügelfläche 124,60 m^2.

BOEING 737-600/-700/-800/-MAX

Ursprungsland: USA.
Kategorie: Kurz- und Mittelstrecken-Verkehrsflugzeug.
Triebwerke: Zwei Mantelstromtriebwerke CFM International CFM56-7B18 (-600) von je zwischen 8391 kp (82,29) und CFM56-7B26 (-800) 11974 kp (117,43 kN) Standschub.
Leistungen: Max. Reisegeschwindigkeit 876 km/h (Mach 0,82), norm. Reisegeschwindigkeit 835 km/h; Dienstgipfelhöhe 12500 m; Reichweite mit 108 Passagieren (-600) 5940 km, mit 128 Passagieren (-700) 5940 km, mit 160 Passagieren (-800) 5380 km.
Gewichte (-600/-700/-800): Rüstgewichte 36370/37640/41410 kg; max. Startgewichte 65090/69400/78204 kg.
Zuladung (-600/-700/-800): Zwei Mann Cockpitbesatzung und in normaler Zweiklassenbestuhlung 108/128/160 Passagiere, maximal jedoch 132/149/189 Personen, bei der MAX8 bis zu 200 Personen.
Entwicklungsstand: Die Boeing 737NG (New Generation) gelangte in Etappen ab 1997 zum Erstflug. Bis Ende 2014 sind von den Modellen -600/-700/-800/-900 einschließlich deren Unterversionen und der BBJ 6800 Maschinen in Auftrag gegeben worden, 5218 davon waren ausgeliefert. Zählt man noch die früheren Versionen hinzu, so sind es 12356 Maschinen, davon 8967 gebaut. Angesichts der regen Nachfrage wird die Monatsproduktion in Etappen auf 52 erhöht. Die neueste Ausführung 737 MAX in den Versionen MAX 7, 8 und 9 soll erstmals 2015 fliegen und 2017 in Dienst gestellt werden. Bereits lagen Ende 2014 Aufträge und Optionen für 2562 (55 Gesellschaften) Maschinen vor.
Bemerkungen: Im Grundaufbau unterscheiden sich diese NG-Modelle weitgehend nur durch die Rumpflänge. In den letzten Jahren wurde besonders die -800 mit Winglets ausgerüstet, entweder bereits ab Werk oder nachgerüstet. Unter der Bezeichnung 737 MAX hat Boeing Mitte 2011 eine neue Version lanciert. Sie erhält Triebwerke der neuesten Generation General Electric CFM Leap-X. Dies erfordert ein um über 20 cm höheres Bugfahrwerk, Verstärkungen im Flügelmittelkasten und an den Flügeln sowie neue Triebwerkaufhängungen. Dazu gibt es weitere Modifikationen, insbesondere an Aerodynamik und Inneneinrichtung. Alle Maßnahmen zusammen ermöglichen eine namhafte Treibstoffreduktion sowie deutlich bessere Abgas- und Lärmwerte. Unter dem Namen BBJ MAX ist auch eine Businessjet-Version vorgesehen.
Hersteller: The Boeing Company, Commercial Airplane Group, Seattle, Werk Renton, Washington, USA.

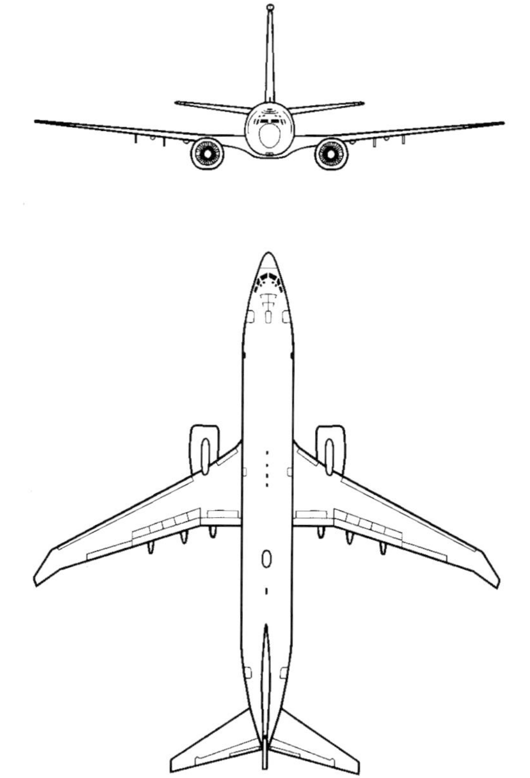

Abmessungen:
Spannweite 37,64 m
Länge 39,47 m
Höhe 12,83 m
Flügelfläche 124,60 m².

BOEING P-8A POSEIDON

Ursprungsland: USA.
Kategorie: Langstrecken-Seeaufklärungs- und Angriffsflugzeug.
Triebwerke: Zwei Mantelstromtriebwerke CFM International CFM56-7B27 von je 12469 kp (120,0 kN) Standschub.
Leistungen: Höchstgeschwindigkeit 907 km/h; norm. Reisegeschwindigkeit 789 km/h, Dienstgipfelhöhe 12500 m; max. Aufenthaltsdauer im Zielgebiet 4 Std. 2200 km vom Stützpunkt entfernt.
Gewichte: Rüstgewicht 62700 kg; max. Startgewicht 85130 kg.
Zuladung: Insgesamt eine Besatzung von neun Personen, zwei davon im Cockpit, ein Avionik-Engineer sowie sechs System-Operateure.
Bewaffnung: In einem Waffenschacht sowie unter dem Rumpf und unter den Flügeln kann eine Vielzahl von Waffen mitgeführt werden, so u. a. Bomben, Torpedos, Minen und Lenkwaffen aller Art.
Entwicklungsstand: Der erste von insgesamt drei Prototypen nahm die Flugerprobung am 25. April 2009 auf, der letzte fliegt seit 29. Juli 2010. Bis Ende 2014 sind rund 25 Poseidons gebaut worden. Die US Navy erhält seit 2013 117 P-8A. 61 davon wurden bisher bestellt. Die Indische Marine erwirbt vorerst zwölf der Version P-8i; Ablieferung seit 2012. Neuester Besteller: Australien 8.
Bemerkungen: Mit der P-8A Poseidon wird die US Navy die veralteten P-3 Orions ersetzen. Als Ausgangsmuster dient die Boeing 737-800ERX. Die Flügel dagegen stammen von der 737-900, sind aber leicht modifiziert. Die P-8A werden auf der gleichen Produktionsstraße wie die zivilen Muster gefertigt und dann entsprechend umgebaut und ausgerüstet. Der Rumpf ist verstärkt, um die höheren Belastungen aufzufangen. Zur Erfüllung der Aufgaben, u.a. die U-Boot-Jagd, Schiffsbekämpfung und allgemeine Überwachungsmissionen, verfügt die Poseidon über modernste Systeme. Sichtbar davon sind die rund 100 Antennen an Rumpf und Flügeln. Als wichtigstes Element ist das synthetische Breitbandradar APY-10 zu erwähnen. Geprüft werden auch weitere Varianten, so eine für sog. SIGINT-Aufgaben als Ersatz der Lockheed EP-3E Orion. Die US Navy hat einen Bedarf von zwischen 19 und 26 Maschinen.
Hersteller: The Boeing Company, Defense & Space Group, St. Louis, Werk Renton, Washington, Washington, USA.

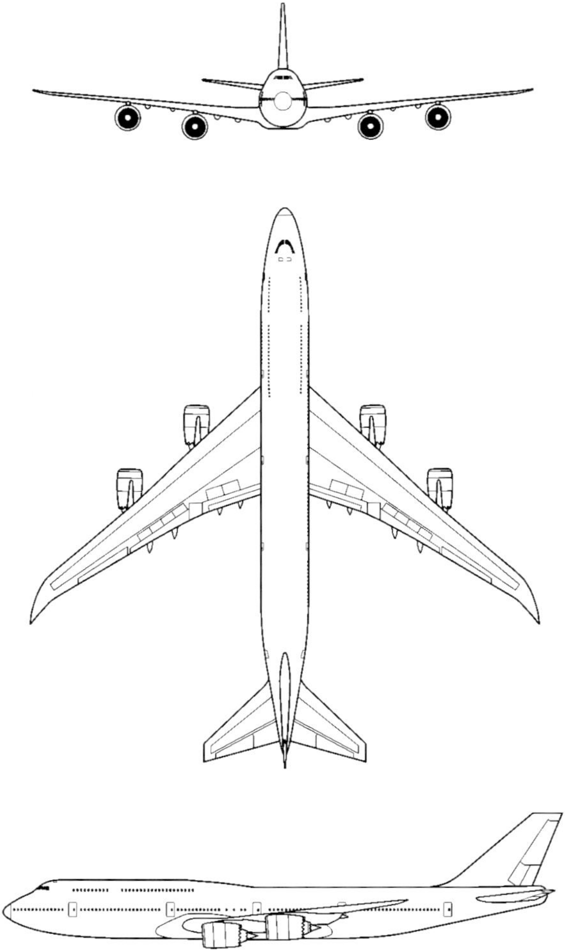

Abmessungen:
Spannweite 68,40 m
Länge 76,30 m
Höhe 19,41 m
Flügelfläche 554,00 m².

BOEING 747-8I/-8F

Ursprungsland: USA.
Kategorie: Langstrecken-Passagierflugzeug (-8I) und Frachter (-8F).
Triebwerke: Vier Mantelstromtriebwerke General Electric GEnx-2B67 von je 30163 kp (295,80 kN) Standschub.
Leistungen: Langstrecken-Reisegeschwindigkeit (-8I) 913 km/h (Mach 0,855), (-8F) Mach 0,845; Reichweite mit max. Nutzlast als Frachter 8185 km; Reichweite der 747-8I mit max. Treibstoffzuladung 14815 km.
Gewichte (747-8I/-8F): Rüstgewicht 213000/190900 kg; max. Startgewicht 448000 kg.
Zuladung: Zwei Mann Cockpitbesatzung und (-8I) beispielsweise 467 Passagiere in drei Klassen. Als Frachter (-8F) 140000 kg Nutzlast.
Entwicklungsstand: Der Prototyp der Frachtausführung 747-8F startete am 8. Februar 2010 zum Erstflug, gefolgt vom Prototypen der Passagierversion 747-8I (siehe Dreiseitenriss) am 20. März 2011. Von der 747-8F waren bis Ende 2014 69 Einheiten bestellt. Für die 747-8I liegen derzeit folgende Aufträge vor: Lufthansa 20, Air China 5, Arik 2, Korean 5 und Transaero 5. Neun weitere Maschinen werden in VIP-Ausführung gebaut. Die Auslieferung des Frachters an den Erstbesteller Cargolux begann im Oktober 2011, jene der Passagierausführung Anfang 2012. Bis Ende 2014 sind rund 90 Maschinen abgeliefert worden. Von den früheren 747-Versionen wurden 1418 Einheiten gebaut, die Produktion 2009 dann eingestellt.
Bemerkungen: Boeing lancierte im November 2005 die verlängerte Ausführung 747-8. Der Rumpf der beiden Ausführungen -8I/-8F ist gegenüber der 747-400 um 5,09 m länger, das Abfluggewicht um ca. 40000 kg höher. Die überarbeiteten Tragflächen erhalten anstatt der Winglets neu geformte Flügelspitzen. Zudem erfolgen Verbesserungen primär durch aerodynamische Verfeinerungen an Flügeln und Triebwerkgondeln mit dem Ziel, den Außenlärm zu reduzieren. Nebst bewährten Komponenten der 747-Reihe werden auch mehrere Komponenten von der neuen 787 verwendet, so u. a. die Triebwerke. Damit verfügen die 747-8I bzw. die 8F über wesentlich bessere Leistungsdaten als die Vorgängerversion. Die ab Dezember 2013 ausgelieferten Modelle sind mit leistungsstärkeren Triebwerke ausgerüstet.
Hersteller: The Boeing Company, Commercial Airplane Group, Seattle, Werk Everett, Washington, USA.

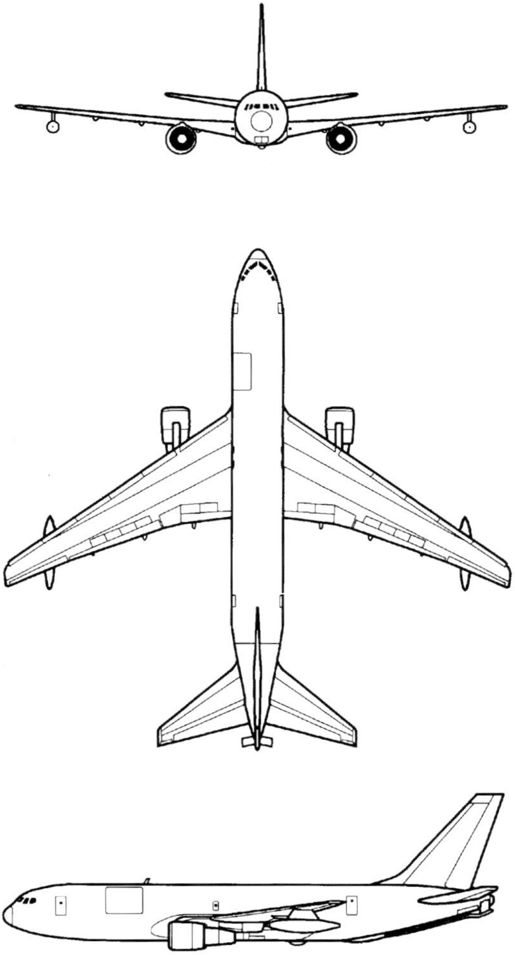

Abmessungen:
Spannweite 48,10 m
Länge 50,50 m
Höhe 15,85 m
Flügelfläche 283,30 m².

BOEING KC-46A PEGASUS

Ursprungsland: USA.
Kategorie: Militärischer Tanker und Transporter.
Triebwerke: Zwei Mantelstromtriebwerke Pratt & Whitney PW4062 von je 28712 kp (281,57 kN) Standschub.
Leistungen: Höchstgeschwindigkeit 915 km/h (Mach 0,86); Reisegeschwindigkeit 850 km/h (Mach 0,80); Dienstgipfelhöhe 12200 m; max. Reichweite 12200 km.
Gewichte: Leergewicht 82377 kg; max. Startgewicht 188240 kg.
Zuladung: Zwei Piloten und ein Betankungsoperateur; als Frachter 19 Standardpaletten mit max. 50000 kg, als Tanker eine Zuladung von 124205 l bzw. 92197 kg. Alternativ können auch bis zu 114 Passagiere transportiert werden.
Entwicklungsstand: Die erste E-767T-T/KC-767, noch ohne Tankerausrüstung nahm am 16. Juli 2003 die Flugerprobung auf. Italien und Japan beschaffen je 4 Einheiten. Eine später in die KC-46A umzubauende 767-2C nahm nach technischen Verzögerungen am 28. Dezember 2014 die Flugerprobung auf. Drei weitere Prototypen folgen anschließend. Die USAF hat einen Erstbedarf von 179 Maschinen angemeldet. Ab 2017 soll die Einsatzfähigkeit erreicht werden. Die zivile 767, insbesondere deren Frachtausführung, wird in kleinen Stückzahlen weiterhin gebaut.
Bemerkungen: Die veralteten Boeing KC-135 der USAF sollen weitgehend durch die KC-46A ersetzt werden. Als Tanker verfügt das neue Muster über einen Flying Boom unten am Heck und zwei Betankungspods unter den Flügeln. Die Kabine kann sowohl für Passagier- als auch Frachteinsätze ausgelegt werden. Vorne links am Rumpf befindet sich eine große Frachttüre. Bei Einsätzen als fliegende Ambulanz können bis zu 58 Patienten mitgeführt werden. Mehrere heutige B767-Passagier- und Frachtmaschinen werden in Tanker umgebaut. Brasilien und Kolumbien haben beispielsweise solche Einheiten erworben.
Hersteller: The Boeing Company, Boeing Integrated Defense Systems, St. Louis, Missouri, Werke Everett und Wichita, USA.

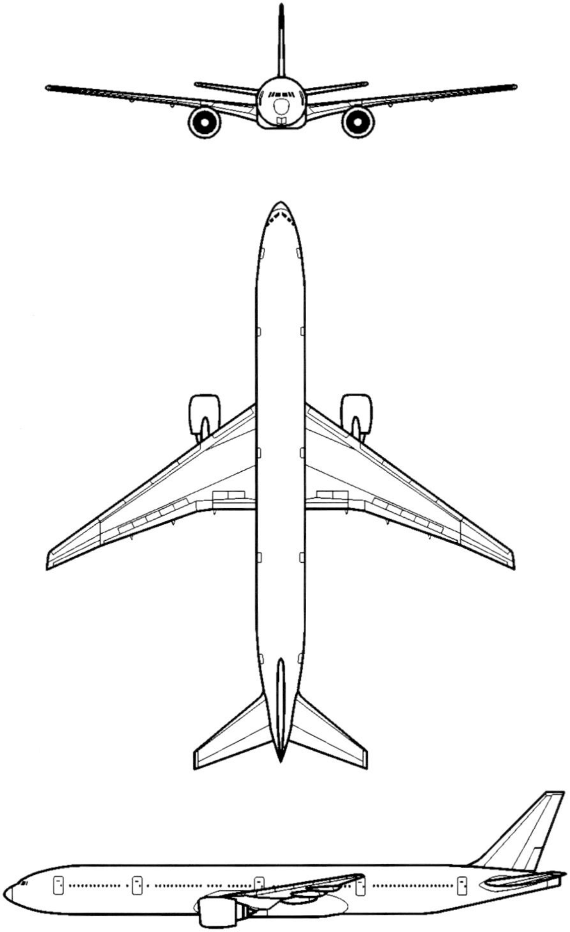

Abmessungen:
Spannweite 64,80 m, (777-X) 71,80 m bzw. eingeklappt 64,80 m
Länge (200LR/F) 63,70 m, (300, -ER) 73,90 m, (-8X) 69,50 m, (-9X) 76,30 m
Höhe 18,44 m
Flügelfläche 436,80 m².

BOEING 777-300ER/200LR/X

Ursprungsland: USA.
Kategorie: Langstrecken- (777-300ER) bzw. Ultra-Langstecken-Verkehrsflugzeug (777-200LR).
Triebwerke (777-300ER/-200LR): Zwei Mantelstromtriebwerke General Electric GE90-115B/-110B1 von je 52700/49865 kp (519,0/489,0 kN) Standschub.
Leistungen (777-300ER/-200LR): Max. Reisegeschwindigkeit 950 km/h (Mach 0,87); Langstrecken-Reisegeschwindigkeit 895 km/h (Mach 0,84); Dienstgipfelhöhe 13106 m; max. Reichweite 14594/17445 km; 777-8X 17220 bzw. 777-9X 15185 km.
Gewichte (777-300ER/-200LR): Rüstgewicht 169135/156635 kg; max. Startgewicht 351734/347800 kg.
Zuladung (777-300ER/-200LR): Zwei Piloten und in normaler Dreiklassenbestuhlung 365/301, max. mit Economy-Einrichtung 550/440 Passagiere; 777-8X 350 bzw. 777-9X 400 in Dreiklassenbestuhlung.
Entwicklungsstand: Die erste 777-300ER nahm die Flugerprobung am 24. Februar 2003 auf, gefolgt von der 777-200LR am 8. März 2005. Der Frachter 777-200F flog erstmals am 14. Juli 2008. Von allen 777-Varianten sind bis Ende 2014 1828 bestellt worden, aufgeteilt wie folgt: 777-200 88, -200ER 422, -200LR 59, -300 60, -300ER 760, -F 135. Davon waren 1263 abgeliefert. Bereits sind für die B777X Aufträge über 286 (+ Optionen) Einheiten eingegangen, darunter von Emirates, Lufthansa usw. Die Indienststellung ist für 2020 vorgesehen.
Bemerkungen: Derzeit baut Boeing nur noch die Ultra-Langstrecken-Version 777-200LR, den davon abgeleiteten Frachter 777F (siehe Ausgabe 2011) sowie die verlängerte 777-300ER. Im Oktober 2013 wurde der Entscheid gefällt, zwei weitere Varianten zu entwickeln, die Ultralangstrecken-Version 777-8X sowie die verlängerte 777-9X. Diese sollen gegenüber dem neuen Konkurrenten A350 (siehe Seiten 26/27) im Markt gleichziehen können. Im Wesentlichen sind folgende Verbesserungen vorgesehen: Ein neuer Flügel aus Verbundwerkstoffen, deren Spitzen klappbar sind, schwächere Triebwerke GE9X neuester Generation mit einer Leistung von 46266 kp (453 kN) und weitere aerodynamische Verbesserungen. Damit erhofft man sich eine deutliche Verbesserung der Wirtschaftlichkeit.
Hersteller: The Boeing Company, Commercial Airplane Group, Seattle, Werk Everett, Washington, USA.

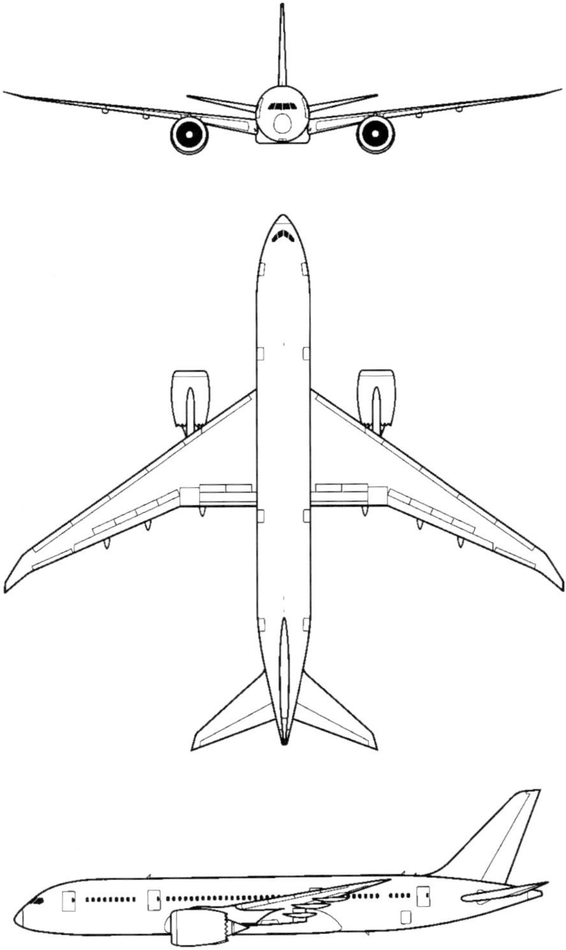

Abmessungen:
Spannweite 60,10 m
Länge (787-8) 56,70 m, (787-9) 62,80 m, (787-10) 68,00 m
Höhe 16,90 m
Flügelfläche 361 m^2.

BOEING 787 DREAMLINER

Ursprungsland: USA.
Kategorie: Mittel- bis Langstrecken-Verkehrsflugzeug.
Triebwerke: Zwei Mantelstromtriebwerke General Electric GEnx-1B oder Rolls-Royce Trent 1000 von je zwischen 25000 und 32000 kp (244 bis 311 kN) Leistung.
Leistungen: Reisegeschwindigkeit Mach 0,85; Reiseflughöhe 13000 m; Reichweite bei voller Zuladung (787-8) 11000 km, max. Reichweite (787-8) 15200 km, (787-9) 15750 km, (787/10) 12964 km.
Gewichte: Rüstgewicht (787-8) 111493 kg; max. Startgewicht (787-8) 227930 kg, (787-9) 247208 kg, (787-10) 250860 kg.
Zuladung: Zwei Mann Cockpitbesatzung und (737-8/-9/-10) in Dreiklassenbestuhlung 217/257/300 Passagiere, bei Einheitsklasse 230/300/330 Passagiere.
Entwicklungsstand: Der Erstflug der 787-8 fand am 15. Dezember 2009 statt. Die Ablieferungen an den Erstbesteller ANA begannen im November 2011. Bis Ende 2014 sind Aufträge über 1096 Einheiten eingegangen (787-8 491, 787-9 467, 787-10 132). Rund 230 davon waren abgeliefert, monatliche Produktion derzeit 10 Einheiten. Die Ausführung 787-9 hatte am 17. September 2013 den Erstflug, Beginn des kommerziellen Einsatzes im Juli 2014. Die neueste Ausführung 787-10 wird voraussichtlich 2017 die Flugerprobung aufnehmen.
Bemerkungen: Mit der Familie 787 Dreamliner lancierte Boeing eine neue Generation von Verkehrsflugzeugen. Zwei Neuerungen sind dabei zentral: Der erhöhte Passagierkomfort und die Wirtschaftlichkeit. So ist der Passagierraum besonders attraktiv gestaltet. Nebst bequemen Stühlen mit mehr Sitzabstand fallen die großen Fenster auf. Durch ein Bündel von Maßnahmen, vor allem aber durch zukunftsweisende Technologien, wurden bezüglich Wirtschaftlichkeit und Ökologie neue Bestwerte erreicht. Erstmals stellt man bei einem so großen Flugzeug den Rumpf vollständig aus Verbundwerkstoffen her. Die Triebwerke zeichnen sich vor allem durch einen hohen Wirkungsgrad, einfache Wartung und geringen Lärm aus. Bei einer typischen Auslastung ist der Treibstoffverbrauch pro Person, gemessen an der zurückgelegten Distanz, drei Mal geringer als bei einem Personenwagen.
Hersteller: The Boeing Company, Commercial Airplane Group, Seattle/Chicago, Werke Everett, Washington und Charleston, South Carolina, USA.

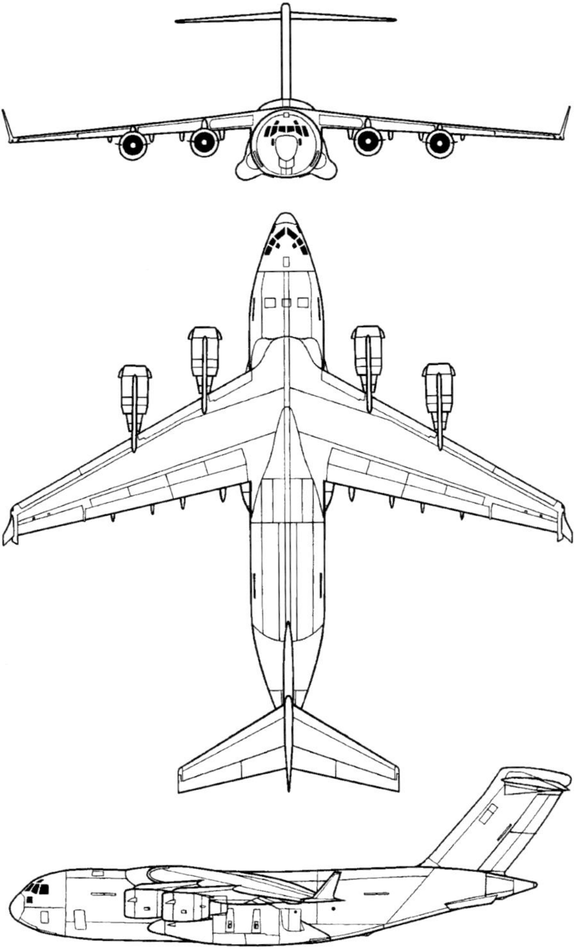

Abmessungen:
Spannweite 50,29 m
Länge 53,04 m
Höhe 16,79 m
Flügelfläche 353 m^2.

BOEING C-17A GLOBEMASTER III

Ursprungsland: USA.
Kategorie: Schwerer Militärfrachter.
Triebwerke: Vier Mantelstromtriebwerke Pratt & Whitney F117-PW-100 von je 18914 kp (185,5 kN) Standschub.
Leistungen: Max. Reisegeschwindigkeit 818 km/h auf 10975 m (Mach 0,77), 650 km/h in niedriger Höhe; Dienstgipfelhöhe 13700 m; Reichweite mit 75000 kg Nutzlast 5100 km; Überführungsreichweite 11575 km.
Gewichte: Rüstgewicht 127685 kg; max. Startgewicht 278960 kg.
Zuladung: Zwei Piloten und zwei Lademeister. Im 26,82 m langen, 5,49 m breiten und 4,11 m hohen Frachtraum können Nutzlasten bis zu 75750 kg mitgeführt werden. Typische Lasten: Drei Kampfhubschrauber AH-64 oder ein voll ausgerüsteter Kampfpanzer M-1 Abrams, bis zu 102 Fallschirmspringer. Einzellasten von 27215 kg oder mehrere Paletten von max. 49895 kg können im Flug abgeworfen werden.
Entwicklungsstand: Der Prototyp flog erstmals am 15. September 1991; erste Ablieferungen an die USAF im Juni 1993. Die USAF beschaffte insgesamt 223 Einheiten, die letzte wurde 2013 abgeliefert. Weitere Besteller: Australien neu 10, Großbritannien 8, Indien 10, Kanada neu 5, Kuwait 2, NATO 3, Qatar 4, UAE 6. Ende 2014 waren rund 265 Einheiten gebaut. Die Produktion wird nach 279 Einheiten voraussichtlich 2015 eingestellt.
Bemerkungen: Das Besondere an der C-17A ist die Fähigkeit, schwere Lasten auf strategischen Distanzen direkt in die Nahkampfzone fliegen zu können. Für diese Aufgabe wurde sie sehr robust ausgelegt und ist beispielsweise in der Lage, Lande- und Startbahnen mit einer Länge von nur 915 m zu benützen. Das superkritische Tragwerk mit einer Pfeilung von 25° ist mit Winglets und einem angeblasenen Klappensystem ausgerüstet. Das stabile Fahrwerk erlaubt ein Manövrieren mit eigener Kraft am Boden. Seit 2001 erhalten alle C-17 einen Zusatztank von 39000 l im Flügelkasten. Damit erhöht sich die Reichweite bei einer Nutzlast von 18145 kg von 8150 auf 9815 km.
Hersteller: The Boeing Company, Defence & Space Group, Seattle, Washington, Werk Long Beach, Kalifornien, USA.

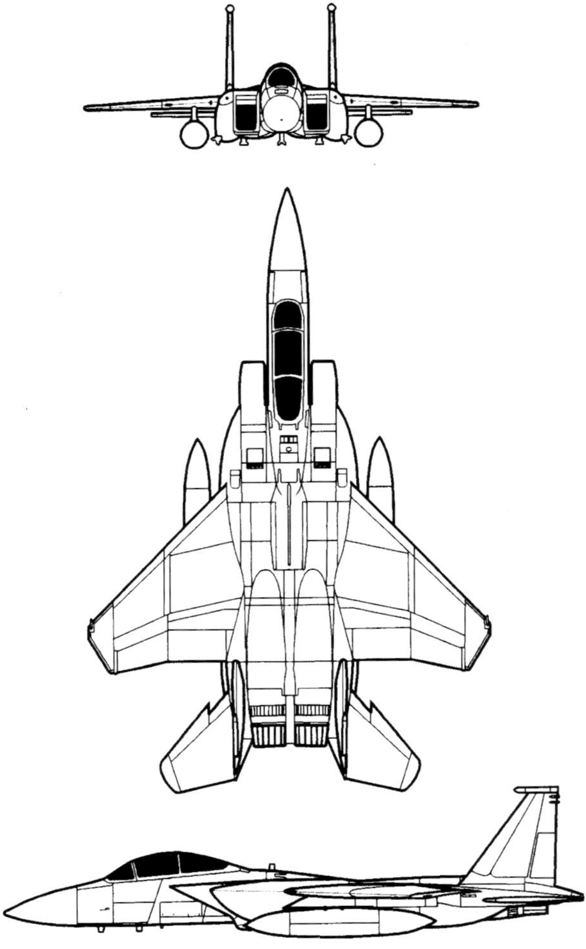

Abmessungen:
Spannweite 13,05 m
Länge 19,45 m
Höhe 5,65 m
Flügelfläche 56,50 m².

BOEING F-15E/K/SG EAGLE

Ursprungsland: USA.
Kategorie: Zweisitziger Luftüberlegenheitsjäger und Erdkämpfer.
Triebwerke: Zwei Mantelstromtriebwerke (F-15E) Pratt & Whitney F100-PW-229 bzw. (F-15K) General Electric F-110-GE-129 von je 8073 kp (79,20 kN) Standschub ohne und 13200 kp (129,40 kN) mit Nachbrenner.
Leistungen: Kurzzeitig erreichbare Spitzengeschwindigkeit 2698 km/h oder Mach 2,54 auf 12190 m; länger dauernde Höchstgeschwindigkeit 2443 km/h oder Mach 2,4 auf 12190 m; Dienstgipfelhöhe 18300 m; max. Aktionsradius 1270 km; Überführungsreichweite mit Zusatztanks 4445 km.
Gewichte: Rüstgewicht 14379 kg; max. Startgewicht 36741 kg.
Bewaffnung: Eine sechsläufige 20-mm-Revolverkanone M61A1 und bis zu 10500 kg Außenlasten (Erdkampf) bzw. je vier Luft-Luft-Lenkwaffen AIM-7F Sparrow und AIM-9L Sidewinder oder bis zu acht AIM-120 (Luftüberlegenheitseinsatz).
Entwicklungsstand: Die erste F-15E begann mit den Testflügen am 11. Dezember 1986. Ablieferungen in einer Stückzahl von 245 an die USAF ab 1988. Der F-15E ähnliche Ausführungen bestellten Israel 25 F-15I und Saudi Arabien 72 F-15S (Beschreibung siehe Ausgabe 2002). Südkorea erhielt 60 F-15K, Singapore nach neuesten Information 40 F-15SG. Neuester Auftrag: Saudi Arabien weitere 84 F-15SA. Von allen F-15-Versionen sind insgesamt gegen 1600 Einheiten gebaut worden.
Bemerkungen: Die Ausführung F-15K für Südkorea unterscheidet sich vom Ausgangsmuster F-15E u. a. durch neue Triebwerke, neues Cockpit, verbesserte Sensoren und Avionik. Das ebenfalls neue APG-63V1 oder V-2-Radar erlaubt, bewegte Ziele auf dem Land wie auch im Meer zu verfolgen. Die Ablieferungen begannen 2005. Derzeit baut Boeing nur die auf der F-15K basierende Variante F-15SG (früher F-15T genannt), die mit einer neuen AESA-Version des APG-63-Radars ausgerüstet ist. Im Rahmen eines Modernisierungsprogramms erhalten rund 225 F-15E der USAF ein neues AESA-Radar APG-82. Die Abfangjägerausführung F-15C wird teilweise mit diesem Radar ausgerüstet. Die in der Ausgabe 2011 vorgestellte Weiterentwicklung F-15SE Silent Eagle soll in modifizierter Form weitergeführt werden. Ein Auftraggeber fehlt aber noch.
Hersteller: The Boeing Company, Defence & Space Group, Seattle, Washington, Werk St. Louis, Missouri, USA.

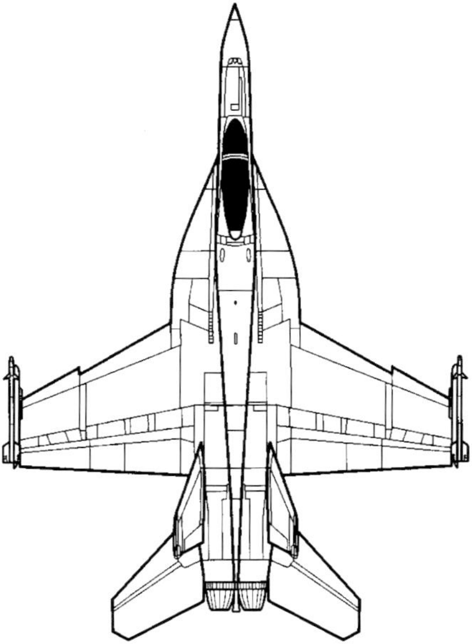

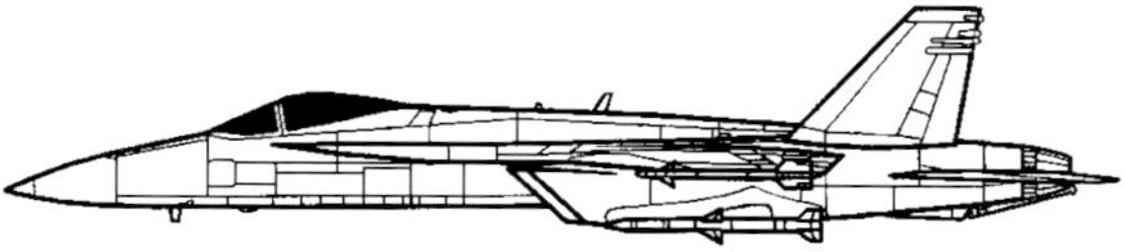

Abmessungen:
Spannweite 13,70 m
Länge 18,40 m
Höhe 4,88 m
Flügelfläche 46,45 m^2.

BOEING F/A-18E/F SUPER HORNET

Ursprungsland: USA.
Kategorie: Einsitziges und zweisitziges bord- und landgestütztes Mehrzweckkampfflugzeug.
Triebwerke: Zwei Mantelstromtriebwerke General Electric F414-GE-400 von je 6470 kp (63,4 kN) Standschub ohne und 9978 kp (97,86 kN) mit Nachverbrennung.
Leistungen: Höchstgeschwindigkeit auf optimaler Höhe Mach 1,8+; Dienstgipfelhöhe 15240 m; Radius als Abfangjäger mit je zwei Luft-Luft-Lenkwaffen Sidewinder und AMRAAM 760 km, bei Tiefangriffseinsätzen mit vier 450-kg-Bomben, zwei Sidewinders und zwei 1818-l-Außentanks (hoch-tief-tief-hoch) 722 km.
Gewichte (F/A-18E/F): Leergewicht 14580/14905 kg; norm. Startgewicht 23541 kg, max. 29964 kg.
Bewaffnung: Eine 20-mm-Revolverkanone M61A2 und eine Waffenlast verschiedenster Auslegung von 8050 kg.
Entwicklungsstand: Der erste von sieben Prototypen flog erstmals am 29. November 1995. Insgesamt beschafft die USN 563 Maschinen, aufgeteilt in 292 F/A-18E und 271 F/A-18F. Rund 530 davon sind bereits produziert. Australien erhielt 24 F/A-18F Block II Super Hornets. Sofern keine Neubestellungen eintreffen, wird die Produktion dieser Version 2016 eingestellt. Ein Erprobungsmuster der Advanced Super Hornet flog erstmals am 5. August 2013.
Bemerkungen: Die F/A-18E/F Super Hornet ist eine leistungsfähigere Weiterentwicklung der F/A-18C/D Hornet. Die Hauptflügel sind größer, der Rumpf wurde um eine zusätzliche Sektion von 86 cm verlängert. Rund ein Drittel der Zelle besteht aus Verbundwerkstoffen, vorwiegend Karbonfaser. Die Triebwerkeinläufe sind rechteckig gestaltet. Gegenüber dem Ausgangsmuster ist die Super Hornet um rund 25% größer. Im Übrigen sind alle Konturen möglichst reflektionsarm ausgelegt, um die Radarsignatur klein zu gestalten. Dank um rund 35% stärkeren Triebwerken und einer um einen Drittel erhöhten Treibstoffkapazität resultieren in allen Bereichen wesentlich bessere Flugleistungen und insbesondere eine deutlich erhöhte Reichweite. Alle ab 2005 gebauten Super Hornets erhalten in einer neu konfigurierten Rumpfnase das wesentlich leistungsfähigere Radar vom Typ APG-79 AESA. Ein Erprobungsträger einer »Stealth«-Weiterentwicklung Advanced Super Hornet der F/A-18F mit stärkeren Triebwerken, rumpfkonformen Waffen-Zusatzbehältern und Zusatztanks, Infrarot-Such- und Verfolgungssensor usw. wird derzeit erprobt.
Hersteller: The Boeing Company, Defence & Space Group, Seattle, Washington, Werk St. Louis, Missouri, USA.

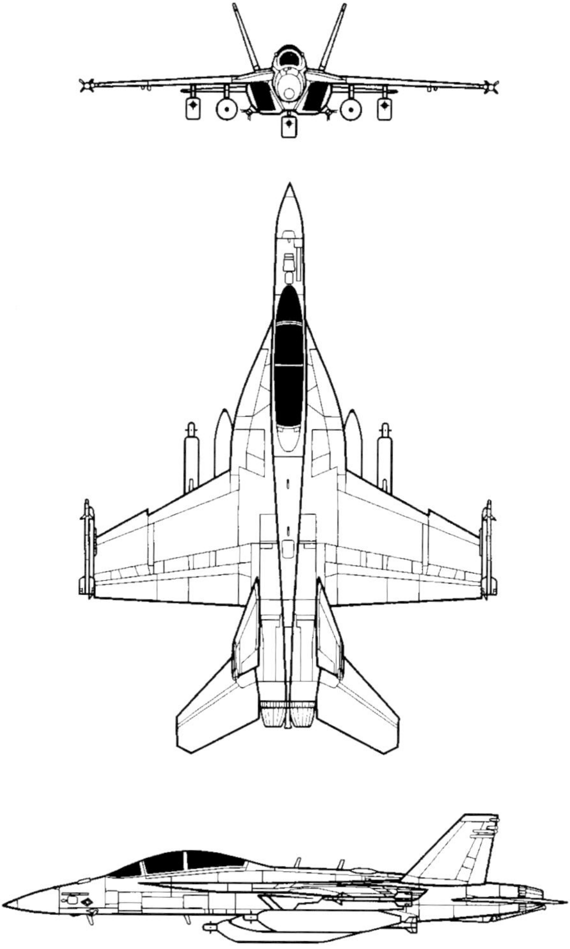

Abmessungen:
Spannweite 13,70 m
Länge 18,40 m
Höhe 4,88 m
Flügelfläche 46,45 m².

BOEING EA-18G Growler

Ursprungsland: USA.
Kategorie: Zweisitziges bord- und landgestütztes Elektronikkampfflugzeug.
Triebwerke: Zwei Mantelstromtriebwerke General Electric F414-GE-400 von je 6470 kp (63,4 kN) Standschub ohne und 9978 kp (97,86 kN) mit Nachverbrennung.
Leistungen: Höchstgeschwindigkeit auf optimaler Höhe Mach 1,8+; max. Reisegeschwindigkeit Mach 0,95; Dienstgipfelhöhe 15240 m; Radius als Abfangjäger mit je zwei Luft-Luft-Lenkwaffen Sidewinder und AMRAAM 760 km, bei Tiefangriffseinsätzen mit vier 450-kg-Bomben, zwei Sidewinders und zwei 1818-l-Außentanks (hoch-tief-tief-hoch) 722 km.
Gewichte: Leergewicht 15010 kg; max. Startgewicht 29964 kg.
Bewaffnung: An insgesamt neun Aufhängepunkten unter den Flügeln und unter dem Rumpf bis zu fünf ALQ-99/-218/-227-Störbehälter, Zusatztanks oder AGM-88-HARM-Radarabwehr-Lenkwaffen.
Entwicklungsstand: Der erste von zwei Prototypen der EA-18G nahm die Flugerprobung am 16. August 2006 auf, gefolgt vom ersten Serienflugzeug im September 2007. Die USN stockte Ende 2014 die bisher geplanten 114 Einheiten um weitere 15 auf. Insgesamt werden 10 Staffeln gebildet, die erste erlangte im Oktober 2009 die Einsatzbereitschaft. Im Mai 2014 wurde die 100. Growler der USN übergeben. Australien erwirbt ebenfalls 12 EA-18G Growler.
Bemerkungen: Die EA-18G basiert auf der zweisitzigen Variante der F/A-18F (siehe Seiten 90/91). Ihre Hauptaufgabe ist die Bekämpfung von Radar-/Flabanlagen und anderen Verteidungseinrichtungen in einem modernen Kampfumfeld mit elektronischen Störmitteln (sog. SEAD-Kapazität, **S**uppression of **E**nemy **A**ir **D**efence). Die ersten Maschinen des Blocks I werden mit folgenden Behältern ausgerüstet: Empfänger-System ALQ-218(V2), ALQ-227 zur Bekämpfung der Kommunikations-Einrichtungen sowie Störsystem im Nieder- und Hochfrequenzbereich ALQ-99. Im Übrigen behält die EA-18G die gleiche Einsatz- und Waffenkapazität wie die F/A-18F bei. Spätere Beschaffungsblocks erhalten weiter entwickelte Systeme, so u.a. eines zur Egalisierung gegnerischer Gegenmaßnahmen, so dass die Freund-Feind-Erkennung und die Kommunikation in der Angriffsphase jederzeit aufrechterhalten bleiben können.
Hersteller: The Boeing Company, Defence & Space Group, Seattle, Washington, Werk St. Louis, Missouri, USA.

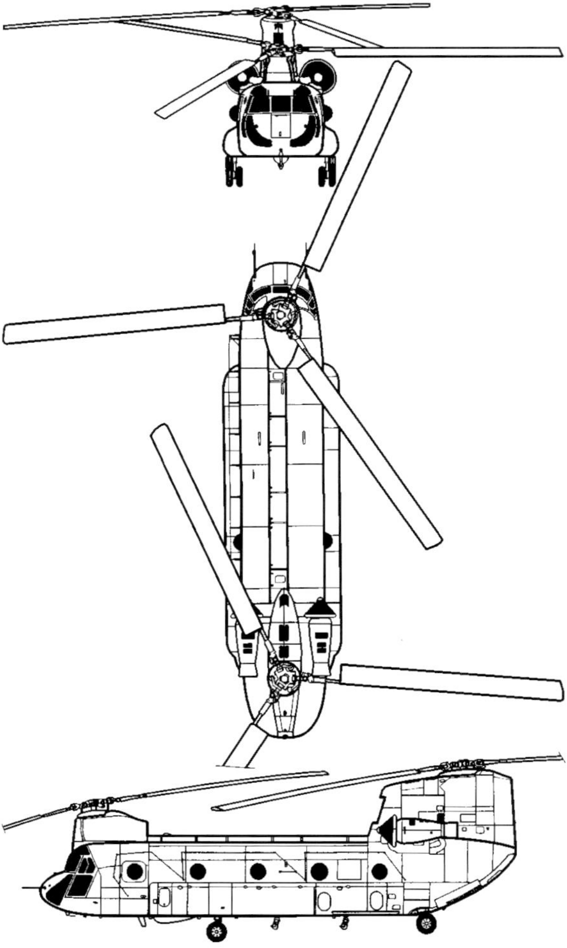

Abmessungen:
Durchmesser jedes der beiden Rotoren 18,29 m
Rumpflänge 15,84 m
Rumpfhöhe ohne Rotor 5,20 m.

BOEING CH-47SD/F CHINOOK

Ursprungsland: USA.
Kategorie: Schwerer Transporthubschrauber.
Triebwerke: Zwei Gasturbinen AlliedSignal T55-714A von je 4733 WPS (3529 kW) Leistung.
Leistungen: Höchstgeschwindigkeit 298 km/h auf Meereshöhe; Durchschnittsgeschwindigkeit 245 km/h; max. Schrägsteiggeschwindigkeit 9,38 m/Sek; Schwebehöhe mit Bodeneffekt 1837 m, ohne Bodeneffekt 1675 m; max. Flughöhe 6030 m; max. Einsatzradius 600 km; Überführungsreichweite 1902 km.
Gewichte: Leer 11550 kg; norm. Startgewicht 22683 kg.
Zuladung: Zwei Piloten und 45 Personen; als Ambulanzhubschrauber 24 Patienten plus zwei Sanitäter. Max. 11340 kg Außenlasten.
Entwicklungsstand: Der Erstflug der neuesten Ausführung CH-47SD fand am 25. August 1999 statt. Im Juli 2006 wurden die ersten Serienhubschrauber der US Army übergeben. Neu werden 464 CH-47F beschafft. Bei rund der Hälfte handelt es sich um neue Hubschrauber, die restlichen sind Umbauten aus der Version CH-47D. Weitere Besteller dieser Ausführung: Australien 7, Großbritannien 22, Indien 15, Italien 16 (+ 4 Optionen), Kanada 15, Niederlande 6, Türkei 6 und UAE 22. Über 300 befinden sich bereits im Einsatz. Beginnend mit dem Prototypen Boeing Vertol 114 bzw. YHC-1B 1961 befindet sich die Chinook in den verschiedensten Versionen seit über 50 Jahren ununterbrochen in Produktion. Acht neue MH-47G für das US Special Operations Command werden derzeit ebenfalls ausgeliefert (siehe Foto).
Bemerkungen: Die CH-47SD (= »**S**uper« **D**) ist eine wesentlich weiterentwickelte Ausführung. Das Äquivalent der US Army heißt CH-47F und flog erstmals am 25. Juni 2001. Die wichtigsten Neuerungen sind: Stark verbesserte Avioniksysteme mit einem MIL-STD-1553-Databus und ein voll integriertes Glascockpit, welches für NVG-Einsätze geeignet ist. Die Triebwerke erzeugen eine um rund 22% höhere Leistung. Zudem werden größere Treibstofftanks eingebaut. Zur Erhöhung der Lebensdauer und zur Senkung des Vibrationspegels ist die Zelle verstärkt und versteift. Schließlich gelangen neue Elastomerlager an den Rotorköpfen zur Anwendung. Damit steigt die Zuverlässigkeit und sinkt der Wartungsaufwand.
Hersteller: The Boeing Company, Helicopters Division, Philadelphia, Pennsylvania, USA.

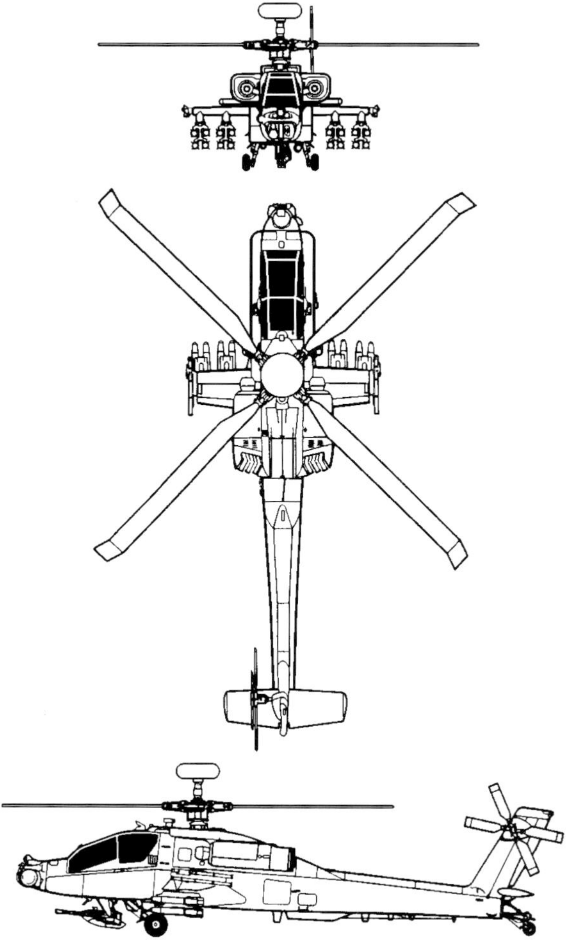

Abmessungen:
Rotordurchmesser 14,63 m
Rumpflänge 14,70 m
Höhe inkl. Mastvisier 4,90 m.

BOEING AH-64E APACHE GUARDIAN

Ursprungsland: USA.
Kategorie: Zweisitziger Kampf- und Aufklärungshubschrauber.
Triebwerke (AH-64E): Zwei Gasturbinen General Electric T701D von je 2000 WPS (1500 kW) Leistung.
Leistungen (AH-64D Block II bei 6552 kg): Höchstgeschwindigkeit 296 km/h; typische Einsatzgeschwindigkeit bei 7158 kg 272 km/h; max. Schrägsteiggeschwindigkeit 12,7 m/Sek; Schwebehöhe mit Bodeneffekt 5246 m, ohne Bodeneffekt 4124 m; Aktionsradius mit max. interner Treibstoffzuladung 407 km, Überführungsreichweite 1701 km.
Gewichte (AH-64D Block II): Leergewicht 5352 kg; max. Startgewicht 9525 kg.
Bewaffnung: Eine einläufige 30-mm-Kanone unter dem Vorderrumpf sowie bis zu 16 lasergelenkte Hellfire-Panzerabwehrraketen oder 76 ungelenkte 70-mm-Raketen. Als Defensivbewaffnung können Luft-Luft-Lenkwaffen wie Stinger, Sidewinder oder Mistral mitgeführt werden.
Entwicklungsstand: Die neueste Ausführung AH-64E fliegt seit 4. Dezember 2009. 634 bestehende AH-64D (siehe Ausgabe 2013) werden umgebaut sowie 56 für die US Army neu produziert. Seit Februar 2014 befindet sich die erste Staffel im Einsatz. Weitere Besteller dieser Version: Indien 22, Indonesien 8, Saudi Arabien 48+, Süd Korea 36, Taiwan 30; neuester Besteller: Qatar 23. Von allen AH-64-Varianten sind derzeit über 1200 von 19 Luftwaffen beschafft worden. Jährlich werden rund 60 Hubschrauber umgebaut bzw. neu produziert.
Bemerkungen: Bei praktisch unverändertem Äußeren weist die AH-64E erhebliche Verbesserungen auf, u.a. leistungsfähigere Triebwerke, verstärktes Getriebe, längere Rotorblätter aus Verbundwerkstoff und ein reduziertes Strukturgewicht. Eine Folge davon sind verbesserte Flugleistungen und eine größere Überlebensfähigkeit. Völlig neu ist die Avionik. Sie besitzt eine sog. offene Systemarchitektur. Die AH-64E ist zudem in der Lage, unbemannte Drohnen zu steuern und deren Bilder zu empfangen. Der bisherige Name Longbow Apache wurde für diese Version in Apache Guardian umbezeichnet.
Hersteller: The Boeing Company, Helicopters Division, Philadelphia, Pennsylvania, Werk Mesa, Arizona, USA.

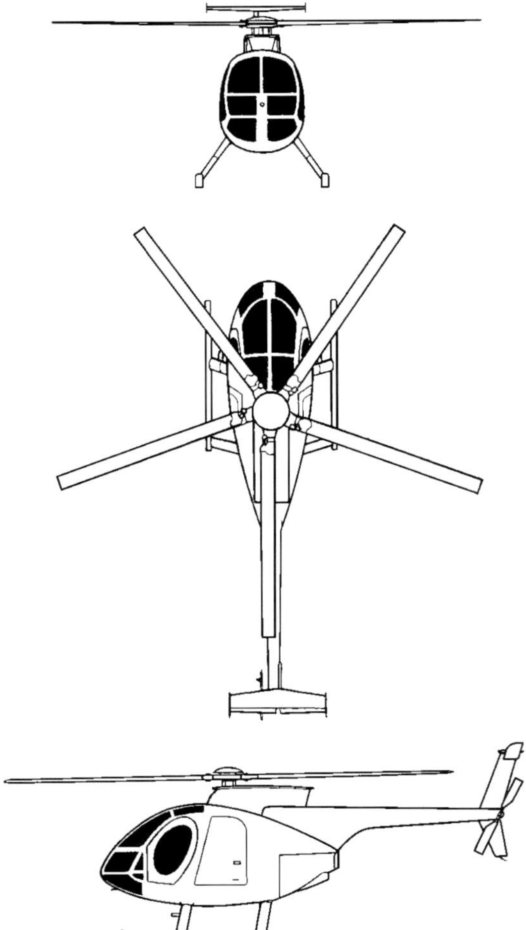

Abmessungen (AH-6i):
Rotordurchmesser 8,34 m
Rumpflänge ohne Rotor 7,04 m
Höhe über Rotorkopf 2,62 m.

BOEING AH-6M/ULB/AH-6i

Ursprungsland: USA.
Kategorie: Bewaffneter, bemannter (AH-6M/AH-6i) oder unbemannter Aufklärungshubschrauber (ULB).
Triebwerke (AH-6i): Eine Gasturbine Allison 250-C30-R3M von 820 WPS (611 kW) Leistung.
Leistungen (MD530F): Höchstgeschwindigkeit 282 km/h; normale Reisegeschwindigkeit 249 km/h auf 1500 m; max. Schrägsteiggeschwindigkeit 10,5 m/Sek; Dienstgipfelhöhe 6096 m; Schwebehöhe mit Bodeneffekt 4877 m, ohne 4389 m, Reichweite rund 430 km.
Gewichte (AH-6i): Leergewicht 1208 kg; max. Startgewicht 2132 kg.
Zuladung: Ein Pilot und fünf Personen; Nutzlast extern 908 kg.
Bewaffnung: Ein Maschinengewehr Minigun M-134 oder GAU-19, ungelenkte oder gelenkte Hellfire-Lenkwaffen an zwei Auslegern seitlich am Rumpf.
Entwicklungsstand: Ein Erprobungsträger der AH-6M fliegt seit Anfang 2007. Der Beschaffungsentscheid der US Army oder des USMC stehen noch aus. Die erste unbemannte ULB fliegt seit 30. Juni 2006. Die neueste Ausführung AH-6i nahm die Flugerprobung am 16. September 2009 auf. Jordanien hat 16 Exemplare geordert, gefolgt von der Nationalgarde Saudi Arabiens für 36 Hubschrauber.
Bemerkungen: Die AH/MH-6 basiert auf einer relativ alten und bewährten Konstruktion Hughes 500/AH-6A/MD500, welche am 7. März 1963 erstmals flog. Seitdem wurde dieses Muster konsequent weiter entwickelt. Zur Erfüllung des militärischen Auftrags ist die AH-6 mit einer Vielzahl von Zusatzsystemen ausgerüstet, u. a. FLIR, Laser-Zielsucher und einer umfassenden Navigations- und Kommunikationseinrichtung. Eine weitere Ausführung der AH/MH-6X ist der umbenannte Erprobungsträger ULB, welcher sowohl mit wie auch ohne Pilot geflogen werden kann. Ganz neu ist die AH-6i, ausgerüstet mit Allison 250-C30R/3M-Triebwerk und einer open-architecture-Avionik.
Hersteller: The Boeing Company, Helicopters Division, Philadelphia, Pennsylvania, Werk Mesa, Arizona, USA.

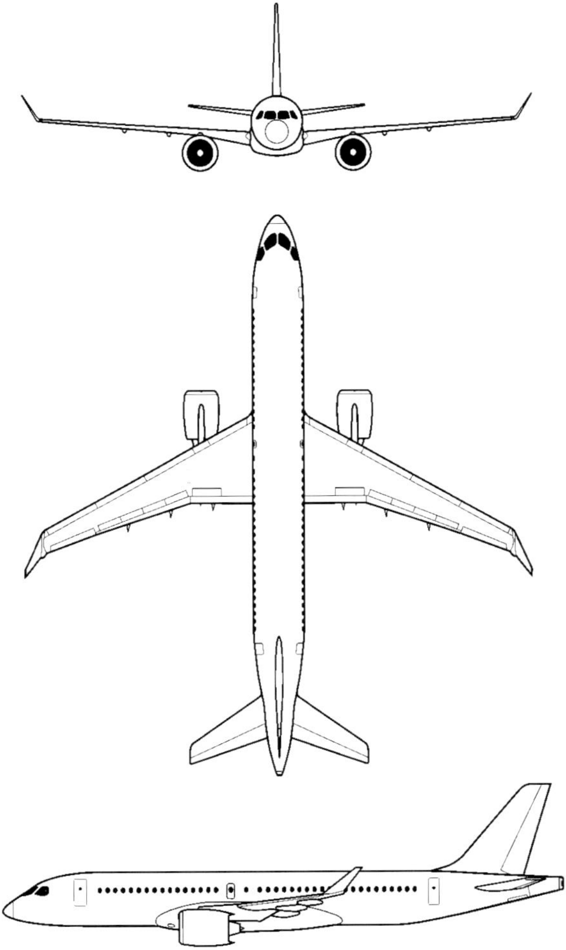

Abmessungen:
Spannweite 35,00 m
Länge (CS100) 34,80 m, (CS300) 38,70m
Höhe 11,50 m
Flügelfläche 112,30 m².

BOMBARDIER CSERIES

Ursprungsland: Kanada.
Kategorie: Kurz- und Mittelstrecken-Verkehrsflugzeug, Firmenflugzeug.
Triebwerke: Zwei Mantelstromtriebwerke Pratt & Whitney (CS100/300) PW1521G von je 9510 kp (93,40 kN) bzw. (CS100ER/300ER) PW1524G von je 10546 kp (103,60 kN) Standschub.
Leistungen (nach Angaben des Herstellers): Max. Reisegeschwindigkeit Mach 0,82; normale Reisegeschwindigkeit Mach 0,78; Dienstgipfelhöhe 12492 m; Reichweite (CS100/ER) 4074/5463 km, (CS300/ER) 4074/5436 km.
Gewichte (CS100/300): Leergewicht 33340/35154 kg; max. Startgewicht 54749/59557 bzw. (ER) 58151/63317 kg.
Zuladung: Zwei Mann Cockpitbesatzung und je nach Innenausstattung (CS100) zwischen 108 und 125 Passagiere bzw. (CS300) zwischen 130 und 150/160 Passagiere.
Entwicklungsstand: Der Erstflug fand am 16. September 2013 statt. Mittlerweile fliegen alle vier CS100-Prototypen. Nach einer Triebwerksexplosion wurde die Testflotte für rund drei Monate stillgelegt. Somit dürfte sich die Erstauslieferung bis ins vierte Quartal 2015 verzögern. Bis Ende 2014 waren von 21 Fluggesellschaften bzw. Leasing-Unternehmen 243 Maschinen (+ Optionen) der Versionen CS100 und CS300 bestellt, u. a. von Lufthansa für Swiss 30 CS100, Air Baltic 10 CS300, Korean 10 CS300, Republic Airways 40 (CS300). Private Air erhält 5 als Businessflugzeuge ausgerüstete CS100. Die erste CS300 (siehe Dreiseitenriss und Foto) hat am 27. Januar 2015 die Flugerprobung aufgenommen.
Bemerkungen: Bei der CSeries handelt es sich um eine vollständige Neukonstruktion. Um in den Bereichen Wirtschaftlichkeit, Lärm und Umwelt Höchstwerte zu erreichen, hat man zu den neuesten technologischen Lösungen gegriffen. 46% der Flugzeugteile bestehen aus Verbundwerkstoffen, u. a. das gesamte Leitwerk. Rumpf sowie die Cockpitsektion sind aus leichten Aluminium-Lithium-Legierungen. Zum Einbau gelangen Triebwerke, welche derzeit zu den effizientesten gehören sollen. Durch die großzügig dimensionierte Kabine, große Kabinenfenster, neue Beleuchtungstechniken, überdurchschnittlich große Gepäckfächer und größere Armfreiheit soll ein für diese Flugzeugklasse hohes Komfortniveau erreicht werden. Die Avionik stammt von Rockwell-Collins. Gesteuert wird die CSeries mittels Sidesticks und einem Fly-By-Wire-System. Bombardier plant, eine VIP-Ausführung zu entwickeln.
Hersteller: Bombardier Aerospace, Montreal, Quebec, Werk Montreal-Mirabel, Quebec, Kanada.

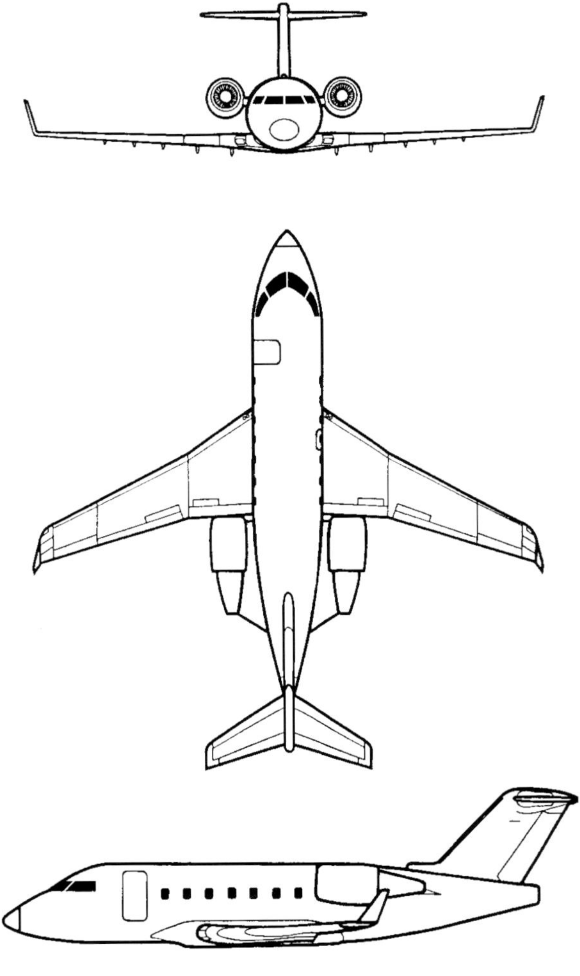

Abmessungen:
Spannweite inkl. Winglets 19,61 m
Länge 20,90 m
Höhe 6,30 m
Flügelfläche 45,40 m².

BOMBARDIER CHALLENGER 650

Ursprungsland: Kanada.
Kategorie: Firmenflugzeug.
Triebwerke (650): Zwei Mantelstromtriebwerke General Electric CF34-3B MTO von je 4182 kp (41,01 kN) Standschub.
Leistungen (605): Max. Reisegeschwindigkeit 890 km/h (Mach 0,82); Langstrecken-Reisegeschwindigkeit 870 km/h (Mach 0,80); Dienstgipfelhöhe 12500 m; Reichweite bei Mach 0,74 7408 km, bei Mach 0,80 6912 km.
Gewichte (605): Rüstgewicht 12315 kg; max. Startgewicht 21863 kg.
Zuladung: Zwei Piloten und je nach Innenausstattung bis zu 12 Passagiere; Innenmaße der Kabine: 7,80 m lang, 2,41 m breit und 1,83 m hoch; Nutzlast max. 2200 kg, mit vollen Tanks 596 kg.
Entwicklungsstand: Am 22. Januar 2006 nahm die Challenger 605 die Flugerprobung auf. Rund ein Jahr später begann Bombardier mit den Kundenauslieferungen. Der aktuelle Bestellungseingang ist nicht bekannt, jährlich werden jedoch rund 30 Exemplare gebaut. Von der ganzen »Challenger-Familie« 600 bis 605 sind bisher gegen 1000 Exemplare hergestellt worden, derzeit wird aber nur noch die Version 605 angeboten. Die Challenger 650 soll ab zweitem Quartal 2015 verfügbar sein. NetJets hat bereits 75 Einheiten bestellt.
Bemerkungen: Vom Erfolgsmodell Challenger lancierte Bombardier eine in wesentlichen Punkten modernisierte Version 605, die Challenger 650. Das Cockpit ist mit dem heutigen Standard entsprechenden LCD's Pro Line 21 von Collins sowie einem Head-Up-Display ausgerüstet. Die Kabine wurde vollständig überarbeitet und im Rahmen der gleich bleibenden Außenabmessungen etwas vergrößert. Zum helleren Ambiente tragen auch um 6,5 cm höher gesetzte Fenster mit vergrößerter Fläche bei. Ein Local Aera Networks (LAN) ermöglicht es den Passagieren, u.a. Laptops kabelfrei zu benützen. Im Übrigen hat man wo überall möglich durch neue Materialien Gewicht gespart. Der Kaufpreis für eine standardmäßig ausgerüstete 605 beläuft sich auf rund US$ 28 Mio. für eine 650 werden US$ 32,4 Mio. verlangt. Bombardier bietet neu eine Seeüberwachungsversion CL-605 MSA an. Ein Demonstrator, ausgerüstet u.a. mit einem Überwachungsradar AN/APY-10, flog erstmals am 28. Februar 2014 (siehe Foto).
Hersteller: Bombardier Aerospace, Montreal, Quebec, Werk Montreal-Mirabel, Quebec, Kanada.

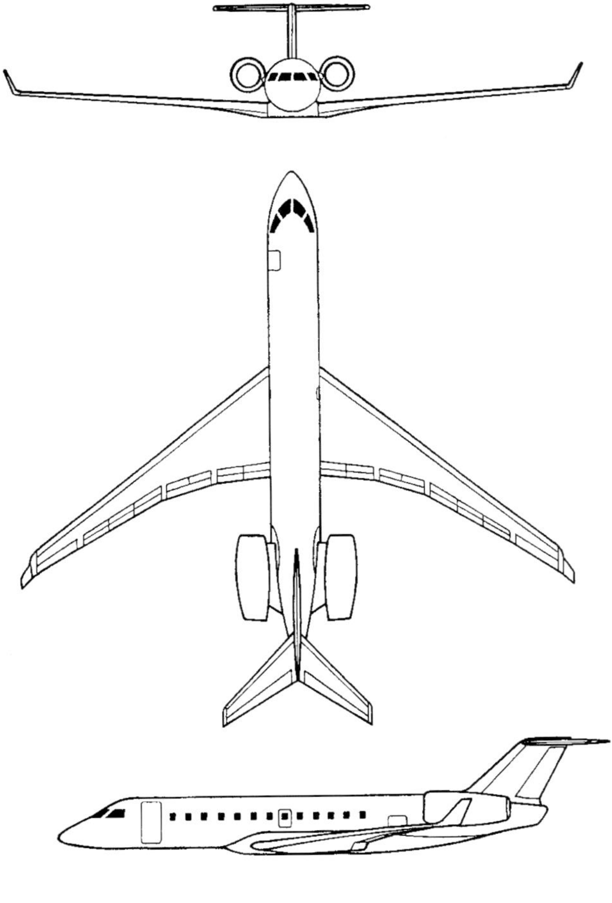

Abmessungen:
Spannweite inkl. Winglets (5000/6000) 28,65 m, (7000/8000) 31,79 m
Länge (5000) 29,50 m, (6000) 30,30 m, (7000) 33,83 m, (8000) 30,97 m
Höhe 7,70 m
Flügelfläche (5000/6000) 94,94 m^2.

BOMBARDIER GLOBAL EXPRESS 5000/6000/7000/8000

Ursprungsland: Kanada.
Kategorie: Langstrecken-Firmenflugzeug
Triebwerke (5000/6000): Zwei Mantelstromtriebwerke BMW/Rolls-Royce BR710-48A2-20 von je 6690 kp (65,6 kN) Standschub.
Leistungen: Max. Reisegeschwindigkeit 950 km/h (Mach 0,89); Langstrecken-Reisegeschwindigkeit 907 km/h (Mach 0,85); max. Anfangssteiggeschwindigkeit 18,3 m/Sek; Dienstgipfelhöhe 15545 m; Reichweite bei Mach 0,85 (5000) 9620 km, (6000) 11390 km.
Gewichte: Rüstgewicht (5000/6000) 23055/23224 kg; max. Startgewicht (5000/6000) 42000/44452 kg.
Zuladung: Zwei Piloten im Cockpit und je nach Innenausstattung bis zu (5000/6000) 17/19 Passagiere; max. Nutzlast 3256 kg.
Entwicklungsstand: Erstflug der Ursprungsausführung Global Express am 13. Oktober 1996. Die Global Express 6000 (ex. XRS, siehe Dreiseitenriss) folgte am 16. Januar 2005 und die 5000 am 7. März 2003. Die neu vorgestellten Varianten 7000/8000 dürften die Flugerprobung 2015 bzw. 2016 aufnehmen und jeweils ein Jahr später in Dienst gestellt werden. Mitte 2013 wurde die 500. Global Express aller Versionen abgeliefert. Bombardier konnte 2012 zwei Großaufträge entgegennehmen: NetJets 50 + 70 Optionen aller Versionen, VistaJet 56 + 86 Optionen der Versionen 5000/6000/8000.
Bemerkungen: 2011 kündigte Bombardier an, dass ausgehend von diesen Varianten zwei neue entwickelt werden, die 7000 und die 8000. Beide nutzen das General Electric-Triebwerk Passport 20 neuester Technologie der Leistungsklasse 70 kN, welches bezüglich Treibstoffverbrauch, Lärmemissionen und Abgaswerte neue Bestwerte verspricht. Im vergrößerten Flügel wird die Treibstoffkapazität erhöht, so dass Reichweiten von bis zu (7000) 13520 km bzw. (8000) 14631 km erreicht werden. Damit ist die 8000 der Businessjet mit der momentan größter Reichweite. So werden beispielsweise Flüge von London nach Australien non-stop möglich. Sonst unterscheiden sich diese beiden Versionen fast nur bezüglich der Rumpflänge. Die Preise für die jeweilige Basisversion bewegen sich zwischen US$ 69 und 73 Mio.
Hersteller: Bombardier Aerospace, Montreal, Werk Montreal-Mirabel, Quebec, Kanada.

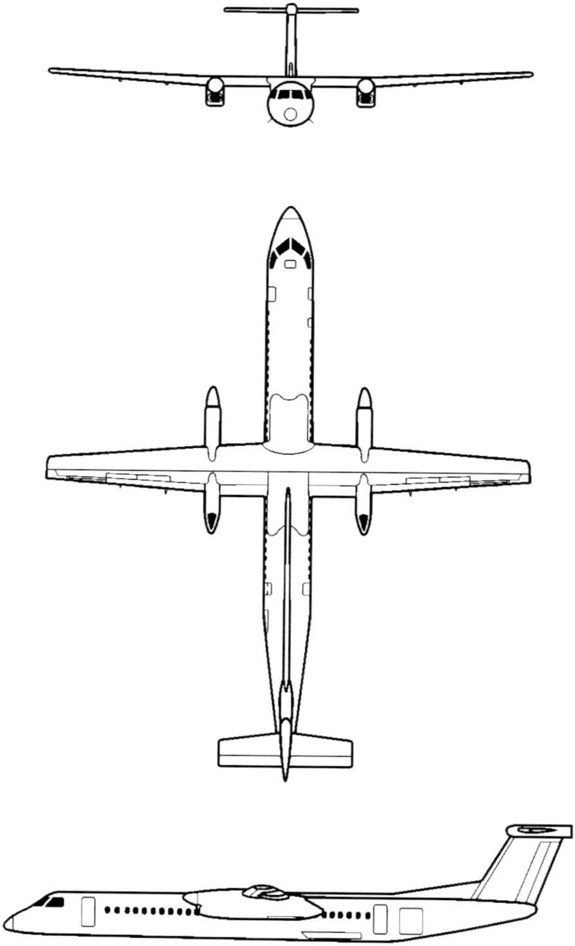

Abmessungen:
Spannweite 28,42 m
Länge 32,84 m
Höhe 8,36 m
Flügelfläche 63,08 m².

BOMBARDIER Q400

Ursprungsland: Kanada.
Kategorie: Regionalverkehrs- und Mehrzweckflugzeug.
Triebwerke: Zwei Propellerturbinen Pratt & Whitney Canada PW150A von je 4580 WPS (3415 kW) Leistung bzw. 5070 WPS (3781 kW) mit APR.
Leistungen: Max. Reisegeschwindigkeit 667 km/h; ökonom. Reisegeschwindigkeit 565 km/h; Dienstgipfelhöhe 7620 m; Reichweite mit max. Nutzlast 1596 km, mit 70 Passagieren 2522 km.
Gewichte: Rüstgewicht 17108 kg; max. Startgewicht 29574 kg.
Zuladung: Zwei Piloten und Standard-Innenausstattung für 70 Passagiere in Viererreihen, bei dichter Bestuhlung bis zu 86 Passagiere. Max. Nutzlast 8625 kg.
Entwicklungsstand: Die erste Dash 8-400 (mittlerweile als Q400 bezeichnet) startete am 31. Januar 1998 zum Erstflug, Ablieferung im Januar 2000. Ende 2014 lagen für die Version Q400 bzw. Q400 NextGen Aufträge für 521 Einheiten (+ Optionen) von rund 50 Betreibern vor, 480 davon waren hergestellt. Von allen Dash-8-Versionen sind mittlerweile etwa 1220 bestellt.
Bemerkungen: Die Dash 8 Q400 ist eine nochmals vergrößerte Ausführung des Grundmusters Dash 8. Gegenüber der Dash 8-300 (siehe Ausgabe 1996) unterscheidet sie sich durch den 7,16 m längeren Rumpf, leistungsfähigere Triebwerke und ein verstärktes Flügelmittelstück. Dadurch vergrößert sich die Spannweite um rund 1 m. Neue, besonders lärmarme Sechsblattrotoren von Dowty sind rund 20 cm weiter vom Rumpf entfernt platziert worden. Zur weiteren Lärmreduktion ist ein sog. »active cabin-noise control system« (= aktives Lärmunterdrückungssystem) eingebaut, welches den in die Kabine eindringenden Lärm erheblich auf 77 dB abdämpft, weshalb der Name des Musters auf Q400 (Q = quiet/ruhig) abgeändert wurde. Die derzeit angebotene Variante Q400 NextGen (Erstablieferung im Mai 2009) weist einige Verbesserungen in der Inneneinrichtung auf. Bombardier prüft unter der Bezeichnung Dash 8 Q400X eine weitere Verlängerung des Musters für 90 Passagiere. Neu wird auch eine kombinierte Passagier-/Frachtversion angeboten.
Hersteller: Bombardier Aerospace, Montreal, Werk Downsview, Ontario, Kanada.

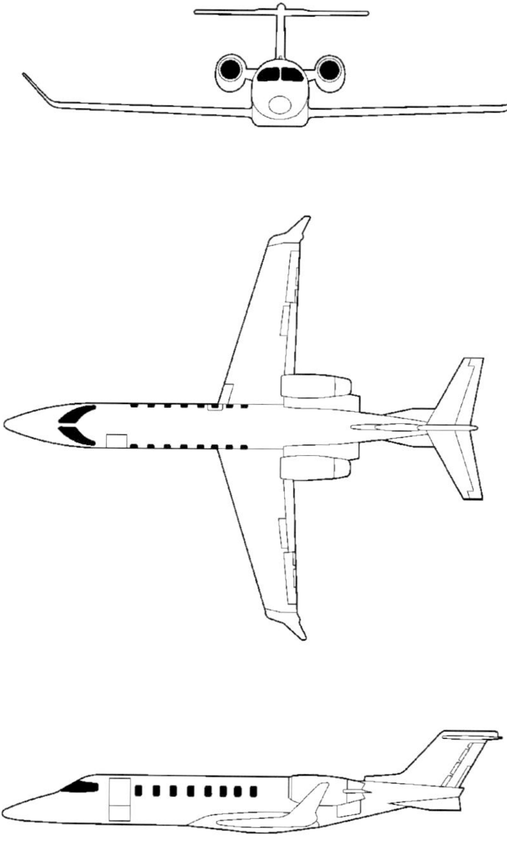

Abmessungen:
Spannweite einschließlich Winglets 15,51 m
Länge (70) 16,93 m, (75) 17,68 m
Höhe 4,31 m
Flügelfläche 28,95 m².

BOMBARDIER LEARJET 70/75

Ursprungsland: USA.
Kategorie: Firmenflugzeug.
Triebwerke: Zwei Mantelstromtriebwerke Honeywell TFE731-40BR von je 1746 kp (17,1 kN) Standschub.
Leistungen (70/75, nach Angaben des Herstellers): Max. Reisegeschwindigkeit 860 km/h (Mach 0,81); Langstreckenreisegeschwindigkeit 800 km/h; Dienstgipfelhöhe 15545 m; max. IFR-Reichweite mit vier Passagieren (70) 3815 km, (75) 3778 km.
Gewichte (70/75): Rüstgewicht 6221/6300 kg; max. Startgewicht 9525/9752 kg.
Zuladung (70/75): Zwei Piloten und in der Kabine normalerweise sechs/acht, maximal sieben/neun Passagiere.
Entwicklungsstand: Die erste Learjet 75 (siehe Dreiseitenriss), eine umgebaute Learjet 45, startete am 8. August 2011 zum Erstflug, gefolgt von der zur 70 umgebauten Learjet 40 am 2. Februar 2012. Das erste dem Serienstandard entsprechende Muster fliegt seit Anfang 2013. Learjet 70 und 75 werden parallel produziert und seit Ende 2013 ausgeliefert, bisherige Bestellungen 10 bzw. 39. Von den Ausführungen Learjet 40 und 45 wurden bisher rund 600 Einheiten gebaut.
Bemerkungen: Die im Mai 2012 vorgestellte Learjet 70 löst die Learjet 40 als kleinsten Businessjet von Bombardier ab, die Learjet 75 die Learjet 45. Beide neuen Versionen weisen gegenüber ihren Vorgängern neue Triebwerke mit mehr Schub auf. Zudem konnte man Gewicht einsparen. Damit erzielen die Learjet 70 und 75 eine kürzere Startstrecke, erhöhte Steig- und Reichweitenleistungen und einen kleineren Treibstoffverbrauch. Weiter will man die Betriebskosten gegenüber den Vorgängern senken. Zum Einbau gelangt eine neue Avionik Vision, welche auf der G5000 von Garmin International basiert. Schließlich wird auch die Kabine aufgewertet und Elemente der Learjet 85 (siehe Seiten 110/111) übernommen. Die Learjet 70/75 weisen folgende Innenmaße auf: Länge 5,39 m/6,02 m, Breite 1,56 m, Höhe 1,50 m. Die Außenabmessungen entsprechen jenen der Learjet 40/45. Bombardier verlangt für die Learjet 75 US$ 13,8 Mio.
Hersteller: Bombardier Aerospace, Werk Wichita, Kansas, USA, Montreal, Quebec, Kanada.

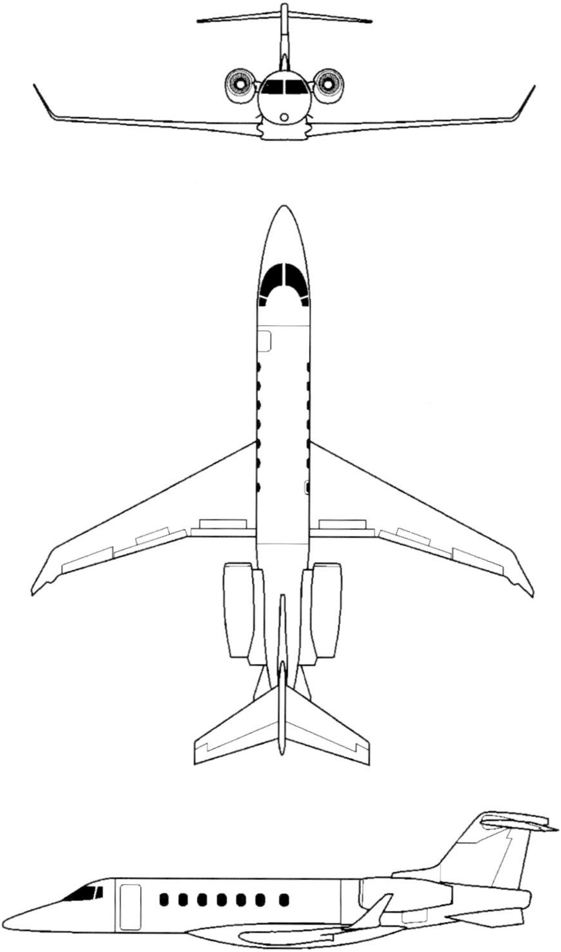

Abmessungen:
Spannweite einschließlich Winglets 18,75 m
Länge 20,76 m
Höhe 6,08 m
Flügelfläche 37,25 m².

BOMBARDIER LEARJET 85

Ursprungsland: USA/Kanada.
Kategorie: Firmenflugzeug.
Triebwerke: Zwei Mantelstromtriebwerke Pratt & Whitney Canada PW307B von je 2677 kp (27,13 kN) Standschub.
Leistungen (nach Angaben des Herstellers): Max. Reisegeschwindigkeit auf 13100 m 871 km/h (Mach 0,82); Langstreckenreisegeschwindigkeit auf 13700 m 829 km/h (Mach 0,78); Dienstgipfelhöhe 14935 m; max. Reichweite mit vier Passagieren und IFR-Reserven 5556 km
Gewichte: Leergewicht 10841 kg; max. Startgewicht 16682 kg.
Zuladung: Zwei Piloten und in der Kabine normalerweise acht, maximal zehn Passagiere.
Entwicklungsstand: Nach massiven Verzögerungen nahm der Prototyp der Learjet 85 am 9. April 2014 die Flugerprobung auf. Bombardier wollte eigentlich die ersten Serienmaschinen im Herbst 2015 an die Kunden abliefern. Aktuell sind mindestens 90 Maschinen bestellt, davon 60 fest von FlexJet. Anfang 2015 gab Bombardier aber bekannt, die Produktion der Learjet 85 bis auf Weiteres einzufrieren.
Bemerkungen: Im Mai 2008 stellte Bombardier die Learjet 85 vor. Obwohl äußerlich als klassische Learjet zu erkennen, handelt es sich um eine vollständige Neukonstruktion. Sie ist der erste Businessjet, dessen Rumpf vollständig aus Faserverbundwerkstoffen besteht. Der Metallanteil an der Struktur beschränkt sich auf Fahrwerk, Triebwerke, Flugsteuerung sowie einige Abdeckungen. Für acht Passagiere ausgelegt, soll sie eine komfortable Kabine mit folgenden Innenmaßen erhalten: Länge 7,54 m, Höhe 1,80 m, Breite 1,85 m. Bombardier bietet verschiedene Standardeinrichtungen an. Die Fenster sind größer als bei Vorgängermodellen dimensioniert. Der Tradition der Learjets folgend, zeichnet sich die Learjet 85 ebenfalls durch ein agiles und schnelles Flugverhalten aus. Vorgesehen ist die Avionik neuester Technologie Rockwell Collins Pro Line Fusion, welche sich u. a. durch einfache Bedienung auszeichnen soll. Mit der Learjet 85 wird die seit mittlerweile 50 Jahren gebaute Learjet-Produktreihe fortgesetzt. Der Basispreis beläuft sich auf US$ 21,2 Mio.
Hersteller: Bombardier Aerospace, Werk Wichita, Kansas, USA, Quebec, Kanada.

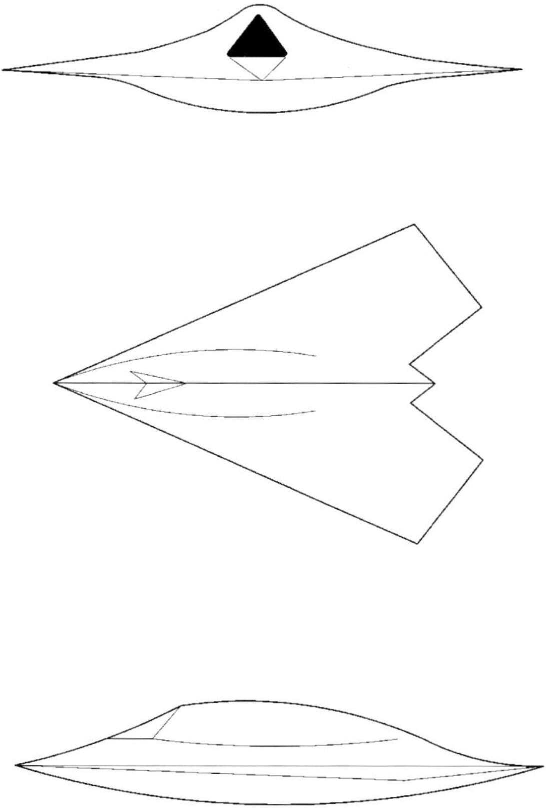

Abmessungen:
Spannweite ca. 10 m
Länge 12,43 m
Höhe 4,00 m.

BRITISH AEROSPACE TARANIS

Ursprungsland: Großbritannien.
Kategorie: Erprobungsträger für ein unbemanntes Kampf- und Aufklärungsflugzeug mit Stealth-Eigenschaften.
Triebwerke: Ein Mantelstromtriebwerk Rolls-Royce/Turboméca Adour Mk.951 von 2950 kp (28,89 kN) Leistung.
Leistungen: Noch sind keine Angaben erhältlich. Die Höchstgeschwindigkeit belaufe sich aber auf über Mach 1,0. Die Tanaris soll interkontinentale Reichweiten (Zitat) erreichen.
Gewichte: Max. Startgewicht rund 8000 kg.
Bewaffnung: In zwei internen Bombenschächten im Rumpf können Waffen aller Art sowie Aufklärungs- und Elektronikabwehrsysteme mitgeführt werden.
Entwicklungsstand: Der Erprobungsträger hat am 10. August 2013 die Flugerprobung aufgenommen. Eine Serienfertigung ist aber nicht vorgesehen.
Bemerkungen: In den letzten Jahren ist die Entwicklung einer Anzahl von Technologie-Demonstratoren entstanden, welche alle die Möglichkeiten von unbemannten Kampf- und Aufklärungseinsätzen erproben sollen. Darunter fallen die Boeing Phantom Ray (siehe Ausgabe 2013), die Dassault nEURon (siehe Ausgabe 2014) und die Northrop Grumman X-47B (siehe Ausgabe 2013). Ursprünglich von der britischen Regierung geheim gehalten, wurden erste Informationen über die Taranis Ende 2011 bekannt. Dieses gemeinsam von der Regierung und diversen Unternehmen finanzierte Projekt soll in einem einzigen Prototyp mehrere Elemente vereint erproben: Stealth-Eigenschaften, Systeme für einen unbemannten Waffenträger, autonome Einsatzmöglichkeiten und neue Triebwerk-Elemente. Die meisten Eckdaten dieses Erprobungsträgers sind noch nicht bekannt. So zeigt der Dreiseitenriss nur die ungefähren Proportionen. In den Größenproportionen dürfte die Taranis der BAe Hawk (siehe Ausgabe 2013) entsprechen.
Hersteller: BAE Systems/British Aerospace PLC, Plattform & Services (UK), Warton, Preston, Lancashire, Großbritannien.

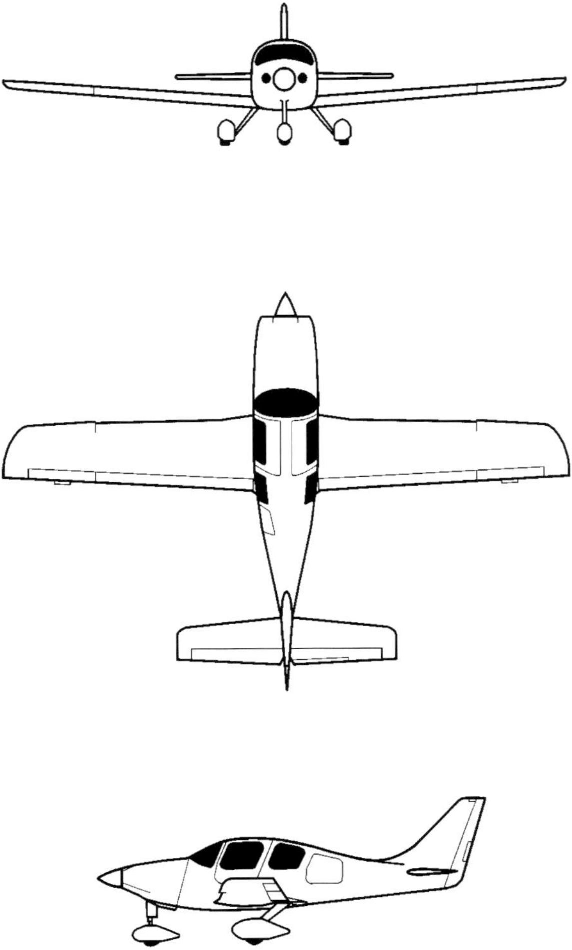

Abmessungen:
Spannweite 10,97 m
Länge 7,68 m
Höhe 2,74 m
Flügelfläche 13,12 m^2.

CESSNA 400 CORVALIS TTx

Ursprungsland: USA.
Kategorie: Sportflugzeug.
Triebwerke: Ein luftgekühlter Sechszylinder-Boxermotor Teledyne Continental TSIO-550-C von 310 PS (231 kW).
Leistungen: Max. Reisegeschwindigkeit auf 7620 m 435 km/h; Reisegeschwindigkeit bei 75% Leistung 420 km/h; max. Steiggeschwindigkeit 7,1 m/Sek; Dienstgipfelhöhe 7620 m; max. Reichweite 2315 km.
Gewichte: Rüstgewicht 1179 kg; max. Startgewicht 1633 kg.
Zuladung: Pilot und drei Passagiere; max. Zuladung 454 kg, mit max. Treibstoff 176 kg.
Entwicklungsstand: Die Auslieferungen der Ursprungsausführung Lancair IV begannen Mitte 2001, jene der Columbia 400 im 2004. Unter dem Namen Cessna sind die ersten Modelle 350 Corvalis und 400 Corvalis TT Mitte 2009 an Kunden übergeben worden. Die Produktion wurde allerdings 2011 mangels Aufträgen wieder eingestellt. Nun lancierte Cessna Mitte 2013 die verbesserte Ausführung TTx. Bisher sollen etwa 30 Einheiten gebaut worden sein.
Bemerkungen: Cessna übernahm 2007 die Columbia Aircraft, überarbeitete zwei ihrer Flugzeugmodelle Lancair IV und Columbia und bietet sie neu unter den Namen Cessna 350 bzw. 400 TT an. Aktuell wird allerdings nur noch die TTx gebaut. Das Modell ist vollständig aus Verbundwerkstoffen hergestellt und für seine Klasse sehr aerodynamisch ausgelegt. Dies verbunden mit dem starken Triebwerk mit Turbolader macht die TTx zum schnellsten angebotenen einmotorigen Sportflugzeug. Auf Wunsch kann auch eine Enteisungsanlage eingebaut werden. Die 400 TTx verfügt über eine Druckkabine. Eingebaut ist die neueste Garmin-2000-Avionik, u.a. ausgerüstet mit hochauflösenden sog. Synthetic Vision Technology-Touch-Screens. Was die Inneneinrichtung angeht, wurde sehr auf edles Design und qualitativ hochstehende Materialverwendung geachtet. Cessna verlangt für die Basisversion der 400 TTx US$ 800000.--.
Hersteller: Cessna Aircraft Company, Wichita, Werk Independence, Kansas, USA.

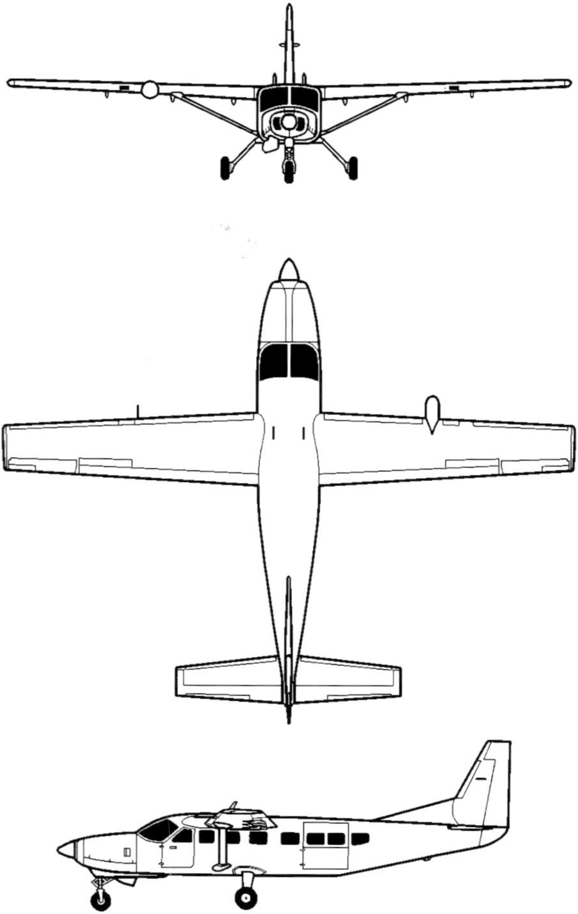

Abmessungen:
Spannweite 15,87 m
Länge (Caravan) 11,50 m, (Grand Caravan) 12,72 m
Höhe (Caravan) 4,52 m, (Grand Caravan) 4,70 m
Flügelfläche 25,96 m².

CESSNA 208B GRAND CARAVAN EX

Ursprungsland: USA.
Kategorie: Mehrzweckflugzeug.
Triebwerk: Eine Propellerturbine Pratt & Whitney Canada PT6A-140 von 867 WPS (646 kW) Leistung.
Leistungen: Max. Reisegeschwindigkeit mit Pod unter dem Rumpf 343 km/h auf 3050 m, 328 km/h auf 6095 m; ohne Pod erhöht sich die Reisegeschwindigkeit um ca. 20 km/h. Anfangssteiggeschwindigkeit 6,5 m/Sek; Dienstgipfelhöhe 7620 m; max. Reichweite mit 45 Min. Reserven 1467 km auf 3050 m.
Gewichte: Leergewicht 2072 kg, max. Startgewicht 3994 kg.
Zuladung: Ein bis zwei Piloten und in der Standardausführung neun Passagiere, maximal jedoch 14 Passagiere oder 1618 kg Fracht.
Entwicklungsstand: Mitte 2012 hat Cessna die neueste Ausführung Grand Caravan EX lanciert. Die ersten Auslieferungen begannen Anfang 2013. Inskünftig soll die Caravan EX auch in China bei CAIGA endmontiert werden. Nebst dieser Ausführung produziert Cessna gegenwärtig noch die 208B Grand Caravan, Caravan 675, Caravan Amphibian und Super Cargo Master. Diese Versionen wurden in früheren Ausgaben beschrieben. Jährlich baut Cessna rund 100 Maschinen, insgesamt dürften es bisher über 2200 sein.
Bemerkungen: Als eigentliches »Arbeitspferd« wird die Caravan für die verschiedensten Aufgaben eingesetzt, sei es vom Frachter über militärische Aufgaben bis hin zum Passagierflugzeug mit VIP-Einrichtung. Die neueste Ausführung Grand Caravan EX bleibt in den Außenabmessungen gleich, wird jedoch mit dem um fast 25% stärkeren Triebwerk PT6A-140 angetrieben. Damit verbessern sich alle Leistungsmerkmale wesentlich, besonders jene in hochgelegenen und heißen Gebieten. Die Reisegeschwindigkeit ist um rund 20 km/h höher, die Steigleistungen nehmen um 20% zu. Die Cessna Caravan wird zunehmend auch bewaffnet für sog. ISR-Aufgaben (**I**ntelligence, **S**urveillance, **R**econnaissance) eingesetzt. Kenya, Mauretanien und Niger erhalten 2015 je eine entsprechend ausgerüstete Maschine.
Hersteller: Cessna Aircraft Company, Wichita, Kansas, USA.

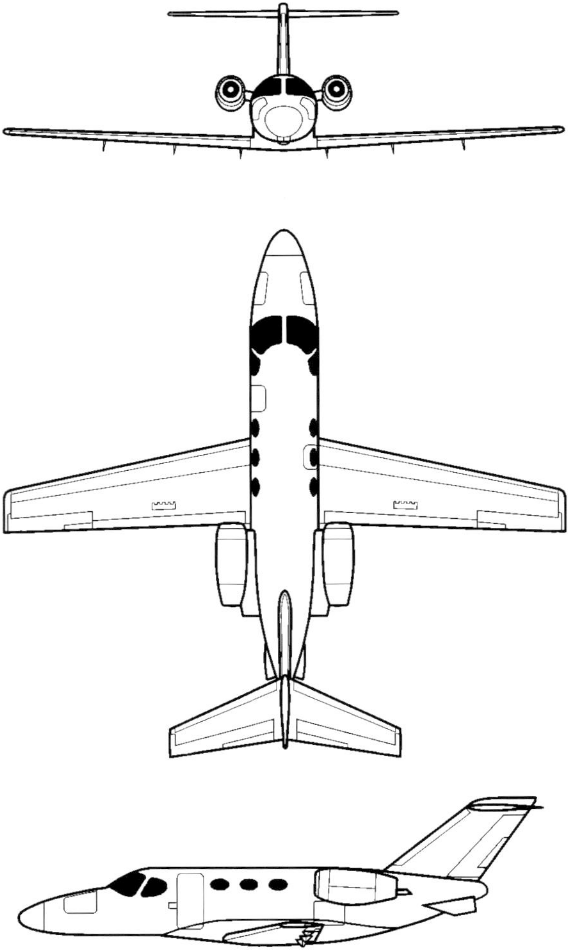

Abmessungen:
Spannweite 13,16 m
Länge 12,17 m
Höhe 4,09 m
Flügelfläche 19,50 m^2.

CESSNA 510 CITATION MUSTANG

Ursprungsland: USA.
Kategorie: Taxi- und leichtes Firmenflugzeug.
Triebwerke: Zwei Mantelstromtriebwerke Pratt & Whitney PW615F von je 662 kp (6,49 kN) Standschub.
Leistungen: Typische Reisegeschwindigkeit 630 km/h auf 10688 m; Dienstgipfelhöhe 12500 m; Reichweite unter IFR-Bedingungen bei einer Nutzlast von 270 kg 2161 km.
Gewichte: Leergewicht 2480 kg; max. Startgewicht 3921 kg.
Zuladung: Pilot und bis zu fünf Passagiere; Nutzlast bei voller Treibstoffzuladung 272 kg.
Entwicklungsstand: Der Prototyp der Citation Mustang absolvierte den Erstflug am 23. April 2005, das erste Serienflugzeug folgte am 29. August 2005. Anfänglich wurden jährlich bis zu 150 Maschinen hergestellt. Seit 2013 ist die Nachfrage aber massiv zurückgegangen, so dass aktuell nur noch geringe Stückzahlen produziert werden.
Bemerkungen: Mit diesem kleinsten Jet der Cessna-Familie will sich der Hersteller gegenüber der neu aufkommenden Konkurrenz von sehr leichten und preisgünstigen Düsenflugzeugen am Markt behaupten. Die Citation Mustang stellt eine Brücke zwischen mit Kolbenmotoren ausgerüsteten Sport- und Reiseflugzeugen und den eigentlichen Businessjets dar. Der Basispreis beträgt rund US$ 3,47 Mio. Von der Auslegung her ist die ganz aus Aluminium hergestellte Mustang der CitationJet-Familie ähnlich, in den Außenabmessungen jedoch kleiner. Der Flügel ohne Pfeilung wurde völlig neu konzipiert. Die kleine Passagierkabine (Länge 4,42 m, Breite 1,42 m, Höhe 1,37 m) verfügt jedoch über eine Toilette. Im Cockpit gelangt die Garmin G100-Avionik zum Einbau, welche drei große Flachbildschirme und als Erleichterung für den Piloten ein umfassendes Flight Management System umfasst. Cessna prüft derzeit eine Ableitung mit einer Propellerturbine statt mit zwei Mantelstromtriebwerken zu entwickeln. Diese wäre in Anschaffung und Betrieb deutlich kostengünstiger als die Mustang.
Hersteller: Cessna Aircraft Company, Werk Independence, Wichita, Kansas, USA

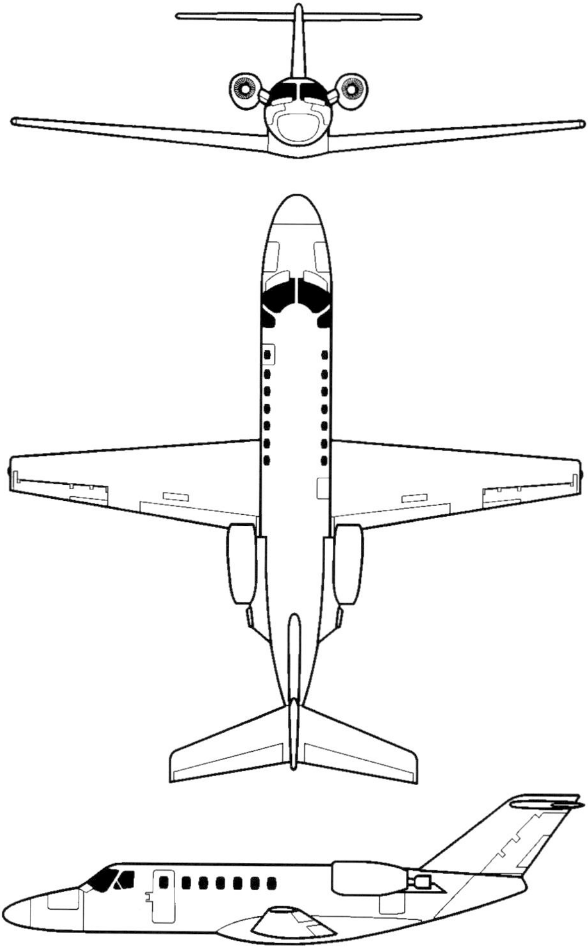

Abmessungen:
Spannweite 16,26 m
Länge 15,59 m
Höhe 4,62 m
Flügelfläche 26,00 m².

CESSNA 525B CITATION CJ3+

Ursprungsland: USA.
Kategorie: Firmenflugzeug.
Triebwerke: Zwei Mantelstromtriebwerke Williams Rolls-Royce FJ44-3A von je 1279 kp (12,54 kN) Standschub.
Leistungen: Max. Reisegeschwindigkeit 772 km/h (Mach 0,737); max. Steiggeschwindigkeit 22,75 m/Sek; Dienstgipfelhöhe 13716 m; max. Reichweite 3834 km.
Gewichte: Leergewicht 3892 kg; max. Startgewicht 6291 kg.
Zuladung: Pilot und Copilot/Passagier im Cockpit und bis zu acht Passagiere; Nutzlast bei voller Treibstoffzuladung 354 kg, max. Nutzlast 875 kg.
Entwicklungsstand: Das erste Serienflugzeug absolvierte den Erstflug am 28. Juli 2014. Mit den Ablieferungen begann man bereits im Herbst 2014. Bisher sollen rund 20 Einheiten verkauft worden sein. Die Produktion des Ausgangsmusters CJ3 wurde nach rund 400 gebauten Einheiten 2014 eingestellt.
Bemerkungen: Die Familie der CitationJet CJ1, CJ2, CJ3 und CJ4 (siehe frühere Ausgaben von Flugzeuge der Welt) wird kontinuierlich modernisiert. Neuestes Beispiel ist die CitationJet CJ3+. Gegenüber dem Ausgangsmuster CJ3 wurden einige Verbesserungen vorgenommen. So hat man Cockpit wie Kabine redesigned. Die Innenmaße mit einer Länge von 4,78 m, Breite 1,47 m und Höhe 1,45m blieben aber unverändert. Der Kabinendruck konnte reduziert werden. Eingebaut ist die Avionik Garmin G3000 mit teilweise neuen Funktionalitäten, u. a. einem neuen Wetterradar. Die CJ3+ ist nun mit einem Wireless Media Server ausgestattet. Damit wird im Flug auch high-speed Internet möglich. Dieses Muster ist für den Einpilotenbetrieb zugelassen. Der Preis für eine Cessna CJ3+ wird mit US$ 8,44 Mio. angegeben.
Hersteller: Cessna Aircraft Company, Wichita, Kansas, USA.

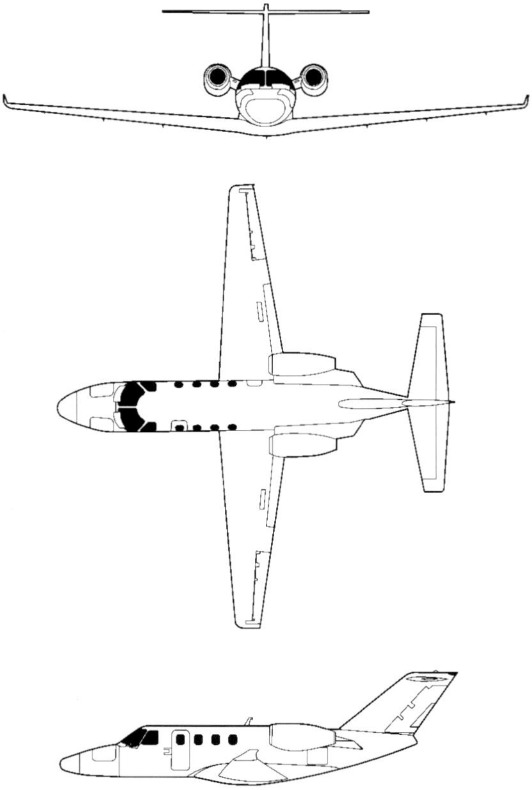

Abmessungen:
Spannweite 14,33 m
Länge 12,98 m
Höhe 4,24 m
Flügelfläche 22,30 m^2.

CESSNA 525 CITATION M2

Ursprungsland: USA.
Kategorie: Leichtes Firmenflugzeug.
Triebwerke: Zwei Mantelstromtriebwerke Williams Rolls-Royce FJ44-1AP-21 von je 891 kp (8,74 kN) Standschub
Leistungen: Max. Reisegeschwindigkeit 741 km/h auf 9450 m (Mach 0,71); Steigzeit auf 12497 m 25 Min; Dienstgipfelhöhe 12497 m; max. IFR-Reichweite 2408 km.
Gewichte: Rüstgewicht 3060 kg; max. Startgewicht 4853 kg.
Zuladung: Pilot und Copilot/Passagier im Cockpit und vier bis sechs Passagiere. Anstelle des sechsten Passagiersitzes kann auch eine Toilette eingebaut werden.
Entwicklungsstand: Der erste von zwei Prototypen nahm die Flugerprobung am 9. März 2012 auf. Das erste Serienflugzeug flog erstmals am 23. August 2013. Mit den Auslieferungen wurde Ende des zweiten Semesters 2013 begonnen. Der aktuelle Auftragsbestand ist nicht bekannt. Hergestellt wurden bisher aber rund 30 Einheiten. Von allen Citations zusammen hat Cessna seit Lancierung des ersten Musters über 6500 gebaut.
Bemerkungen: Mit dem neuesten Glied M2 der Citation-Familie will Cessna eine Angebotslücke zwischen der Mustang (siehe Seiten 118/119) und der Citation CJ2+ (siehe Ausgabe 2006) schließen. Sie soll als Ersatz für die nicht mehr produzierte CJ1 (siehe Ausgabe 2002) dienen. Von der Grundauslegung her sieht die M2 ihren Vorgängerinnen recht ähnlich. Die Grundstruktur besteht ebenfalls größtenteils aus Aluminiumlegierungen. Zur Gewichtsoptimierung sind einzelne Teile aus Verbundwerkstoff. Die Innenmaße der Kabine des kreisrunden Rumpfes betragen: Länge 4,80 m, Breite 1,47 m, Höhe 1,45 m. In der Flugzeugnase sowie im Rumpfheck sind zwei recht große Gepäckräume vorhanden. Die ungepfeilten Flügel verlaufen vollständig unter dem Rumpf, so dass die Kabine dadurch in der ganzen Länge nicht eingegrenzt ist. Im Cockpit ist das Avionik-System Garmin 3000 mit den heute üblichen drei LCD-Multifunktions-Großbildschirmen eingebaut. Cessna gibt den Preis für die Basisausführung mit US$ 4,67 Mio. an.
Hersteller: Cessna Aircraft Company, Werke Wichita und Independence, Kansas, USA.

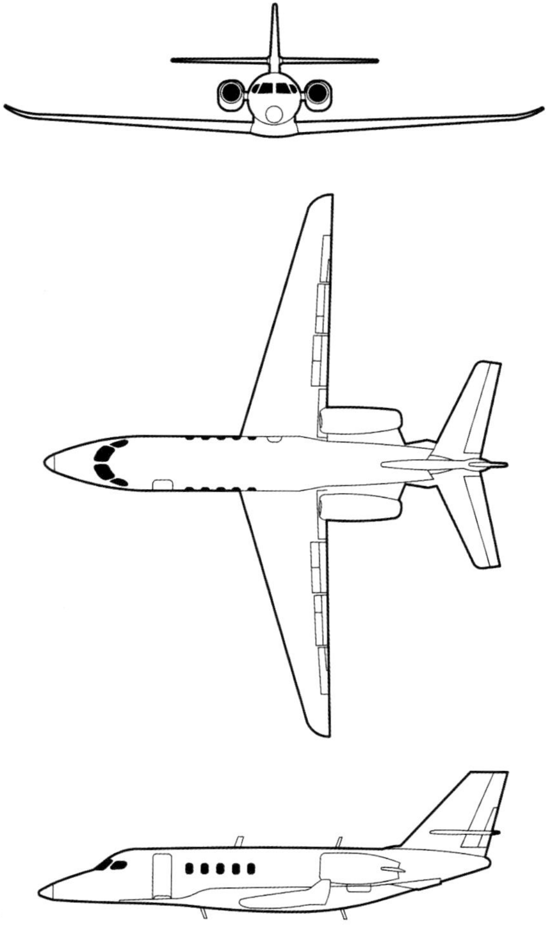

Abmessungen:
Spannweite 22,05 m
Länge 18,97 m
Höhe 6,38 m
Flügelfläche 50,00 m^2.

CESSNA 680A LATITUDE

Ursprungsland: USA.
Kategorie: Firmenflugzeug.
Triebwerke: Zwei Mantelstromtriebwerke Pratt & Whitney PW306D von je 2612 kp (25,62 kN) Standschub.
Leistungen: Maximale Reisegeschwindigkeit 826 km/h (Mach 0,80); Dienstgipfelhöhe 13700 m; Reichweite unter IFR-Bedingungen 5000 km.
Gewichte: Noch keine Angaben erhältlich.
Zuladung: Zwei Piloten und je nach Inneneinrichtung bis zu neun Passagiere.
Entwicklungsstand: Ein erster von insgesamt drei vorgesehenen Prototypen nahm die Flugerprobung am 18. Februar 2014 auf. Mit den Auslieferungen will man Mitte 2015 beginnen. Bisher seien rund 30 Einheiten bestellt.
Bemerkungen: Mit der neuen Latitude will Cessna die Lücke im Angebot zwischen der Cessna Citation-Reihe und der Sovereign (siehe Seiten 126/127) ausfüllen, d. h. konkret das mittlere Segment von Geschäftsreiseflugzeugen. Dieses ist bereits durch Konkurrenzmuster, wie beispielsweise der EMBRAER 450/500 (siehe Seiten 174/175) prominent besetzt. Flügel, Heckstruktur und Triebwerkaufhängung stammen von der Sovereign, der Rumpf ist dagegen eine völlige Neukonstruktion. Wesentliche Teile der Struktur von Rumpf und Flügel sind aus Aluminium. Auf eine möglichst komfortable Kabine mit den Innenmaßen von Länge 6,63 m, Breite 1,96 m und Höhe 1,83 wurde besonders geachtet. Sie weist einen ebenen Boden auf und ermöglicht Stehhöhe. Eingebaut ist die neueste Cockpit-Generation Garmin G5000. Der Hersteller gibt als Basispreis für die Latitude mit US$ 16,25 Mio. an.
Hersteller: Cessna Aircraft Company, Werk Wichita, Kansas, USA.

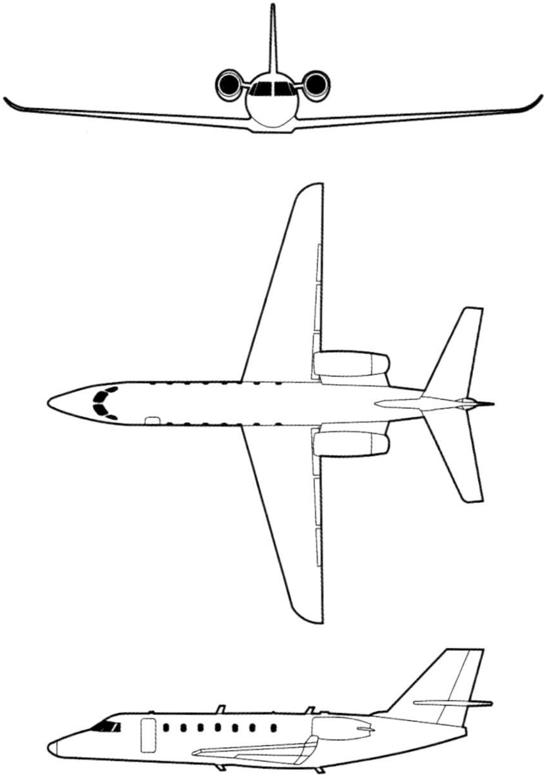

Abmessungen:
Spannweite einschließlich Winglets 22,05 m
Länge 19,37 m
Höhe 6,20 m
Flügelfläche 50,40 m^2.

CESSNA 680 CITATION SOVEREIGN+

Ursprungsland: USA.
Kategorie: Firmenflugzeug.
Triebwerke: Zwei Mantelstromtriebwerke Pratt & Whitney Canada PW306D von je 2654 kp (26,03 kN) Standschub.
Leistungen: Max. Reisegeschwindigkeit 846 km/h (Mach 0,80) auf 9449 m; Zeit um 13100 m zu erreichen 26 Min; Dienstgipfelhöhe 14325 m; Reichweite mit acht Passagieren und IFR-Reserven 4962 km, bei VFR-Regeln 5339 km.
Gewichte: Leergewicht 8337 kg; max. Startgewicht 13959 kg.
Zuladung: Zwei Piloten und bis zu zehn Passagiere; Nutzlast mit max. Treibstoffzuladung 569 kg, max. Nutzlast 1188 kg.
Entwicklungsstand: Die Ausführung Sovereign+ wurde überraschend Ende 2012 vorgestellt, als sie bereits in Produktion war und die Vorgängerausführung Sovereign (siehe Ausgabe 2010) nach 349 gebauten Flugzeugen ablöste. Mit den Kundenauslieferungen begann man Mitte 2013. Der aktuelle Bestellungsstand ist nicht bekannt.
Bemerkungen: Die bewährte Sovereign wurde konsequent weiter entwickelt. Den größten Unterschied stellt der Flügel dar, welcher nun Winglets erhielt und eine dadurch um 2,75 m größere Spannweite aufweist. Auch eine neue Version von etwas leistungsfähigeren, aber trotzdem sparsameren Triebwerken gelangt zum Einbau. Beides zusammen ermöglicht eine leicht erhöhe Reichweite und bessere Steigleistungen. Der Rumpf mit einer Innenlänge von 7,70 m, einer Breite von 1,68 m und einer Höhe von 1,73 m ist gegenüber der Vorversion jedoch in den Abmessungen gleich geblieben. Es gelangt aber ein neues Kommunikationssystem zum Einbau. Das Cockpit ist völlig neu gestaltet und mit der modernsten Avionik Garmin G5000 ausgerüstet. Auch die New Sovereign wird die guten Start- und Landeeigenschaften der Sovereign beibehalten (Startlänge ca. 1113 m, Landelänge 817 m). Cessna gibt als Verkaufspreis für eine typisch ausgerüstete New Sovereign US$ 18,1 Mio. an.
Hersteller: Cessna Aircraft Company, Wichita, Kansas, USA.

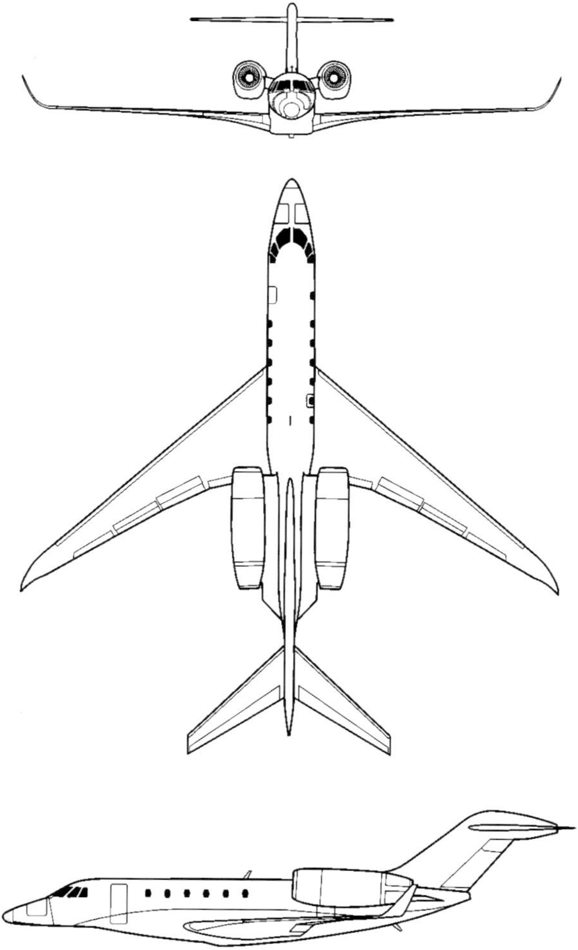

Abmessungen:
Spannweite 21,09 m
Länge 22,43 m
Höhe 5,86 m
Flügelfläche 48,90 m^2.

CESSNA 750 NEW CITATION X+

Ursprungsland: USA.
Kategorie: Firmenflugzeug.
Triebwerke: Zwei Mantelstromtriebwerke Rolls Royce (Allison) AE 3007C2 von je 3190 kp (31,28 kN) Standschub.
Leistungen: Max. Reisegeschwindigkeit 976 km/h bzw. Mach 0,935; Anfangssteiggeschwindigkeit 22,0+ m/Sek; Dienstgipfelhöhe 15545 m; IFR-Reichweite bei Mach 0,82 mit sechs Passagieren und 45 Min. Reserven 6004 km, max. Reichweite 6312 km.
Gewichte: Leergewicht 10189 kg; max. Startgewicht 16601kg.
Zuladung: Zwei Mann Cockpitbesatzung und normalerweise acht, maximal aber bis zu 12 Passagiere in Einzelsitzen und einer dreiplätzigen Couch; Nutzlast mit vollen Treibstofftanks 683 kg, max. 1140 kg.
Entwicklungsstand: Das erste Erprobungsmuster der Citation X nahm die Flugtests am 21. Dezember 1993 auf. Die Kundenauslieferungen begannen im Juni 1996. Rund 350 wurden bisher hergestellt. Die neue Version, nun als Citation X+ bezeichnet, flog erstmals am 17. Januar 2012. Am 1. August 2013 folgte das erste Serienmuster. Bedingt durch technische Verzögerungen begannen die Kundenauslieferungen erst im Juni 2014.
Bemerkungen: Das bisherige Topmodell Citation X von Cessna wurde von der Citation X+ abgelöst. Der Hersteller lancierte die um 0,38 m längere, mit Rolls Royce-Triebwerken AE3007 neuerer Generation ausgerüstete Weiterentwicklung. Sie erhält ein völlig neues Cockpit Garmin G5000 mit Head-Up-Display, ausgerüstet u.a. mit drei großen und mehreren kleinen LCD-Multifunktionsbildschirmen. Die Citation X+ weist in Teilbereichen bessere Flugleistungen auf. Cessna behauptet, dass dieses Modell mit der auf Mach 0,935 angehobenen Geschwindigkeit weiterhin das schnellste Geschäftsreiseflugzeug im Markt ist. Mit der größeren Reichweite kann beispielsweise die Strecke von New York nach London nonstop beflogen werden. Der Durchmesser des Innenraums bleibt mit einer Breite von 1,67 m und einer Höhe von 1,73 m gleich wie bei der Citation X. Die Länge der Kabine beträgt nun aber 7,67 m.
Hersteller: Cessna Aircraft Company, Wichita, Kansas, USA.

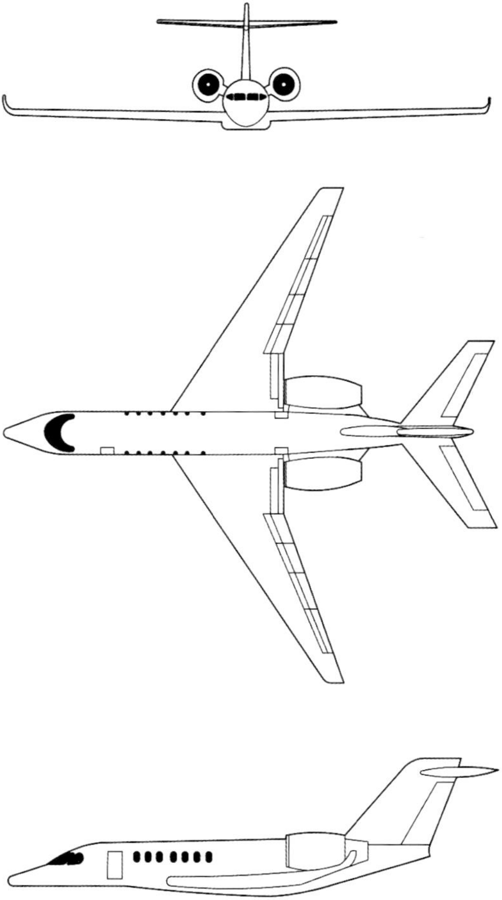

Abmessungen:
Spannweite 26,2 m
Länge 26,52 m
Höhe 7,92 m.

CESSNA LONGITUDE

Ursprungsland: USA.
Kategorie: Mittelstrecken-Firmenflugzeug.
Triebwerke: Zwei Mantelstromtriebwerke Snecma Silvercrest SC-2C von je rund 5000 kp (49,00 kN) Standschub.
Leistungen (nach Angaben des Herstellers): Max. Reisegeschwindigkeit 900 km/h (Mach 0,86); Dienstgipfelhöhe 13716 m; Reichweite, maximal 7400 km.
Gewichte: Noch keine Angaben erhältlich.
Zuladung: Zwei Piloten im Cockpit und je nach Innenausstattung normalerweise acht, aber bis zu 12 Passagiere.
Entwicklungsstand: Ein erster Prototyp soll 2015 fliegen. Mit der Zulassung und den Erstauslieferungen rechnet Cessna im Laufe von 2017. Der Bestellungsstand ist nicht bekannt.
Bemerkungen: Bei der Longitude handelt es sich um Cessnas erste vollständige Neuentwicklung seit langem und keine Verbesserung bestehender Typen. Zentral ist das völlig neue Triebwerk, in welchem die neuesten Technologien eingebaut sind. Dadurch soll der Treibstoffverbrauch um 15% geringer sein als bei Konkurrenzprodukten gleicher Leistung. Die Abgaswerte verbessern sich um 50%, der Lärm kann um bis zu 20 dB reduziert werden. Die Longitude ist das erste Muster, welches das Silvercrest-Triebwerk verwendet. Zusammen mit der Latitude weist die Longitude von allen Cessna-Modellen den größten Rumpfquerschnitt mit Innenbreite von 1,96 m und Innenhöhe von 1,83 m auf. Die Kabinenlänge beläuft sich auf 8,81 m. Auch bezüglich Komfort sollen Bestwerte erzielt werden. Jeder Passagiersitz verfügt über ein Touchscreen, mit welchem man u. a. die Beleuchtung, die Fensterverdunkelung, das Unterhaltungssystem und die dynamische Realtime-Karte bedienen kann. Hinten in der Kabine ist eine kleine Küche eingebaut. Im Cockpit ist die Avionik Garmin G5000 mit Synthetic Vision Technology vorgesehen. Der Kaufpreis bewegt sich in der Größenordnung von US$ 26 Mio. Der Dreiseitenriss ist als provisorisch zu betrachten.
Hersteller: Cessna Aircraft Company, Wichita, Kansas, USA.

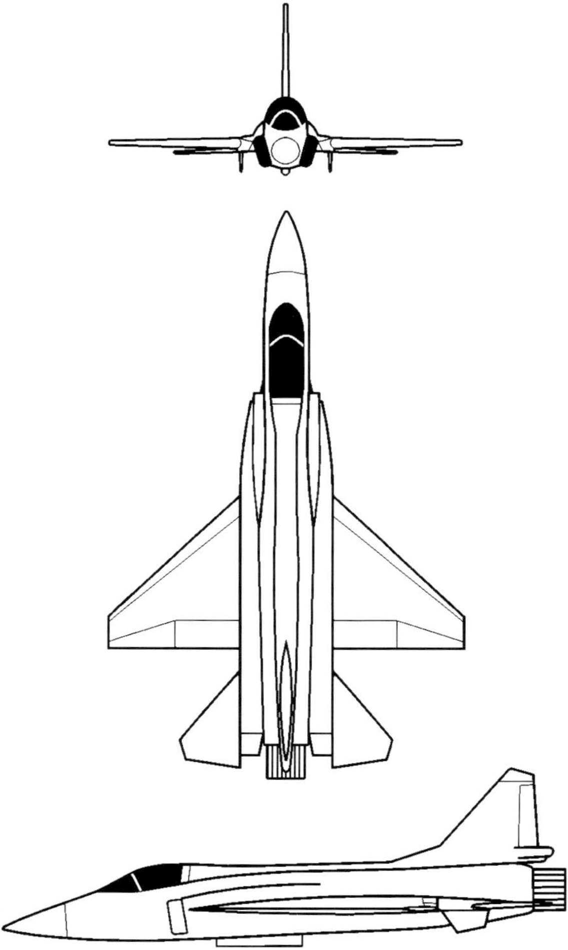

Abmessungen:
Spannweite 9,46 m
Länge 14,26 m
Höhe 4,77 m
Flügelfläche 24,40 m^2.

CHENGDU FC-1/JF-17 SUPER 7

Ursprungsland: Volksrepublik China.
Kategorie: Einsitziger Luftüberlegenheitsjäger und Erdkämpfer.
Triebwerke: Ein Mantelstromtriebwerk Klimow RD-93 von 5040 kp (49,4 kN) ohne und 8300 kp (81,4 kN) mit Nachverbrennung.
Leistungen (geschätzt): Höchstgeschwindigkeit ohne Außenlasten 1600 km/h (Mach 1,6); Dienstgipfelhöhe 16700 m; Aktionsradius als Jäger 1200 km, als Erdkämpfer 700 km; Reichweite mit internem Kraftstoff 1800 km; Überführungsreichweite 3000 km.
Gewichte: Leergewicht 6585 kg; Startgewicht normal beladen ohne Außenlasten 9100 kg; max. Startgewicht 12400 kg.
Bewaffnung: Eine doppelläufige 23-mm-Kanone GSh-223-2 links unter dem Rumpf und Luft-Luft- bzw. Luft-Boden-Lenkwaffen sowie Bomben an vier Stationen unter den Flügeln, zwei an den Flügelspitzen und einer unter dem Rumpf. Max. Waffenladung 3600 kg.
Entwicklungsstand: Das erste Erprobungsmuster nahm die Flugerprobung am 25. August 2003 auf. Im März 2007 wurde die erste Serienmaschine der Pakistanischen Luftwaffe übergeben. Seit November 2009 laufen der Luftwaffe FC-1 zu, welche in pakistanischer Lizenz hergestellt werden. Pakistan will bis zu 200 Einheiten beschaffen. Anfang 2014 wurde die 50. Einheit fertiggestellt.
Bemerkungen: Das chinesisch-pakistanische Gemeinschaftsprojekt FC-1 wurde in enger Zusammenarbeit mit der russischen MAPO entwickelt. Als kompakter Allwetter-Mehrzweckjäger soll er den Leistungen der F-16 nahe kommen. Die Auslegung der FC-1 ist recht konventionell. Rumpf wie Flügel bestehen aus Aluminium. Die Steuerung ist noch vollständig Servo-gesteuert. Spätere Ausführungen sollen ein Fly-By-Wire-System erhalten. Eingebaut ist eine chinesische Avionik mit dem Mehrzweckradar KLJ-7. Damit ist die JF-17 eines der wenigen Kampfflugzeuge, welches keinerlei US-Systeme verwendet. Von einer zweisitzigen Ausführung wurden erste Bilder gesehen. Derzeit entwickelt Chengdu eine Version Block 2, u. a. ausgerüstet mit einem AESA-Radar, Infrarot-Zielverfolgungssystem sowie Möglichkeit der Luftbetankung. Sie soll auch modernste Abstandswaffen mitführen können, neuerdings aber auch chinesische Antischiffs-Lenkwaffen CM-400 AKG.
Hersteller: Chengdu Aircraft Industrial Corp., Chengdu, Sichuan, Volksrepublik China bzw. Pakistan Aeronautical Complex, Kamra, Pakistan.

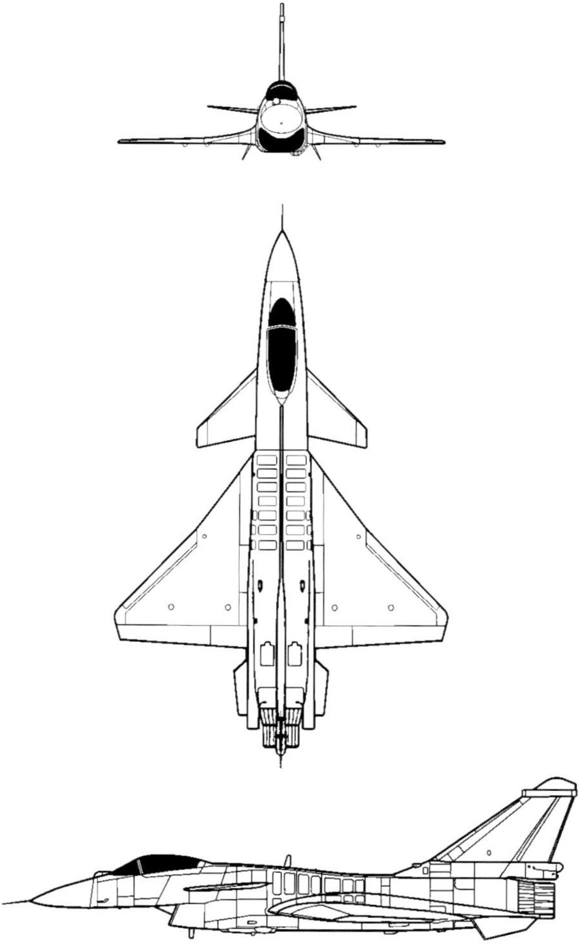

Abmessungen:
Spannweite Hauptflügel 9,75 m, Vorflügel 5,30 m
Länge 16,43 m
Höhe 5,43 m
Fläche Hauptflügel 39,00 m², Vorflügel 4,70 m².

CHENGDU J-10

Ursprungsland: Volksrepublik China.
Kategorie: Einsitziger Mehrzweckjäger und zweisitziger Einsatztrainer.
Triebwerke: Ein Mantelstromtriebwerk Saturn/Lyulka AL-31FN von 8100 kp (79,4 kN) Standschub ohne und 12800 kp (125,50 kN) mit Nachverbrennung.
Leistungen: Höchstgeschwindigkeit Mach 1,8 in großen Höhen, auf Meereshöhe Mach 1,2; Dienstgipfelhöhe 17000 m; Aktionsradius 660 km; Reichweite ohne Zusatzbehälter 1650 km.
Gewichte: Leergewicht 9730 kg; normales Startgewicht 12400 kg, max. 18600 kg.
Bewaffnung: Eine Kombination von Kurzstrecken-Luft-Luft-Lenkwaffen PL-8, Mittelstrecken-Luft-Luft-Lenkwaffen PL-11 und Zusatztanks/Luft-Boden-Raketen/Bomben an bis zu elf Waffenstationen; max. Waffenlast rund 6600 kg. Zudem ist eine 23-mm-Kanone eingebaut.
Entwicklungsstand: Der erste Prototyp führte am 24. März 1998 seinen Erstflug aus, der doppelsitzige Prototyp J-10S folgte am 26. Dezember 2003. Seit 2004 ist die J-10 bei der Luftwaffe der VR China im Einsatz. Insgesamt soll sie mindestens 300 Exemplare der Version J-10A bekommen, fast alle sollen bereits abgeliefert sein. Derzeit werden sowohl der Einsitzer J-10 bzw. J-10AH wie auch der Doppelsitzer J-10S gebaut, die Variante F-10B (Erstflug 23.Dezember 2008) befindet sich noch in der Erprobung. Bisher wurden von dieser Version vier Prototypen und vier Vorserienmaschinen gebaut. Eine Weiterentwicklung J-10C flog erstmals am 31. Dezember 2013.
Bemerkungen: Beim Mehrzweckjäger J-10 sind außer dem russischen Triebwerk alle Systeme, wie auch das Doppler-Bordradar KLJ-3, chinesischer Provenienz. Die J-10 verfügt über ein digitales Fly-By-Wire-Steuerungssystem. Anfang 2009 startete die verbesserte Ausführung J-10B zum Erstflug. Der Triebwerkeinlauf ist überarbeitet, die Rumpfnase vermutlich für ein neues AESA-X-Band-Radar umkonstruiert, die Zelle verstärkt und das Seitenleitwerk vergrößert. Zudem befinden sich zwei weitere Waffenaufhängepunkte unter den Flügeln. Ein verstärktes Triebwerk eventuell auch mit Vektor-Steuerung soll eingebaut sein. Spätere Ausführungen könnten das chinesische Triebwerk WS-10A Taihang erhalten. Zu Beginn des Jahres 2011 ist auch die Marineversion J-10AH in Einsatz gelangt. Sie unterscheidet sich primär durch eine fix montierte Betankungssonde. Über die neue Ausführung J-10C weiß man noch nichts Konkretes.
Hersteller: CAC, Chengdu Aircraft Industrial Corporation, Chengdu, Sichuan, Volksrepublik China.

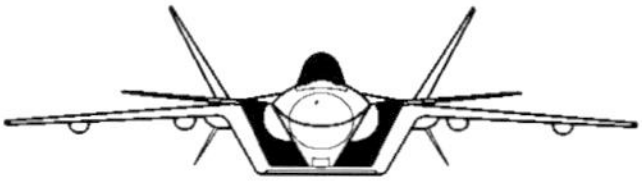

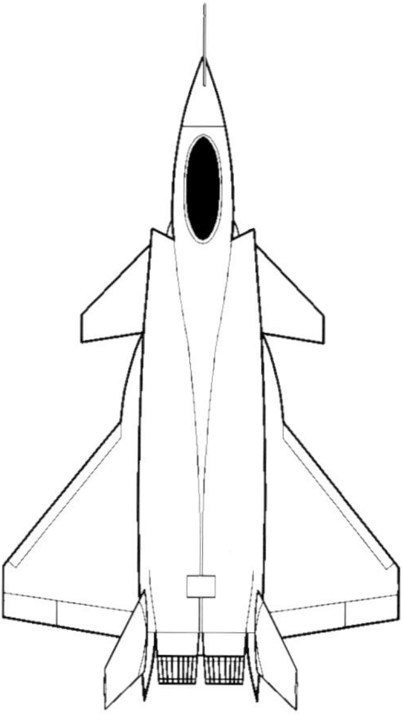

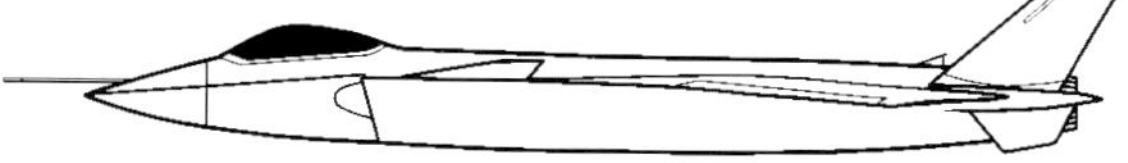

Abmessungen (nach unbestätigten Angaben):
Spannweite 13,00 m
Länge etwa 20,30 m
Höhe 4,45 m
Flügelfläche je nach Quellen 59 oder 73 m².

CHENGDU J-20 BLACK EAGLE

Ursprungsland: Volksrepublik China.
Kategorie: Einsitziger Luftüberlegenheitsjäger, vielleicht aber auch Angriffsflugzeug für mittlere Strecken.
Triebwerke: Wahrscheinlich zwei Mantelstromtriebwerke der Saturn AL-31-Familie oder Shenyang WS-10G mit einer Leistung von rund 13200 kp (129,45 kN).
Leistungen (nach unbestätigten Angaben): Höchstgeschwindigkeit Mach 2,5; Dienstgipfelhöhe 20000 m; Einsatzradius 2000 km; Überführungsreichweite 5500 km.
Gewichte (nach unbestätigten Angaben): Leergewicht 17000 kg; Startgewicht zwischen 34000 und 36000 kg.
Bewaffnung: Soweit bisher erkennbar kann die J-20 in zwei internen Waffenschächten vor allem moderne Abfang- und Angriffslenkwaffen mitführen, darunter die neue Luft-Luft-Lenkwaffe PL-X-15.
Entwicklungsstand: Zur großen Überraschung wurden erste Fotos des Prototypen am 22. Dezember 2010 herumgereicht. Bereits am 11. Januar 2011 nahm der erste Prototyp die Flugerprobung auf. Aktuell fliegen fünf J-20. Ob es sich dabei um echte Prototypen oder eigentliche Erprobungsträger handelt, ist nicht bekannt. Eine Serienausführung soll ab 2017 die Einsatzbereitschaft erlangen.
Bemerkungen: Bei der Chengdu J-20 handelt es sich um das erste bekannt gewordene Flugzeug chinesischer Produktion, das über sog. Stealth-Eigenschaften verfügt. Es handelt sich um einen Deltaflügler mit Canards. Die doppelt vorhandenen Seitenleitwerke sind nach außen abgewinkelt und voll beweglich, die rautenförmigen Lufteinlässe liegen am Bug an und sind wie bei der F-35 als Diverterless Supersonic Inlets (DSI) ausgeführt. Vom Aussehen her hat die außergewöhnlich große Black Eagle Ähnlichkeiten mit der Lockheed Martin F/A-22 Raptor (siehe Ausgabe 2011) sowie mit der russischen MiG 1-44 (siehe Ausgabe 2001). Vermutlich wird das Flugzeug durch ein Fly-By-Wire-System gesteuert. Eingebaut dürfte ein AESA-Radar vom Typ 1475/KLJ5 sein. Gewisse Quellen vermuten, dass die J-20 auch für Strike-Einsätze vorgesehen ist. Der vierte Prototyp weist einige Änderungen auf, u.a. überarbeitete Lufteinläufe, geändertes Seitenleitwerk und einen Behälter unten am Rumpf, voraussichtlich ein elektro-optisches Zielsystem enthaltend.
Hersteller: CAC, Chengdu Aircraft Industrial Corporation, Chengdu, Sichuan, Volksrepublik China.

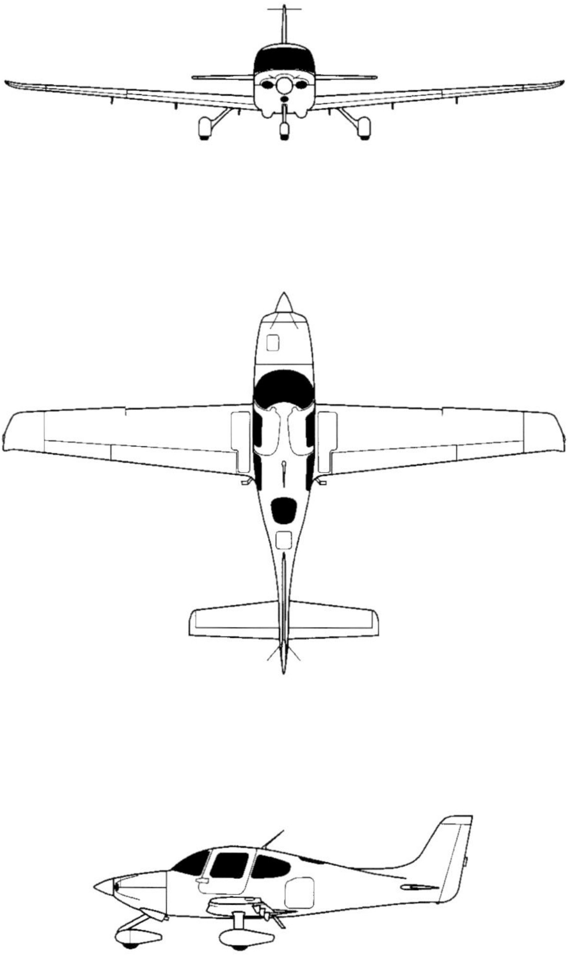

Abmessungen:
Spannweite 11,68 m
Länge 7,92 m
Höhe 2,71 m
Flügelfläche 13,46 m^2.

CIRRUS SR20/SR22

Ursprungsland: USA.
Kategorie: Sport- und Reiseflugzeug.
Triebwerke (SR22 Generation 5): Ein luftgekühlter Sechszylinder-Boxermotor Teledyne Continental IO-550-N von 310 PS (230) kW) Leistung.
Leistungen (SR22 Generation 5): Max. Reisegeschwindigkeit 338 km/h; Anfangssteiggeschwindigkeit 6,45 m/Sek; Dienstgipfelhöhe 5334 m, max. Reichweite mit IFR-Reserven 1500 km.
Gewichte (SR22 Generation 5): Leergewicht 1025 kg; max. Startgewicht 1632 kg.
Zuladung: Pilot und drei Passagiere bzw. Generation 5 vier Passagiere, max. Nutzlast rund 640 kg.
Entwicklungsstand: Die neueste Ausführung SR22 Generation 5 wird seit Ende 2013 angeboten. Unter der Bezeichnung T-53A erwarb die USAF für die USAF Academy 25 SR20. 13 SR20 und 7 SR22 wurden 2012 als Basistrainer für die Armée de l'Air beschafft, 3 weitere SR20 für die Aéronavale. Die Luftwaffe Saudi Arabiens hat 16 SR22 gekauft. Von allen Varianten werden derzeit jährlich rund 300 Maschinen gebaut.
Bemerkungen: Die Modellvielfalt der Cirrus nimmt weiter zu und das Ausgangsprodukt wird konsequent weiter entwickelt. Nebst den in früheren Ausgaben von Flugzeuge der Welt beschriebenen Ausführungen ist neu ab dem Jahrgang 2014 die SR22 Generation 5 erhältlich. Die wesentlichste Neuerung besteht darin, dass nebst dem Piloten vier statt drei Passagiere mitfliegen können. Entsprechend wurde das Abfluggewicht erhöht. Eingebaut ist zudem die Avionik Garmin PerspectiveTM. Die gesamte Innen- und Außenbeleuchtung wurde auf LED umgestellt. Weiterhin angeboten werden die Versionen SR20/SR20GTS sowie SR22/SR22GTS. Von beiden Modellen sind unter der Bezeichnung Xi auch Ausführungen erhältlich, welche spezifisch nach Kundenwünschen ausgestattet werden. Für die jeweilige Basisausführung der SR20 bzw. SR22 verlangt Cirrus einen Preis von US$ 350'000.-- bzw. 482'000.--.
Hersteller: Cirrus Design Corp. (seit 2011 Tochtergesellschaft der CAIGA, China Aviation Industry General Aircraft Co. Ltd., VR China), Duluth, Minnesota, USA.

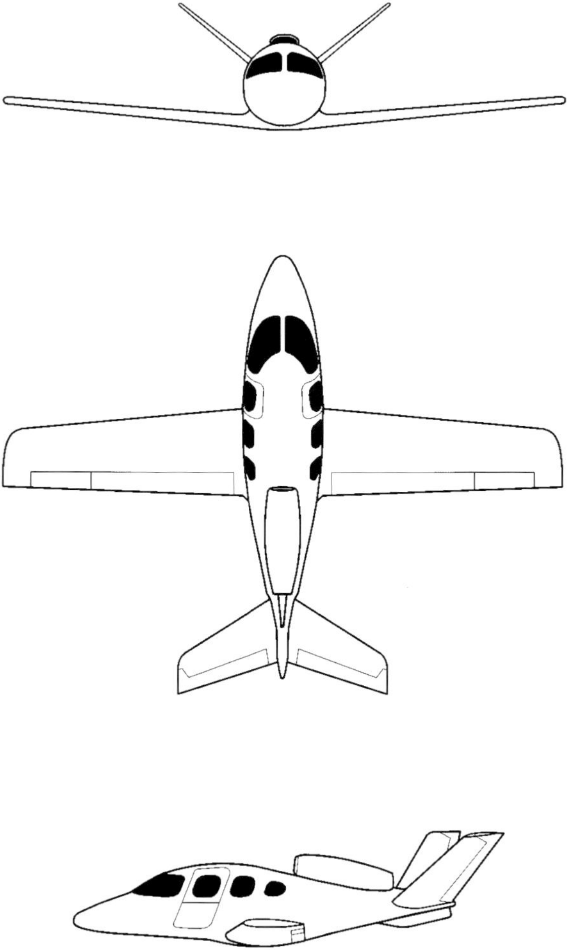

Abmessungen:
Spannweite 11,70 m
Länge (Prototyp) 9,02 m, (Serie) 8,91 m
Höhe 3,20 m.

CIRRUS VISION SF50

Ursprungsland: USA.
Kategorie: Leichtes düsengetriebenes Sport- und Reiseflugzeug.
Triebwerke: Ein Mantelstromtriebwerk Williams International FJ33-4A-19 von 816 kp (8,00 kN) Standschub.
Leistungen (prov. Angaben für Erprobungsträger): Maximale Reisegeschwindigkeit 590 km/h; normale Reisegeschwindigkeit 555 km/h; Dienstgipfelhöhe 8535 m; normale Reichweite 1800 km, maximal 2590 km.
Gewichte: Rüstgewicht 1681 kg; max. Startgewicht 2727 kg.
Zuladung: Ein Pilot und normal vier, maximal bis zu sechs Passagiere; Nutzlast bei vollen Treibstofftanks 180 kg, max. Nutzlast 545 kg.
Entwicklungsstand: Ein Erprobungsträger flog erstmals am 3. Juli 2008. Der Produktionsprototyp C-Zero startete am 24. März 2014 zum Erstflug, gefolgt vom zweiten C-One am 26. November 2014. Gemäß aktuellen Plänen soll mit der Auslieferung der Serienmuster im vierten Quartal 2015 begonnen werden. Bisher liegen Bestellungen für rund 550 Maschinen vor.
Bemerkungen: In mehreren Belangen ist das erste Flugzeug mit Strahlantrieb von Cirrus eine echte Innovation. Im Gegensatz zu den meisten übrigen ähnlichen Konstruktionen fokussiert dieses Muster nicht auf den Taxiflugmarkt, sondern auf jenen der Privatpiloten, welche ihr einmotoriges Sportflugzeug durch ein höher wertiges Düsenflugzeug ersetzen möchten. Die Vision soll besonders einfach zu fliegen sein. Die Cockpitausrüstung sieht sehr futuristisch aus. Dem Passagierkomfort wird größte Beachtung geschenkt. So soll die Kabine mehr Raum pro Person bieten als einige Konkurrenzmuster. Die Konstruktion besteht vollständig aus Verbundwerkstoffen, wobei das V-förmige Höhenruder besonders auffällt. Einmalig für Jets ist das Rettungssystem mit Fallschirm, welches von den SR20/22-Modellen übernommen wird. Markant ist auch das oben am Rumpf angebrachte Triebwerk, welches für dieses Muster diverse Vorteile bringen soll. Der Wirtschaftlichkeit wird große Beachtung geschenkt. So sollen die Betriebskosten sehr tief sein. Cirrus gibt mit Garmin G3000-Avionik einen Kaufpreis von US$ 1,96 Mio. an.
Hersteller: Cirrus Design Corp. (seit 2011 Tochtergesellschaft der CAIGA, China Aviation Industry General Aircraft Co. Ltd., VR China), Duluth, Minnesota, USA.

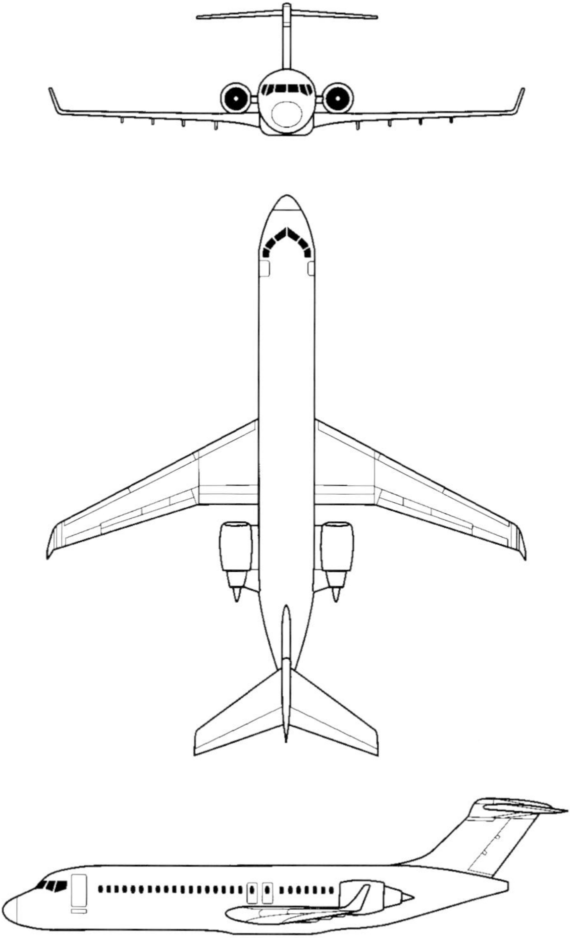

Abmessungen:
Spannweite 27,28 m
Länge (ARJ21-700 bzw. 900) 33,46 bzw. 36,36 m
Höhe 8,44 m
Flügelfläche 79,86 m².

COMAC ARJ 21

Ursprungsland: Volksrepublik China.
Kategorie: Kurz- und Mittelstrecken-Verkehrsflugzeug.
Triebwerke: Zwei Mantelstromtriebwerke General Electric CF34-10A von je (ARJ21-700/900) 6954 kp (68,20 kN) bzw. 7737 kp (75,88 kN) Standschub.
Leistungen (nach Angaben des Herstellers): Max. Reisegeschwindigkeit Mach 0,82; Dienstgipfelhöhe 11900 m; Reichweite (ARJ21-700STD/900STD) 2225 km, (ARJ-21-700ER/900ER) 3750/3334 km.
Gewichte: Leergewicht (ARJ21-700STD/ER, 900STD/ER) 24955 kg, 26270/26770 kg; max. Startgewicht (ARJ21-700STD/ER, 900STD/ER) 40500/43500 kg, 43616/47182 kg.
Zuladung: Zwei Mann Cockpitbesatzung und (ARJ21-700) zwischen 70 und 80 bzw. (ARJ21-900) zwischen 90 und 100 Passagiere in einer klassischen Kabinenaufteilung mit vier bzw. fünf Sitzen pro Reihe. Max. Nutzlast 11246 kg.
Entwicklungsstand: Der erste Prototyp startete am 28. November 2008 zum Erstflug, gefolgt vom zweiten am 1. Juli 2009. Derzeit fliegen vier Erprobungsmuster. Nach erheblichen technisch bedingten Verzögerungen werden die ersten Jets nun Anfang 2015 ausgeliefert. Primär von chinesischen Luftfahrt- und Leasinggesellschaften lagen Ende 2014 Bestellungen und Optionen über 278 Maschinen vor.
Bemerkungen: Beim 2002 gestarteten Entwicklungsprogramm ARJ21 Advanced Regional Jet handelt es sich um das erste düsengetriebene Regionalflugzeug, welches vollständig in der Volksrepublik China entwickelt und dort gebaut wird. Von der Kategorie her ist dieses Muster mit der EMBRAER-Reihe 170 bis 195 (siehe Seiten 168/169) und der Suchoj Superjet 100 (siehe Seiten 304/305) vergleichbar. Zwei Passagiervarianten bietet ACAC an: Die Basisausführung ARJ21-700 sowie die verlängerte ARJ21-900. Beide gibt es als Normalvariante STD und für längere Strecken als ER. Später soll eine auf dem Rumpf der ARJ21-700 basierende Frachtversion ARJ21F hinzukommen, die fünf sog. LD7-Container aufnehmen kann. Eine Businessjet-Version mit 20 Sitzplätzen wird ebenfalls gebaut. Erste fünf Exemplare sind bereits bestellt.
Hersteller: COMAC Commercial Aircraft Corporation of China Ltd., Endmontage bei Shanghai Aircraft Manufacturing Co. Ltd., Shanghai, Volksrepublik China.

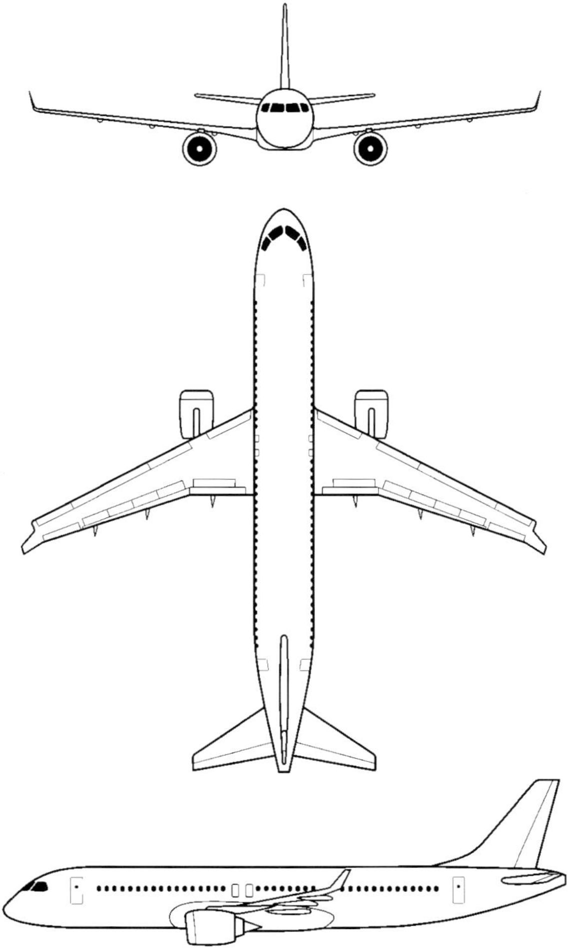

Abmessungen:
Spannweite 35,80 m
Länge 38,90 m
Höhe 11,95 m.

COMAC C919

Ursprungsland: Volksrepublik China.
Kategorie: Kurz- und Mittelstrecken-Verkehrsflugzeug.
Triebwerke: Zwei Mantelstromtriebwerke CFM International Leap-X1C von je 13000 kp (133,00 kN) Leistung.
Leistungen (nach Angaben des Herstellers): Max. Reisegeschwindigkeit Mach 0,785; Dienstgipfelhöhe 12100 m; Reichweite je nach Ausführung zwischen 4075 und 5556 km.
Gewichte: Noch keine Angaben erhältlich.
Zuladung: Zwei Mann Cockpitbesatzung und in Einklassenausstattung bis zu 168 Passagiere in Sechserreihen, normalerweise aber 150 Passagiere in zwei Klassen. Max. Nutzlast rund 20000 kg.
Entwicklungsstand: Der Erstflug des ersten Prototyps ist für Ende 2015 vorgesehen. Heutigen Plänen zufolge soll die C919 zwei Jahre später in den Liniendienst gehen. Bisher sind von chinesischen Fluggesellschaften und von Leasingunternehmen rund 400 Festaufträge und Optionen eingegangen.
Bemerkungen: Mit diesem Flugzeugprogramm wagt die Volksrepublik China den Eintritt in den schwierigen, von Airbus und Boeing weitgehend kontrollierten Markt der 100 bis 150-Sitzer. Vorerst sollen zwei Varianten angeboten werden, die sich primär durch die Reichweitenleistungen unterscheiden. Später dürften noch weitere Ausführungen folgen. Die ersten Muster werden einstweilen nur mit dem Leap-X1C-Triebwerk angeboten, später sollen alternative Antriebe hinzukommen. Die ganze Struktur wird weitgehend aus Aluminium-Lithium sein, an einzelnen Stellen gelangen Composite-Werkstoffe zum Einbau. Der Rumpfdurchmesser soll gegenüber den westlichen Konkurrenzmustern etwas breiter sein und den Passagieren somit besseren Komfort zukommen lassen. Fast alle chinesischen Flugzeugproduzenten beteiligen sich an diesem Projekt. Nachdem die C919 voraussichtlich weniger durch technologische Spitzenwerte punkten wird, dürfte vermutlich der günstige Preis das Muster durchaus auch für Kunden außerhalb Chinas attraktiv erscheinen lassen.
Hersteller: COMAC Commercial Aircraft Corporation of China Ltd., Endmontage bei Shanghai Aircraft Manufacturing Co. Ltd., Shanghai, Volksrepublik China.

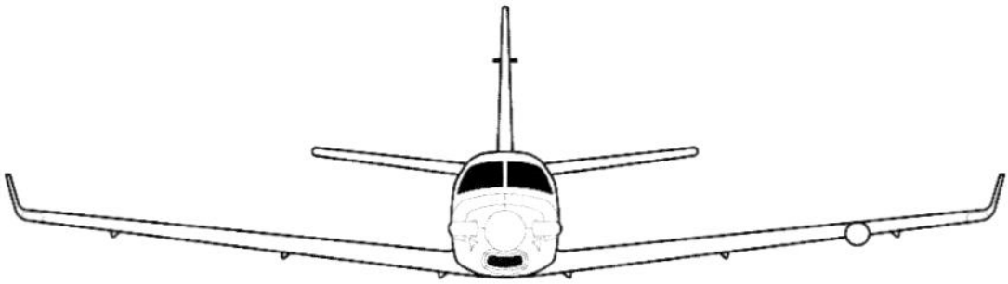

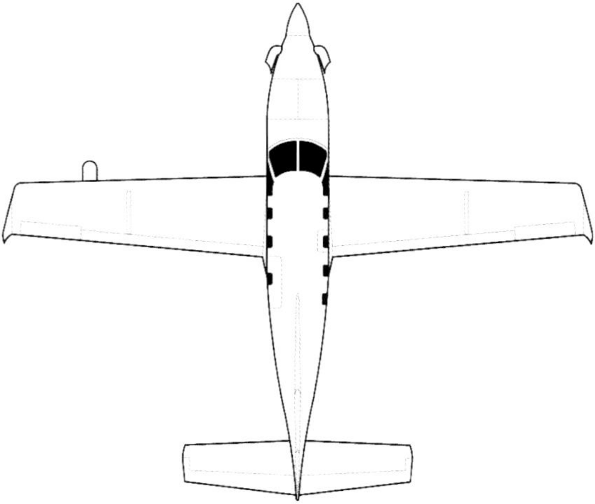

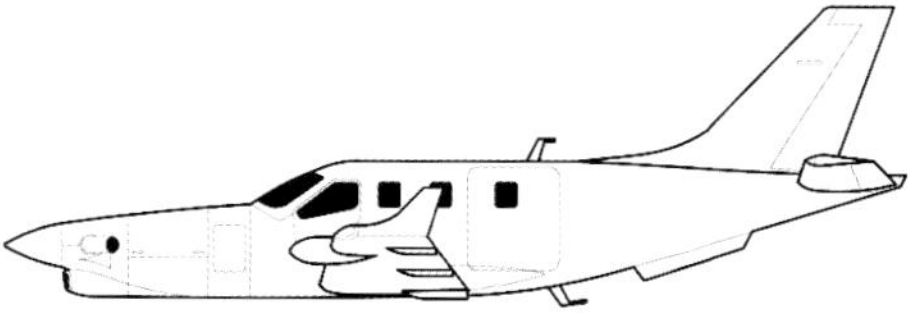

Abmessungen:
Spannweite 12,68 m
Länge 10,64 m
Höhe 4,35 m
Flügelfläche 18,00 m².

DAHER-SOCATA TBM 900

Ursprungsland: Frankreich.
Kategorie: Leichtes Mehrzweckflugzeug.
Triebwerke: Eine Propellerturbine Pratt & Whitney Canada PT6A-66D von 850 WPS (633 kW) Leistung.
Leistungen: Maximale Reisegeschwindigkeit 611 km/h auf 8530 m; Anfangssteiggeschwindigkeit 11,7 m/Sek; Dienstgipfelhöhe 9449 m; Reichweite mit max. Treibstoffzuladung 3200 km.
Gewichte: Leer 2132 kg; max. Startgewicht 3370 kg.
Zuladung: Ein bis zwei Piloten und bis zu sechs Passagiere. »Club«-Version mit vier Passagiersitzen und Mittelgang. Nutzlast bei max. Reichweite 385 kg, max. Nutzlast 605 kg.
Entwicklungsstand: Der Hersteller lancierte die neueste Ausführung TBM 900 im März 2014. Mit den Auslieferungen begann man kurz darauf. Bis Ende 2014 sollen bereits 50 Einheiten ausgeliefert worden sein. Die Vorgängerversion TBM 850 flog erstmals im Februar 2005, gefolgt vom ersten Serienflugzeug im Januar 2006. Von allen Mustern der TBM-Reihe (700, 850 und 900) waren bis Dezember 2014 700 Maschinen hergestellt.
Bemerkungen: Die TBM 900 ist die aktuellste Weiterentwicklung der TBM-Reihe. Sie übernimmt wesentliche Elemente der Vorgängerin TMB 850, u. a. Triebwerk, Abmessungen und Kabine. Dank aerodynamischer Verfeinerungen, Winglets an den Flügeln und weiterer Optimierungen konnte die maximale Reisegeschwindigkeit angehoben werden und die Reichweite ist verbessert. Dies alles bei reduziertem Treibstoffverbrauch. Die TBM 900 benötigt kürzere Start- und Landestrecken. Wesentlich zur Leistungsverbesserung tragen die von 700 WPS auf 850 WPS erhöhte Startleistung des Triebwerks sowie der neue lärmarme Fünfblatt-Rotor bei. Die TBM 900 soll gemäß Hersteller das schnellste druckbelüftete Propellerturbinen-Flugzeug in ihrer Klasse sein. Im Cockpit ist ein neuer geneigter Instrumentenpanel eingebaut. Eine Basisausführung kostet US$ 3,7 Mio.
Hersteller: Daher-Socata, Werk Tarbes, Suresnes, Frankreich.

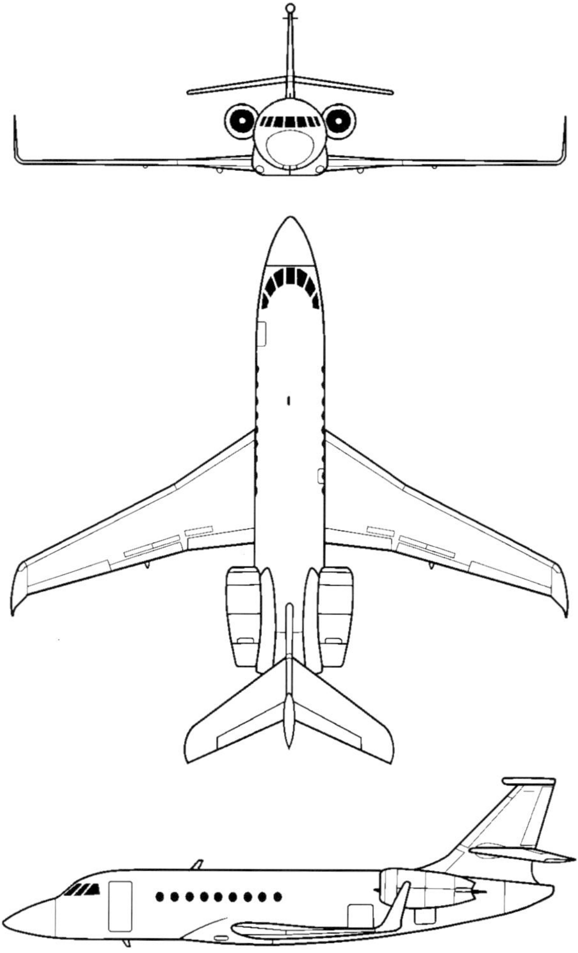

Abmessungen:
Spannweite 21,38 m
Länge 20,23 m
Höhe 7,06 m
Flügelfläche 49,02 m^2.

DASSAULT FALCON 2000LX/S/LXS

Ursprungsland: Frankreich.
Kategorie: Firmenflugzeug.
Triebwerke: Zwei Mantelstromtriebwerke Pratt & Whitney Canada PW308C von je 3175 kp (31,13 kN) Standschub.
Leistungen: Max. Reisegeschwindigkeit auf 11890 m 903 km/h (Mach 0,85); Anfangssteiggeschwindigkeit 17,4 m/Sek; Dienstgipfelhöhe 14300 m; Reichweite mit sechs Passagieren und NBAA-Reserven (LX/LXS) 7410 km, (S) 6200 km.
Gewichte (LX/S): Rüstgewicht 11250/11227 kg; max. Startgewicht 19142/18688 kg.
Zuladung: Zwei Piloten im Cockpit und je nach Innenausstattung acht bis zwölf Passagiere in der Kabine, bei enger Bestuhlung 19 Passagiere; (LXS) Nutzlast bei maximaler Treibstoffzuladung 993 kg.
Entwicklungsstand: Erstflug des Erprobungsmusters Falcon 2000 am 4. März 1993. Zulassung und Beginn der Ablieferungen an Kunden im Februar 1995. Die Ausführung 2000LX flog erstmals im Frühjahr 2007, die neueste Version 2000S am 14. Februar 2011. Die Zulassung erfolgte Mitte 2013. Ende 2013 wurde die 500. aller bisher gebauten Falcon 2000-Varianten gebaut. Die Jahresproduktion beläuft sich derzeit auf etwa 20 aller Versionen.
Bemerkungen: Die Falcon 2000 verfügt über den gleichen komfortablen Rumpfquerschnitt mit durchgehender Stehhöhe wie die Falcon 900 (siehe Seiten 150/151). Die Kabine ist aber mit 9,46 m Länge etwas kürzer. Dank nur zwei Triebwerken kann die Falcon 2000 deutlich wirtschaftlicher betrieben werden. Alle seit 2004 gebauten Falcon 2000 sind mit dem interaktiven Cockpit-Management-System »EASy« versehen. Als Option ist ein HUD erhältlich. Derzeit bietet Dassault die Versionen 2000LX, 2000S und neu die 2000LXS an. Die 2000S als preiswerteste Variante gibt es nur mit einer standardisierten Inneneinrichtung. Damit lässt sich der Kaufpreis auf rund US$ 27,7 Mio. reduzieren, gegenüber jenem der 2000LX mit rund US$ 33 Mio. 2012 lancierte Dassault die Falcon 2000LXS, welche die LX ab 2014 abgelöst hat. Dank neuen Vorflügeln entlang des ganzen Flügels verbessern sich die Startleistungen. Das max. Abfluggewicht beläuft sich auf 19414 kg. Die Passagierkabine wurde zudem überarbeitet.
Hersteller: Dassault Falcon Jet Corporation, Werk Bordeaux-Mérignac, St. Cloud, Frankreich.

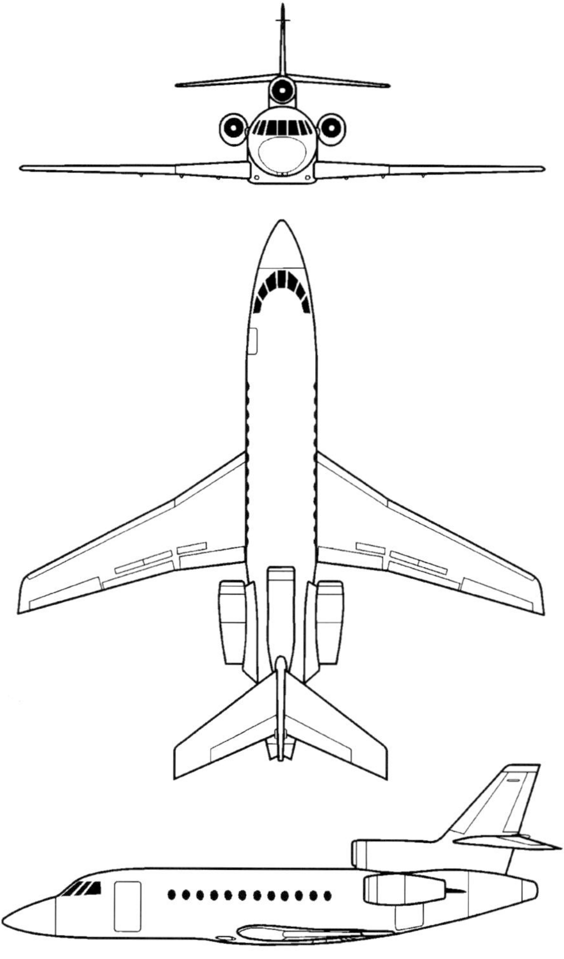

Abmessungen:
Spannweite 21,38 m
Länge 20,21 m
Höhe 7,55 m
Flügelfläche 49,03 m².

DASSAULT FALCON 900LX

Ursprungsland: Frankreich.
Kategorie: Firmenflugzeug.
Triebwerke: Drei Mantelstromtriebwerke Honeywell TFE731-60 von je 2268 kp (22,24 kN) Standschub.
Leistungen: Höchstgeschwindigkeit 924 km/h auf 10975 m (Mach 0,87); max. Reisegeschwindigkeit 881 km/h auf 11890 m (Mach 0,84); Langstrecken-Reisegeschwindigkeit 788 km/h; Dienstgipfelhöhe 15545 m; Reichweite mit sechs Passagieren, maximaler Treibstoffzuladung und IFR-Reserven 7590 km; max. Reichweite 8800 km.
Gewichte: Rüstgewicht 14000 kg; max. Startgewicht 22225 kg.
Zuladung: Zwei Piloten und je nach Innenausstattung 8 bis 14 Passagiere. Maximale Passagierkapazität 19 Personen in Dreierreihen; max. Nutzlast 2170 kg.
Entwicklungsstand: Erstflug des ersten Prototypen der Falcon 900 am 21. September 1984, gefolgt vom ersten Serienflugzeug im März 1986. Seither wurde der Typ immer weiter entwickelt. Ende 2014 waren über 500 Falcon 900 bestellt und zum größten Teil abgeliefert. 230 davon betrafen die Ausführungen 900EX und 900DX. Die Version LX ist seit Mitte 2010 erhältlich. Derzeit wird nur noch diese Ausführung gebaut. Die aktuelle Jahresproduktion ist nicht bekannt, dürfte aber angesichts der neueren Modelle von Dassault laufend geringer werden.
Bemerkungen: Die neueste Variante 900LX zeichnet sich insbesondere durch den verlängerten und an mehreren Stellen verstärkten Flügel mit Winglets aus. Zudem sind einige aerodynamische Modifikationen vorgenommen worden. Dank dieser Maßnahmen steigert sich die Reichweite um 7%, aber auch die Steigleistungen konnten verbessert werden. Die Innenmaße sind gegenüber der Dassault 2000S/LX (siehe Seiten 148/149) mit Ausnahme der Länge von 10,11 m unverändert. Eine verbesserte Variante des Avionik-Systems EASy, die EASy II, wird bei der 900LX verwendet. Dassault nennt für die Basisausführung einen Preis von US$ 42 Mio. Basierend auf der 900DX offeriert der Hersteller auch eine Seeaufklärervariante 900MPA mit einem Suchradar Ocean Master von Thales. Aufträge sind bisher aber noch keine eingetroffen.
Hersteller: Dassault Falcon Jet Corporation, Werk Bordeaux-Mérignac, St. Cloud, Frankreich.

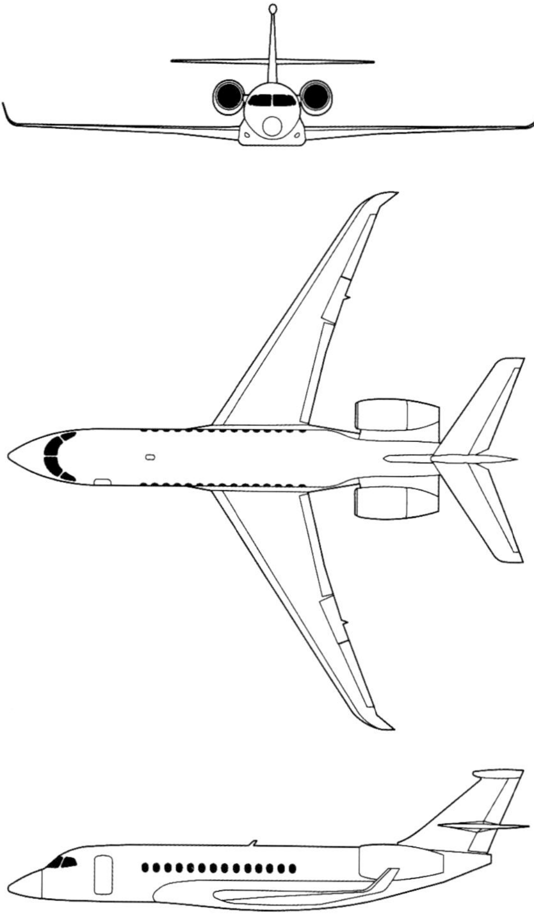

Abmessungen:
Spannweite 25,94 m
Länge 25,17 m
Höhe 7,47 m
Flügelfläche 72,37 m².

DASSAULT FALCON 5X

Ursprungsland: Frankreich.
Kategorie: Firmenflugzeug.
Triebwerke: Zwei Mantelstromtriebwerke Safran Snecma Silvercrest 1D von je 5193 kp (50,93 kN) Standschub.
Leistungen (nach Angaben des Herstellers): Max. Reisegeschwindigkeit Mach 0,90; normale Reisegeschwindigkeit Mach 0,85; Dienstgipfelhöhe 15554 m; Reichweite mit acht Passagieren und NBAA-Reserven bei Mach 0,80 9630 km.
Gewichte (nach Angaben des Herstellers): Rüstgewicht 19731 kg; max. Startgewicht 31570 kg.
Zuladung: Zwei Piloten im Cockpit und je nach Innenausstattung acht bis zwölf Passagiere, bei dichter Bestuhlung bis zu 16 Passagiere.
Entwicklungsstand: Der erste von drei Prototypen soll Anfang 2015 die Flugerprobung aufnehmen. Erste Kundenauslieferungen sind für Anfang 2017 geplant.
Bemerkungen: Im Segment der höherpreisigen mittelgroßen Businessjets will Dassault mit der 5X eine neue Qualität anbieten. Es handelt sich um ein vollständig neues Muster mit einem vergrößerten Rumpfquerschnitt. So beträgt die Kabinenhöhe nun 1,98 m, die Breite 2,58 m. Die Länge beläuft sich auf 11,79 m. Besonderen Augenmerk ist der Kabine gewidmet. Sie soll besonders komfortabel und luxuriös ausfallen. 28 große Fenster ermöglichen einen guten Ausblick. In der Kabine werden die neuesten technischen Entwicklungen eingebaut, besonders was die Kommunikation angeht. Flügel und das Fly-By-Wire Digital Flight Control System sind neu, beides Eigenentwicklungen von Dassault. Honeywell liefert eine neue, voll digitalisierte Generation des EASy-Systems der dritten Generation mit Head-Up-Display von Elbit. Alle technologischen Maßnahmen zusammen sollen einen sehr wirtschaftlichen Betrieb ermöglichen. Auch die 5X kann auf vergleichsweise kurzen Pisten starten und landen. Vorläufig wurde ein Kaufpreis von US$ 45 Mio. genannt. Dassault plant, basierend auf der 5X, eine ganze Reihe von Neuentwicklungen.
Hersteller: Dassault Falcon Jet Corporation, Werk Bordeaux-Mérignac, St. Cloud, Frankreich.

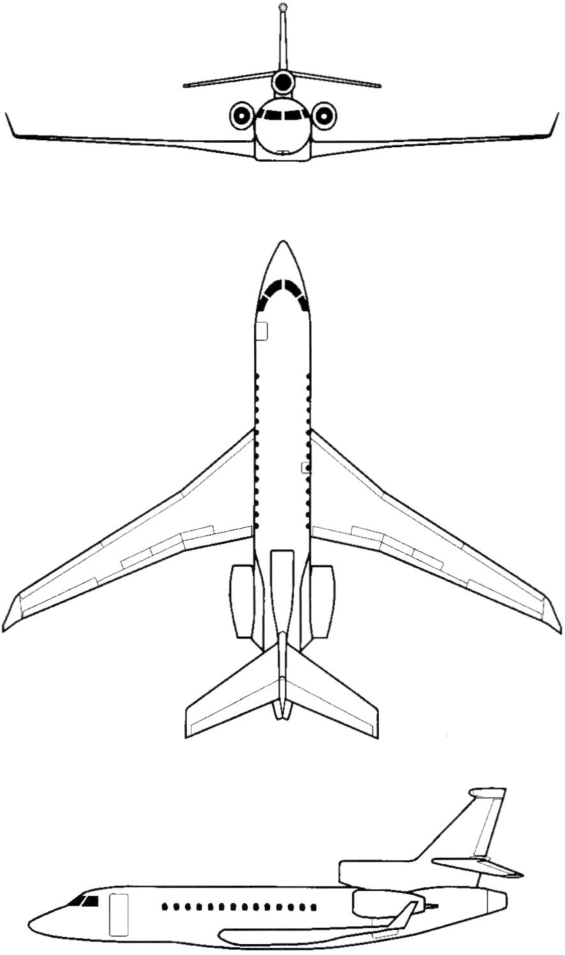

Abmessungen:
Spannweite 26,21 m
Länge 23,19 m
Höhe 7,83 m
Flügelfläche 70,70 m².

DASSAULT FALCON 7X

Ursprungsland: Frankreich.
Kategorie: Langstrecken-Firmenflugzeug.
Triebwerke: Drei Mantelstromtriebwerke Pratt & Whitney Canada PW307A von je 2900 kp (28,47 kN) Standschub.
Leistungen: Max. Reisegeschwindigkeit Mach 0,90; Langstreckenreisegeschwindigkeit Mach 0,80; Dienstgipfelhöhe 15554 m; Reichweite mit acht Passagieren und NBAA-Reserven bei Mach 0,80 11119 km.
Gewichte: Leergewicht 15545 kg; max. Startgewicht 31820 kg.
Zuladung: Zwei Piloten im Cockpit und je nach Innenausstattung acht bis zwölf Passagiere in der Kabine, bei enger Bestuhlung 19 Passagiere; Nutzlast bei max. Treibstoffzuladung 1355 kg.
Entwicklungsstand: Die Dassault Falcon 7X absolvierte den Erstflug am 5. Mai 2005, gefolgt von einer zweiten am 5. Juli 2005. Bis Ende 2014 waren etwa 250 Maschinen ausgeliefert.
Bemerkungen: Mit der Falcon 7X baut Dassault sein Angebot an Businessjets im obersten Segment aus. Der Rumpf ist gegenüber der Falcon 900 (siehe Ausgabe 2010) um 2,98 m länger. Bei gleichem Kabinenquerschnitt misst der Passagierraum nun 11,90 m. Dem Komfort wurde größte Aufmerksamkeit geschenkt. So ist der Lärmpegel nochmals reduziert worden. Auch die Klimatisierung wurde verbessert. Mit rund 4,45 m³ ist der Gepäckraum sehr großzügig ausgefallen. Ganz neu ist der Flügel, welcher für aeroelastische Effekte optimiert wurde, sehr hohe Reisegeschwindigkeiten ermöglicht, die guten Langsamflugeigenschaften jedoch beibehält. Im Vergleich zur Falcon 900EX weist er eine um 44% größere Fläche auf und ist um 5° stärker gepfeilt. Wie alle neuen Falcons ist auch die 7X mit dem »EASy«-Cockpit ausgerüstet. Gesteuert wird mit einem Fly-By-Wire-System. Anstelle von Steuerhörnern sind Sidesticks eingebaut. Dank der leistungsstarken Triebwerke zählt die Falcon 7X derzeit zu den schnellsten Businessjets ihrer Klasse. Dassault gibt einen Listenpreis von mittlerweile US$ 50 Mio. an.
Hersteller: Dassault Falcon Jet Corporation, Werk Bordeaux-Mérignac, St. Cloud, Frankreich.

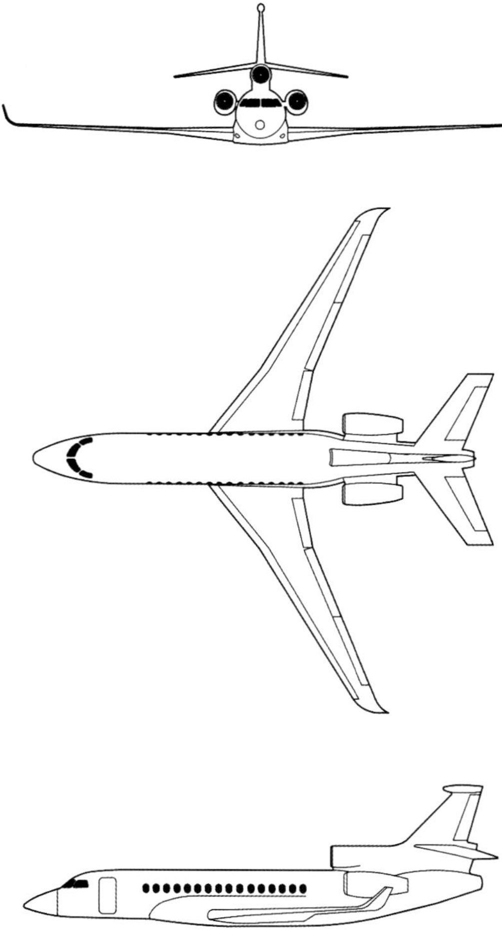

Abmessungen:
Spannweite 26,29 m
Länge 24,46 m
Höhe 7,94 m
Flügelfläche 70,70 m².

DASSAULT FALCON 8X

Ursprungsland: Frankreich.
Kategorie: Langstrecken-Firmenflugzeug.
Triebwerke: Drei Mantelstromtriebwerke Pratt & Whitney Canada PW307D von je 3050 kp (29,90 kN) Standschub.
Leistungen (nach Angaben des Herstellers): Max. Reisegeschwindigkeit Mach 0,90; Langstreckenreisegeschwindigkeit Mach 0,80; Dienstgipfelhöhe 15554 m; Reichweite mit acht Passagieren und NBAA-Reserven bei Mach 0,80 11945 km.
Gewichte: Rüstgewicht 18598 kg; max. Startgewicht 33113 kg.
Zuladung: Zwei bis drei Piloten im Cockpit und je nach Innenausstattung acht bis zwölf Passagiere in der Kabine, bei enger Bestuhlung 19 Passagiere.
Entwicklungsstand: Der erste Prototyp hatte den Roll-out am 17. Dezember 2014. Er soll Ende des ersten Quartals 2015 die Flugerprobung aufnehmen. Insgesamt sind drei Prototypen geplant. Dassault rechnet, die ersten Kundenablieferungen im zweiten Semester 2016 vornehmen zu können. Der aktuelle Bestellungsstand ist nicht bekannt.
Bemerkungen: Die Falcon 8X ist, was Größe und Reichweite angeht, das Flaggschiff der Dassault-Werke. Gegenüber der Falcon 7X (siehe Seiten 154/155) ist der Rumpf um 1,27 m verlängert. Dies kommt vor allem der Kabine zugute, deren Innenlänge bei gleichem Durchmesser 13,00 m beträgt. Besondere Beachtung wurde der Inneneinrichtung geschenkt und neue Standards gesetzt. So sollen die neuesten technischen Errungenschaften eingebaut sein. Je nach Kundenwunsch können bis zu 30 verschiedene Einrichtungsvarianten bestellt werden, einschließlich einer mit einer Dusche. Dank insgesamt 34 größerer Fenster ist der Blick nach außen besser. Eingebaut ist eine verbesserte Version des Triebwerks der Falcon 7X. Zusammen mit den Optimierungen am Flügel soll eine gegenüber Konkurrenzmustern bessere Wirtschaftlichkeit erzielt werden. Auch das Cockpit wurde aktualisiert und verfügt nun über ein Head-Up-Display. Die Falcon 8X kommt mit einer Startstrecke von nur rund 1800 m aus und kann somit auf deutlich mehr Flugplätzen starten und landen als andere Muster der gleichen Kategorie. Der Kaufpreis soll bei US$ 57 Mio. liegen.
Hersteller: Dassault Falcon Jet Corporation, Werk Bordeaux-Mérignac, St. Cloud, Frankreich.

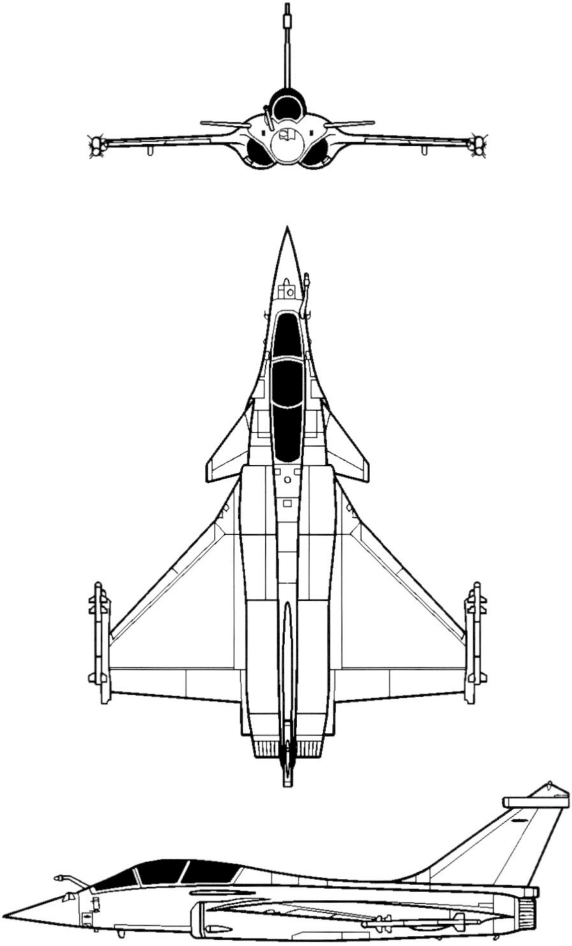

Abmessungen:
Spannweite inkl. Lenkwaffen an den Flügelspitzen 10,90 m
Länge 15,30 m
Höhe 5,34 m
Flügelfläche 45,70 m².

DASSAULT RAFALE F3

Ursprungsland: Frankreich.
Kategorie: Zweisitziges Mehrzweckkampfflugzeug B, einsitziger bordgestützter oder landgestützter Abfangjäger M bzw. C.
Triebwerke: Zwei Mantelstromtriebwerke SNECMA M88-4E von je 5100 kp (50,04 kN) Standschub ohne und 7711 kp (75,61 kN) mit Nachbrenner.
Leistungen: Höchstgeschwindigkeit 2124 km/h über 10975 m (Mach 2,0), 1390 km/h im Tiefflug (Mach 1,15); Anfangssteiggeschwindigkeit 305 m/Sek; Dienstgipfelhöhe 16775 m; taktischer Einsatzradius in Abfangmission mit acht Mica Luft-Luft-Lenkwaffen, einem Zusatztank von 1700 l unter dem Rumpf und je einem von 1300 l unter den Flügeln 1853 km, bei einem Einsatzprofil hoch-tief-tief-hoch mit 12 250-kg-Bomben, vier Mica-Lenkwaffen und Zusatztanks von insgesamt 4300 l 1093 km.
Gewichte: Rüstgewicht (C) 9100 kg, (B) 10000 kg, (M) 9700 kg; max. Startgewicht 19500 bis 24500 kg.
Bewaffnung: Eine 30-mm-GIAT-DEFA-Kanone 791B und eine Waffenlast von max. 9500 kg, verteilt auf (Rafale M) 13, (Rafale C/B) 14 Aufhängepunkte unter Rumpf und Flügeln sowie an den Flügelenden.
Entwicklungsstand: Erstflug des ersten Prototyps am 19. Mai 1991. Die Französische Luftwaffe und die Aéronavale erhalten zusammen nur noch 225 Rafales aller Versionen. Die Luftwaffe Indiens bestellte 2012 126 Rafales. Neuester Besteller: Ägypten 24.
Bemerkungen: Fast die gesamte Zelle ist aus Verbundwerkstoffen hergestellt, Rumpfspitze und Heck bestehen aus Kevlar. Die Steuerung erfolgt nach dem Fly-By-Wire-Prinzip. Alle seit 2009 produzierten Maschinen entsprechen dem Standard F3, welche primär dank verbesserter Software umfassende Multi-Role-Kapazität aufweisen und neu entwickelte Waffen mitführen können, u.a. seit 2011 auch einen Aufklärungsbehälter AREOS Reco. Im September 2012 wurde die erste Rafale F3 mit dem neuen zweidimensionalen Breitbandradar AESA RBE-2 mit aktiv elektronisch scannender Antenne ausgeliefert. Unter der Bezeichnung Rafale F3R entwickelt Dassault eine neue Version, welche primär Verbesserungen in den Waffensystemen aufweist. Erstflug für 2018 geplant.
Hersteller: Dassault Défense, Vaucresson, Frankreich.

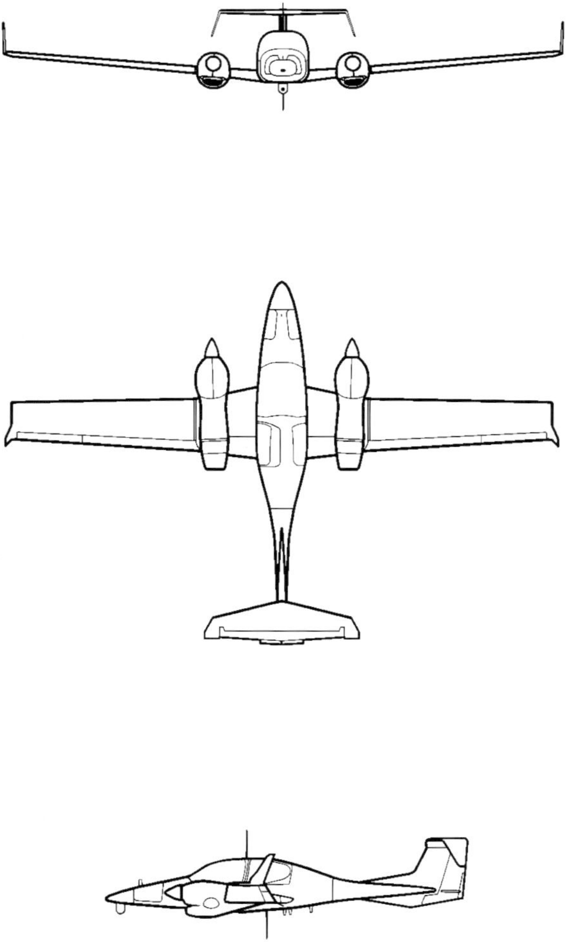

Abmessungen:
Spannweite 13,55 m
Länge 8,56 m
Höhe 2,49 m
Flügelfläche 16,29 m².

DIAMOND DA42 NG/DA42-VI

Ursprungsland: Österreich.
Kategorie: Sport- und Reiseflugzeug; Trainingsflugzeug; bemanntes und unbemanntes Überwachungsflugzeug.
Triebwerke: Zwei flüssigkeitsgekühlte Turbodieselmotoren mit Common-Rail Einspritzung Austro Engine AE300 von je 170 PS (127 kW) Leistung.
Leistungen (DA42 NG/-VI): Maximale Reisegeschwindigkeit 328/365 km/h; normale Reisegeschwindigkeit bei 60% Leistung 278 km/h km/h; (DA42-VI) Reisegeschwindigkeit bei 75 % Leistung 326 km/h; Anfangssteigeschwindigkeit 5,5/7,1 m/Sek; Dienstgipfelhöhe 5486 m; Reichweite bei 60% Leistung 1335/1470 km, mit optionalem Zusatztank 2041/2245 km.
Gewichte (DA42 NG/-VI): Leergewicht 1430/1410 kg; max. Startgewicht 1900/1999 kg.
Zuladung (DA42 NG/-VI): Vier Personen einschließlich des Piloten; max. Zuladung 470/590kg.
Entwicklungsstand: Der Prototyp DA42 nahm am 9. Dezember 2002 die Flugerprobung auf. Erste Auslieferungen erfolgten im zweiten Semester 2004. Rund 600 aller Versionen sind bis Ende 2014 hergestellt worden. Nebst den Spezialausführungen wie DA42 MPP werden derzeit die Varianten DA42 NG und DA42-VI gebaut.
Bemerkungen: Die aktuellste Ausführung ist die DA42-VI. Bei etwas geringerem Leergewicht weist sie generell bessere Flugleistungen auf. Diamond bietet zudem mehrere Überwachungsvarianten an, u.a. die DA42 MPP Guardian (siehe Dreiseitenriss) mit dem sog. OPALE-System in der Rumpfnase. Sie verfügt über diverse Sensoren und Seitenscheiben mit Auswölbungen zur besseren Beobachtung. Im Frühjahr 2009 startete die unbemannte DA42 Dominator 2 zum Erstflug. Sie soll in der Lage sein, ununterbrochen 28 Std. in der Luft zu verbleiben. Neu gibt es die Version Centaur, wahlweise mit oder ohne Pilot (sog. OPA, Optionally-Piloted Aircraft) einsetzbar. Derzeit fliegt ein Erprobungsmuster mit einem 4-Achsen-Fly-By-Wire-Steuerungssystem. Ganz neu ist eine DA42 als SIGINT-Plattform für Funkaufklärung, welche zusammen mit der britischen QinetiQ entwickelt wurde.
Hersteller: Diamond Aircraft Industries GmbH, Flugplatz Wiener-Neustadt Ost, Österreich.

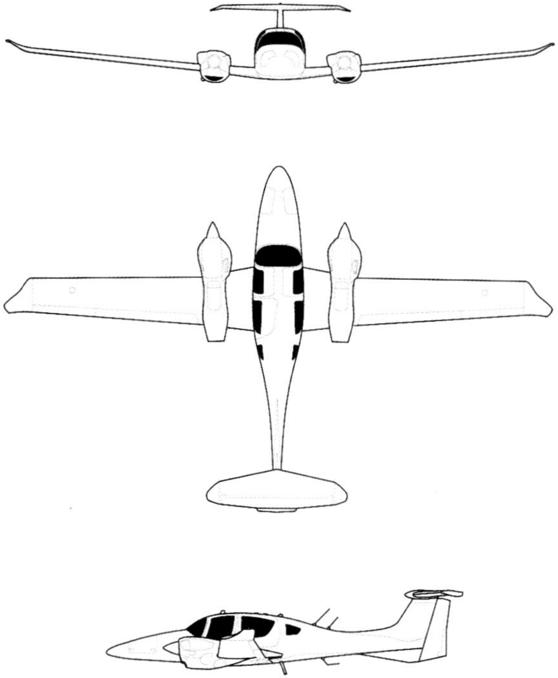

Abmessungen:
Spannweite 14,70 m
Länge 9,19 m
Höhe 2,82 m
Flügelfläche 16,29? m².

DIAMOND DA62

Ursprungsland: Österreich.
Kategorie: Sport- und Reiseflugzeug.
Triebwerke: Zwei flüssigkeitsgekühlte Turbodieselmotoren mit Common-Rail Einspritzung Austro Engine AE300 von je 180 PS (134 kW) Leistung.
Leistungen (vorläufige Daten): Maximale Reisegeschwindigkeit 372 km/h auf 4872 m; normale Reisegeschwindigkeit bei 75% Leistung 340 km/h; Anfangssteiggeschwindigkeit 9,1 m/Sek; Dienstgipfelhöhe 6097 m; maximale Reichweite 2433 km.
Gewichte: Leergewicht 1495 kg; max. Startgewicht bis zu 2300 kg.
Zuladung: Vier bis sieben Personen einschließlich des Piloten; max. Zuladung 805 kg.
Entwicklungsstand: Ein erstes noch als DA52 bezeichnetes Erprobungsmuster flog erstmals am 3. April 2012. Zurzeit fliegen zwei Prototypen. Mit den Auslieferungen der neu als DA62 bezeichneten Maschine soll im Laufe von 2015 begonnen werden. Der Bestellungsstand ist derzeit unbekannt.
Bemerkungen: Die DA62 verbindet die Flügel der DA42 mit dem Rumpf der einmotorigen DA50 (siehe Ausgabe 2008). Letzteres Projekt wurde nicht mehr weiter verfolgt. Ein Vorteil der DA62 sind die besseren Platzverhältnisse. Das großzügig gestaltete Interieur ermöglicht ein angenehmes Raumgefühl und mehr Beinfreiheit. Auf beiden Seiten des Rumpfes ist gegenüber der DA42 ein weiteres Fenster eingebaut. Die DA62 erzielt zudem deutlich bessere Flugleistungen. Der gesamte Rumpf besteht aus Fiber-Verbundwerkstoffen und zeichnet sich durch eine hohe Dauerhaftigkeit und Sicherheit aus. Im Cockpit ist die neueste Garmin G1000-Avionik eingebaut
Hersteller: Diamond Aircraft Industries GmbH, Flugplatz Wiener-Neustadt Ost, Österreich.

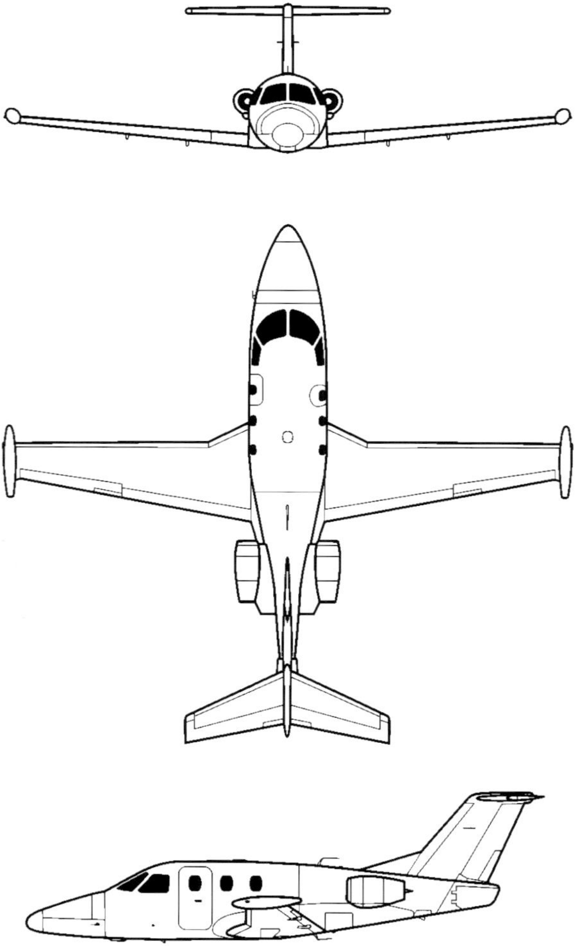

Abmessungen:
Spannweite inkl. Flügelmitteltanks 11,60 m
Länge 10,20 m
Höhe 3,40 m
Flügelfläche 13,43 m^2.

ECLIPSE AVIATION ECLIPSE 550

Ursprungsland: USA.
Kategorie: Sport-, Taxi- und Firmenflugzeug.
Triebwerke: Zwei Mantelstromtriebwerke Pratt & Whitney Canada PW610F von je 408 kp (4,00 kN) Standschub.
Leistungen: Max. Reisegeschwindigkeit 694 km/h; Anfangssteiggeschwindigkeit 17,4 m/Sek; Zeit um 11275 m zu erreichen 25 Min; Dienstgipfelhöhe 12500 m; max. Reichweite mit vier Passagieren unter IFR-Bedingungen 2080 km.
Gewichte: Leergewicht 1648 kg; max. Startgewicht 2722 kg.
Zuladung: Pilot und drei bis fünf Passagiere; max. Nutzlast 1074 kg.
Entwicklungsstand: Der Erstflug des Prototyps fand am 26. August 2002 statt. Das erste mit PW610F-Triebwerken ausgerüstete Modell begann die Flugerprobung am 31. Dezember 2004. Ende 2006 begannen die Auslieferungen an Kunden. Nachdem 270 Maschinen gebaut wurden, musste wegen Konkurs des Herstellers die Produktion eingestellt werden. Aus der Konkursmasse entstand die Nachfolgegesellschaft Eclipse Aerospace, welche mit Unterstützung von Sikorsky Aircraft die überarbeitete Eclipse 550 lancierte. Nach Zulassungs-bedingten Verzögerungen konnte im Dezember 2014 mit den Auslieferungen an Kunden begonnen werden.
Bemerkungen: Das Konzept der Eclipse sieht einen möglichst kostengünstigen und sehr wirtschaftlichen »Volksjet« vor. Die Kunden sollen sich schwergewichtig aus bisherigen Eignern von einmotorigen Sport- und Reiseflugzeugen rekrutieren. Die ganze Konstruktion besteht aus Aluminium. Obwohl aus Kostengründen weitgehend auf Verbundwerkstoffe verzichtet wurde, ist die Eclipse im Verhältnis zur Größe recht leicht. Die Avionik von Avio umfasst u. a. Multifunktions-Anzeigen, ein GPS-basiertes Flight Management System sowie digitale Triebwerkskontrolle FADEC. Gegenüber der Eclipse 500 (siehe Ausgabe 2008) blieb das konstruktive Grundprinzip gleich. Bei der 550 sind jedoch zahlreiche Detailverbesserungen vorgenommen worden. Der Kaufpreis der neuen Version beträgt derzeit US$ 2,9 Mio., doppelt so viel wie die Vorgängervariante.
Hersteller: Eclipse Aerospace Inc., Albuquerque, New Mexico, USA.

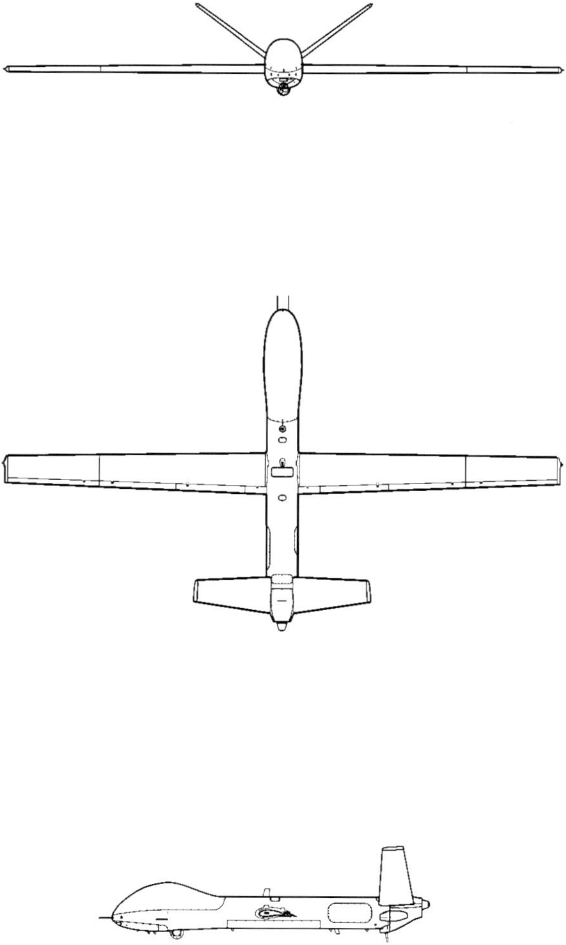

Abmessungen:
Spannweite 15,30 m
Länge 8,30 m.

ELBIT HERMES 900

Ursprungsland: Israel.
Kategorie: Unbemannte Langstrecken-Aufklärungsdrohne für mittlere und große Höhen.
Triebwerke: Ein Kolbentriebwerk Rotax 914 von 100 PS (74,57 kW).
Leistungen: Höchstgeschwindigkeit 220 km/h; Patrouillengeschwindigkeit 112 km/h; Dienstgipfelhöhe 9144 m; max. Flugdauer 36 Std.
Gewichte: Max. Startgewicht 1180 kg.
Zuladung: Aufklärungs- und Elektronikausrüstung bis zu einer Nutzlast von 350 kg im Rumpf. Die Hermes 900 kann auch Außenlasten mitführen.
Entwicklungsstand: Die erste Hermes 900 nahm 9. Dezember 2009 die Flugerprobung auf. Bisher wurde sie von Brasilien, Israel, Chile (3), Kolumbien und Mexico's Bundespolizei bestellt. Genaue Stückzahlen sind nicht bekannt. Die Schweiz prüft die Beschaffung von sechs Hermes 900.
Bemerkungen: Die Hermes 900 basiert auf der 450 (siehe Ausgabe 2012). Sie ist aber wesentlich leistungsfähiger und kann eine größere Nutzlast auf längere Distanzen mitführen. Sie vertritt die neueste Generation von UAV's. Das Haupteinsatzspektrum dieser mittelgroßen Drohne sind lang dauernde taktische Missionen auf mittlerer bis großer Höhe. Dies umfasst u.a. Zielerfassungen (ISTAR) und -anpassungen bzw. Feuerunterstützung u.a. für Artilleriesysteme, Patrouilleneinsätze über Land oder Meer, Grenzüberwachungen, Koordinationsaufgaben bei Katastrophen sowie SIGINT- bzw. COMINT- und ELINT-Aufgaben. Dazu kann die Hermes 900 mit verschiedenen Aufklärungs- und Überwachungssystemen ausgerüstet werden. Alle Daten werden wie heute üblich via SATCOM-Kommunikationsrelay online auf eine Bodenstation übertragen. Die Elbit Hermes 900 startet, fliegt und landet völlig autonom und kann bei jedem Wetter eingesetzt werden, dies auch integriert mit dem zivilen Flugverkehr. Um die hohen Reichweitenleistungen zu erreichen, verfügt die Hermes 900 über ein Einziehfahrwerk. Seit 2014 fliegt auch eine speziell für Seeüberwachungsaufgaben entwickelte Variante mit einem Überwachungsradar und weiteren elektronischen Überwachtungssystemen. Alle können via SATCOM Verbindung zur Bodenstation aufnehmen.
Hersteller: Elbit Systems Ltd., Haifa, Israel.

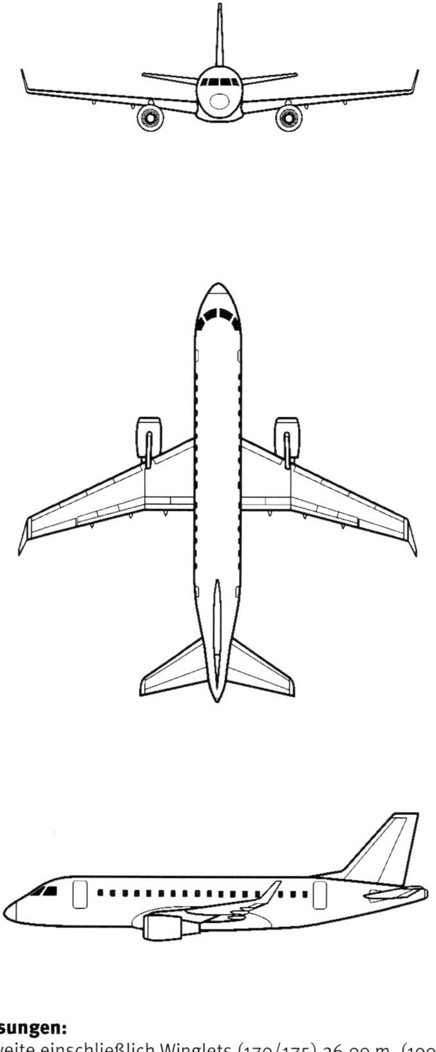

Abmessungen:
Spannweite einschließlich Winglets (170/175) 26,00 m, (190/195) 28,72 m
Länge (170) 29,90 m, (175) 31,67 m, (190) 36,24 m, (195) 38,65 m
Höhe (170/175) 9,67 m, (190/195) 10,55 m
Flügelfläche (170/15) 72,72 m^2, (190/195) 92,50 m^2.

EMBRAER 170/175/190/195

Ursprungsland: Brasilien.
Kategorie: Regionalverkehrsflugzeug.
Triebwerke: Zwei Mantelstromtriebwerke General Electric (170/175) CF34-8E von je 6250 kp (62,27 kN) bzw. (190/195) CF34-10E von 8391 kp (82,3 kN) Standschub.
Leistungen: Max. Reisegeschwindigkeit 870 km/h (Mach 0,82); Dienstgipfelhöhe 11890 m; Reichweite bei voller Passagierzahl (170STD) 3334 km, (175SLR) 3519 (190) 3119 km, (190LR) 4074 km. (195) 3334 km.
Gewichte (170STD/175LR/190LR/195LR): Rüstgewicht 20940/21840/28080/28970 kg; max. Startgewicht 35990/38790/50300/50790 kg.
Zuladung (170/175/190/195): Zwei Piloten und bei Zweiklassenbestuhlung 70/78/94/96 bzw. mit Einheitsklasse 86/86/98 bis 106 bzw. 108 bis 118 Passagiere in Viererreihen mit Mittelgang. Max. Nutzlast 9000/9890/12720/13530 kg.
Entwicklungsstand: Der erste Prototyp 170 nahm die Flugerprobung am 19. Februar 2002 auf, gefolgt von der ersten 175 am 14. Juni 2003. Am 29. Februar 2004 erhob sich die 190 von EMBRAER erstmals in die Lüfte. Mit den Auslieferungen wurde Anfang 2004 begonnen. Der Auftragsbestand aller Ausführungen belief sich Ende 2014 auf rund 1339 Einheiten (+ Optionen). Im Dezember 2014 wurde die 1100. Maschine abgeliefert. Von den verschiedenen E2-Versionen sind bisher 210 bestellt.
Bemerkungen: Mittlerweile umfasst die E-Jet-Familie mehrere Ausführungen (170/175/190/195 bzw. deren LR-Versionen). Diese sind in früheren Ausgaben von Flugzeuge der Welt beschrieben. Zudem gibt es eine Businessjet-Variante Lineage (siehe Ausgabe 2012). Mitte 2013 lancierte EMBRAER die Weiterentwicklungen der E-Jet-Reihe, E2 genannt. Geplant sind basierend auf ihre jeweilige Ursprungsvariante drei Modelle: E175-E2, E190-E2, E195-E2. Neu bei allen sind die Triebwerke Pratt & Whitney PW1000G neuester Technologie sowie ein völlig überarbeiteter Flügel aus Aluminium. Die bisherige Avionik wird im Cockpit durch Honeywell's Primus Epic 2 ersetzt. Von allen diesen Maßnahmen verspricht sich der Hersteller eine Reduktion des Treibstoffverbrauchs von zwischen 16 und 23%. Der Prototyp soll 2016 erstmals fliegen, die ersten E2-Jets 2018 in Dienst gestellt werden.
Hersteller: EMBRAER (Emprêsa Brasileira de Aeronautica SA), Sao José dos Campos, Brasilien.

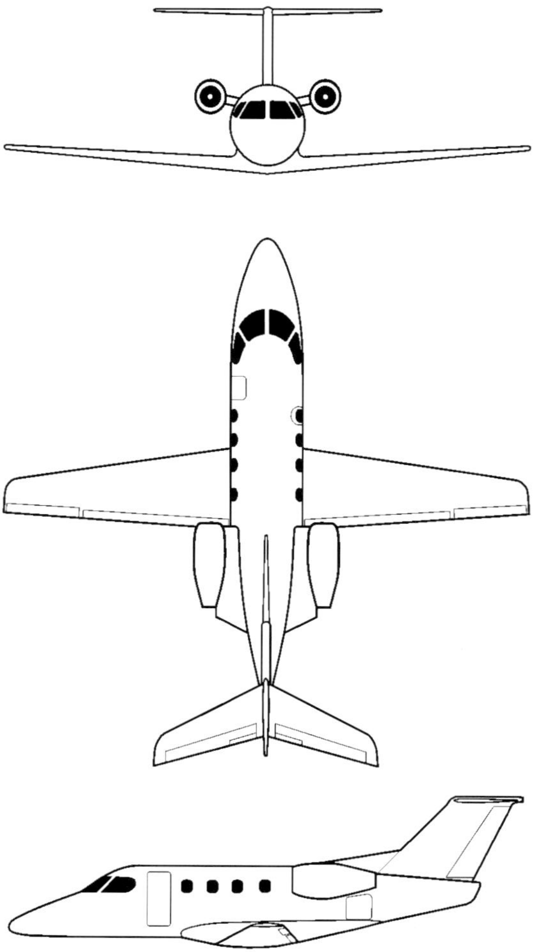

Abmessungen:
Spannweite 12,30 m
Länge 12,82 m
Höhe 4,35 m
Flügelfläche 18,80 m^2.

EMBRAER PHENOM 100

Ursprungsland: Brasilien.
Kategorie: Leichtes Firmenflugzeug.
Triebwerke: Zwei Mantelstromtriebwerke Pratt & Whitney Canada PW617F-E von je 768 kp (7,53 kN) Standschub.
Leistungen: Max. Reisegeschwindigkeit 722 km/h (Mach 0,70); Dienstgipfelhöhe 12497 m; Reichweite mit vier Passagieren unter IFR-Bedingungen 2182 km, unter VFR-Bedingungen 2450 km.
Gewichte: Rüstgewicht 3235 kg; max. Startgewicht 4750 kg.
Zuladung: Ein bis zwei Piloten im Cockpit und vier bzw. (100E) fünf Passagiere in der Kabine; max. Nutzlast 595 kg.
Entwicklungsstand: Die Phenom 100 erhob sich erstmals am 26. Juli 2007 in die Lüfte. Bisher sind Aufträge für rund 400 Einheiten bekannt gegeben worden, darunter von verschiedenen neu gegründeten Flugtaxiunternehmen. Die Erstauslieferungen begannen nach Erhalt der Zulassung im November 2008. Anfang 2014 wurde die 300. Maschine fertig gestellt. In Melbourne, Florida, USA, hat EMBRAER ein zweites Montagewerk errichtet. Da die Marktlage weiterhin schwierig ist, bleibt die Produktion auf einem deutlich tieferen als dem geplanten Niveau.
Bemerkungen: Mit den leichten und kostengünstigen Modellen Phenom 100 und 300 will sich EMBRAER im unteren Segment der Firmen- und Taxiflugzeuge mit neuen Lösungen einbringen. Die Konstruktion entspricht dem heute üblichen Standard, wobei man dem Komfortaspekt große Beachtung schenkt. So verfügt die Phenom 100 über die größte Kabine in ihrer Klasse. Der Querschnitt beläuft sich auf 1,55 m Breite und 1,50 m Höhe. Dank vergleichsweise großen Fenstern soll der Innenraum besonders hell sein. Im Cockpit gelangt die Avionik Garmin G1000 zum Einbau. Obwohl zwischen Phenom 100 und der wesentlich teureren Phenom 300 weitgehend Teilegleichheit besteht, unterscheiden sich die beiden Muster bezüglich Triebwerke, Gewichte und Flugleistungen erheblich. Seit 2013 ist die Phenom 100E mit leicht verbesserter Inneneinrichtung erhältlich. EMBARER verlangt für diese Variante US$ 4,16 Mio.
Hersteller: EMBRAER (Emprêsa Brasileira de Aeronautica SA), Sao José dos Campos, Brasilien und 2. Montagewerk in Melbourne, Florida, USA.

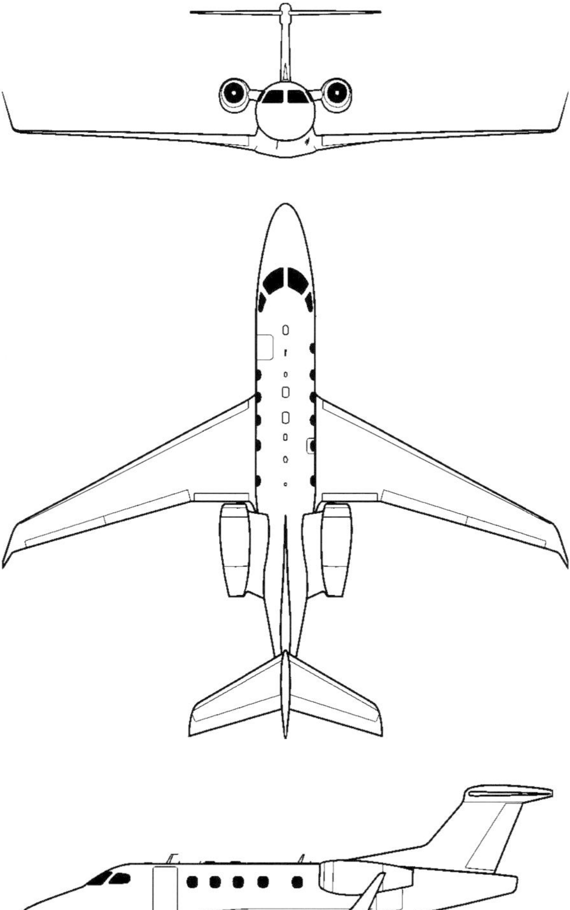

Abmessungen:
Spannweite 15,91 m
Länge 15,64 m
Höhe 5,10 m
Flügelfläche 28,50 m^2.

EMBRAER PHENOM 300

Ursprungsland: Brasilien.
Kategorie: Leichtes Firmenflugzeug.
Triebwerke: Zwei Mantelstromtriebwerke Pratt & Whitney Canada PW535-E von je 1525 kp (15,00 kN) Standschub.
Leistungen: Max. Reisegeschwindigkeit 838 km/h (Mach 0,78); Zeit um 10668 m zu erreichen 12 Min., Dienstgipfelhöhe 13716 m; Reichweite mit sechs Personen unter IFR-Bedingungen 3645 km.
Gewichte: Rüstgewicht 5265 kg, max. Startgewicht 8150 kg.
Zuladung: Ein bis zwei Piloten im Cockpit und sechs Passagiere in der Kabine, einschließlich einer Galley und einer Toilette. Maximal ist Platz für neun Personen vorhanden.
Entwicklungsstand: Die Phenom 300 nahm die Flugerprobung am 29. April 2008 auf. Mit der Erstauslieferung begann der Hersteller Anfang 2010. Bisher sind über 200 gebaut worden. Als derzeit größter Besteller hat die NetJets im Oktober 2010 50 Maschinen (+ 75 Optionen) in Auftrag gegeben. Wie die Phenom 100 wird auch die Phenom 300 zusätzlich in Melbourne, Florida, gebaut. Die Jahresproduktion beider Muster beläuft sich gegenwärtig auf etwa 80 Einheiten.
Bemerkungen: Mit der Phenom 100, der hier beschriebenen Phenom 300 und den Phenom 450, 500 bis hin zur Lineage 1000 entwickelte EMBRAER in kurzer Zeit eine ganze Familie von Businessjets. Sie alle versuchen sich im stark umkämpften Markt dadurch zu positionieren, als sie gegenüber Mitbewerbern preislich eher auf der günstigen Seite liegen. Die Konstruktion entspricht dem heute üblichen Standard, wobei man dem Komfortaspekt große Beachtung schenkt. So verfügt die Phenom 300 über die größte Kabine in ihrer Klasse. Der Querschnitt beläuft sich analog zur Phenom 100 auf 1,55 m Breite und 1,50 m Höhe. Dank vergleichsweise großen Fenstern soll der Innenraum besonders hell sein. Die Inneneinrichtung entstand in Zusammenarbeit mit BMW Group Design Work. Im Cockpit gelangt die Avionik Garmin G1000 zum Einbau. Der Verkaufspreis wurde von EMBRAER auf US$ 8,96 Mio. angesetzt.
Hersteller: EMBRAER (Emprêsa Brasileira de Aeronautica SA), Sao José dos Campos, Brasilien und 2. Montagewerk in Melbourne, Florida, USA.

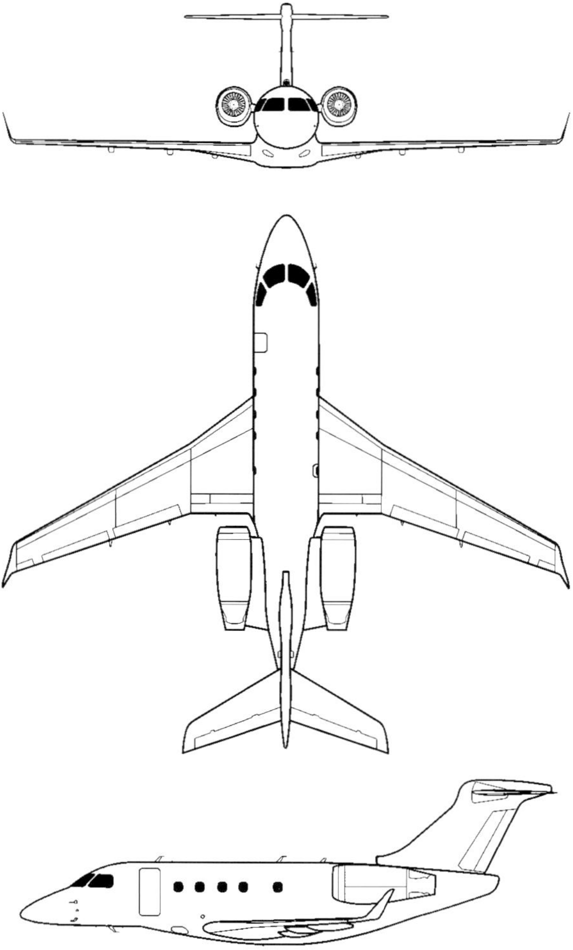

Abmessungen:
Spannweite 20,25 m
Länge (450) 19,68 m, (500) 20,74 m
Höhe 6,44 m
Flügelfläche 40,15 m^2.

EMBRAER LEGACY 450/500

Ursprungsland: Brasilien.
Kategorie: Mittelstrecken-Firmenflugzeuge.
Triebwerke: Zwei Mantelstromtriebwerke Honeywell HFT7500E von je (450) 2757 kp (27,03 kN), (500) 2966 kp (29,09 kN) Standschub.
Leistungen: Max. Reisegeschwindigkeit (500) 863 km/h (Mach 0,83); Zeit um 13100 m zu erreichen 22 Min., Dienstgipfelhöhe 13716 m; Reichweite mit (500) sechs bzw. (450) vier Personen unter IFR-Bedingungen rund (450) 4260 km, (500) 5788 km.
Gewichte: Rüstgewicht (500) 10523 kg; max. Startgewicht (500) 16783 kg; Angaben der 450 noch nicht erhältlich.
Zuladung: Ein bis zwei Piloten im Cockpit und (450) sechs, (500) acht Passagiere in der Kabine, einschließlich einer Galley und einer Toilette. Maximal ist Platz für (450) neun bzw. (500) zwölf Personen vorhanden; max. Nutzlast (beide) 1270 kg, bei max. Treibstoffzuladung (beide) 725 kg.
Entwicklungsstand: Der erste Prototyp Legacy 500 hatte seinen Erstflug am 27. November 2012. Die Legacy 450 folgte am 28. Dezember 2013. Im Oktober wurden die erste Legacy 500 an einen Kunden ausgeliefert. Bis Ende 2014 waren deren sechs gebaut. Die Legacy 450 folgt rund ein Jahr später. Wie viele der beiden Ausführungen bisher bestellt worden sind, ist noch nicht bekannt.
Bemerkungen: Die Legacy 450 und 500 schließen die Lücke im mittleren Segment des Angebots an Business Jets von EMBRAER, womit der Hersteller vom Viersitzer bis zur Lineage 1000 mit bis zu 20 Plätzen das ganze Spektrum von Geschäftsflugzeugen abdecken kann. Beide Versionen sind von neuester Konstruktion und mit modernster Avionik Pro Line Fusion von Collins, Fly-By-Wire-Steuerung, vier Flachbildschirmen im Cockpit mit besonders hoher Auflösung, Sidesticks zum Steuern usw. ausgerüstet. Die komfortable Kabine weist gegenüber Mitwerbern in der gleichen Klasse den größten Querschnitt mit einer Breite von 2,07 m und einer Höhe von 1,83 m auf. Mit der Entwicklung der Inneneinrichtung hat man die BMW Group Design Works in den USA beauftragt. Die 450 und 500 unterscheiden sich sonst nur durch die verschiedenen Rumpflängen und die Leistungswerte der Triebwerke. EMBRAER gibt als Verkaufspreise für die jeweilige Basisversion (450) US$ 16,7 Mio. und (500) US$ 20 Mio. an.
Hersteller: EMBRAER (Emprêsa Brasileira de Aeronautica SA), Sao José dos Campos, Brasilien.

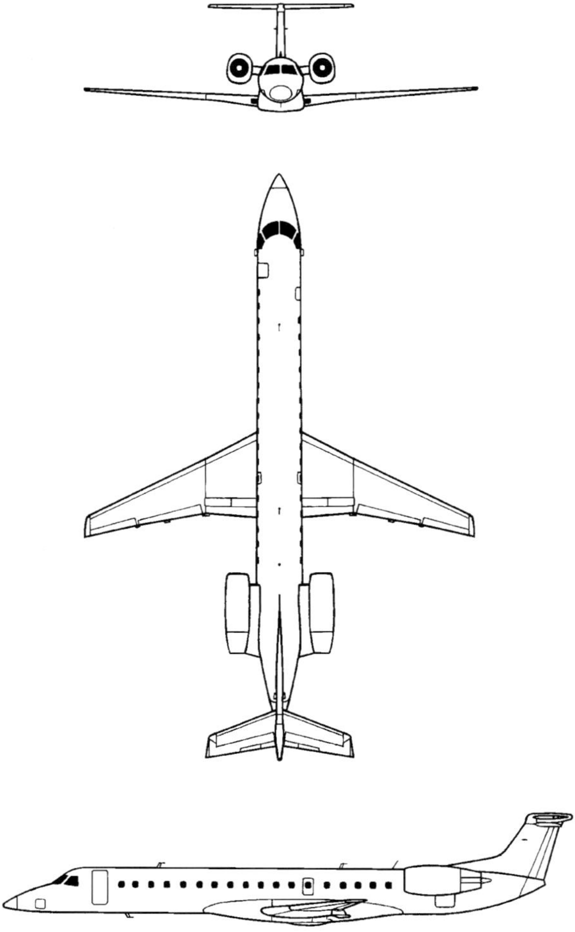

Abmessungen:
Spannweite 21,17 m
Länge 26,33 m, (ERJ-145) 29,87 m
Höhe 6,76 m
Flügelfläche 51,18 m^2.

EMBRAER LEGACY 600/650

Ursprungsland: Brasilien.
Kategorie: Firmenflugzeug.
Triebwerke: Zwei Mantelstromtriebwerke Rolls Royce Allison (600) AE3007-A1E von je 3600 kp (35,38 kN), (650) AE3007A2 von je 4091 kp (40,12 kN) Standschub.
Leistungen: Höchstgeschwindigkeit Mach 0,80; max. Reisegeschwindigkeit 833 km/h (Mach 0,78); Dienstgipfelhöhe 12500 m; Reichweite mit vier Passagieren rund (600) 6290 km, (650) 7220 km.
Gewichte (600/650): Leergewicht 13675/14190 kg; max. Startgewicht 22500/24300 kg.
Zuladung (600/650): Zwei Piloten und je nach Inneneinrichtung bis zu 16 Passagiere, als Corporate Shuttle sogar bis zu 37 Personen; Nutzlast mit vollen Treibstofftanks 653/778 kg, max. 2325/2210 kg.
Entwicklungsstand: Die Businessjet-Version Legacy 600 fliegt seit 31. März 2001, die neueste Ausführung 650 seit 23. September 2009. Ende November 2012 wurde die 200. Einheit abgeliefert. Weiterhin in kleinen Stückzahlen werden die Regionalverkehrsvarianten ERJ-135/ERJ-145 Amazon (siehe Dreiseitenriss und Ausgabe 2006) gebaut. Die ERJ-145 wie auch die Legacy 650 werden auch in der Volksrepublik China hergestellt. Von allen Ausführungen sind bis Ende 2014 über 900 bestellt (+ Optionen), etwa 900 davon abgeliefert worden.
Bemerkungen: Drei Ausführungen sind erhältlich: Eine 10- bis 16-plätzige Executive-Version, ein 16- bis 37-Plätzer Corporate Shuttle sowie eine Variante als Staatsflugzeug. Abgeleitet ist die Legacy von der ERJ-135. Sie weist nebst einer anderen Inneneinrichtung neue Triebwerke auf. Zudem wurde der Frachtraum umgebaut, um einen Zusatztank von 3978 l aufzunehmen. Im Übrigen besteht zum Ausgangsmuster weitgehend Teilegleichheit. Die 2012 vorgestellte Legacy 650 verfügt über stärkere Triebwerke und insbesondere bessere Reichweitenleistungen. Äußerlich kaum zu unterscheiden, sind doch einige wesentliche Veränderungen vorgenommen worden: Zusatztreibstofftank im zentralen Flügelkasten, verstärkter Flügel, neues Betankungssystem, Cockpit-Avionik Honeywell Primus Elite. Der Kaufpreis soll US$ 31,5 Mio. betragen.
Hersteller: EMBRAER (Emprêsa Brasileira de Aeronautica SA), Sao José dos Campos, Brasilien.

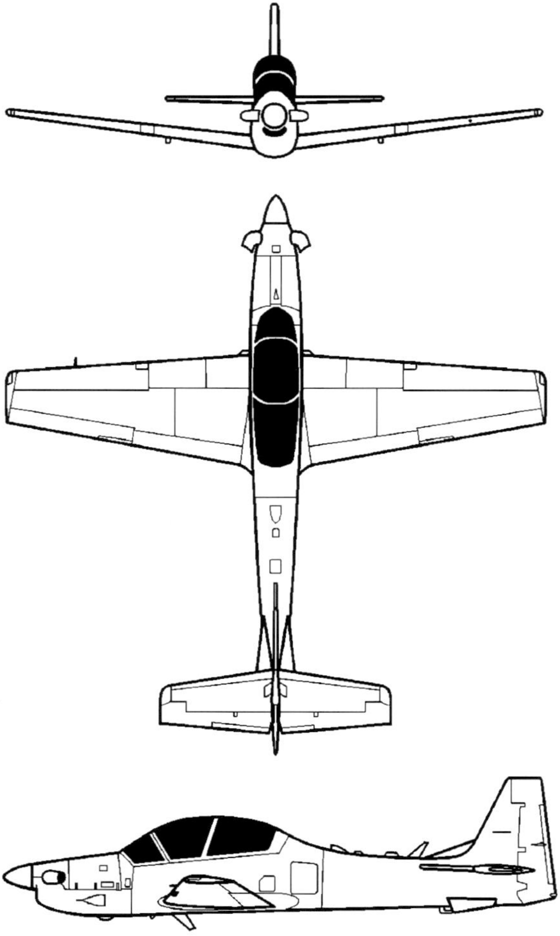

Abmessungen:
Spannweite 11,14 m
Länge 11,38 m
Höhe 3,97 m
Flügelfläche 19,40 m².

EMBRAER EMB-314/A-29 SUPER TUCANO

Ursprungsland: Brasilien.
Kategorie (EMB-314): Zweisitziger Basis- und Fortgeschrittenentrainer bzw. leichtes einsitziges (A-29) bzw. zweisitziges (AT-29) Erdkampf- und Überwachungsflugzeug.
Triebwerke: Eine Propellerturbine Pratt & Whitney Canada PT6A-68/3 von 1600 WPS (1190 kW) Leistung, reduziert auf 1250 WPS (932 kW).
Leistungen: Höchstgeschwindigkeit 590 km/h; max. Reisegeschwindigkeit 535 km/h; Anfangssteiggeschwindigkeit 24 m/Sek; Dienstgipfelhöhe 10600 m; Aktionsradius auf 3300 m ohne Bewaffnung 750 km, bei voller Bewaffnung 540 km.
Gewichte: Leergewicht 3150 kg; normales Startgewicht 3600 kg, mit Waffenlast 5250 kg.
Bewaffnung (AT-29): Zwei in den Flügeln fest eingebaute 12,7-mm-Maschinengewehre sowie an fünf Aufhängestationen unter dem Rumpf und unter den Flügeln eine Vielzahl von Waffenlasten bis zu 1500 kg.
Entwicklungsstand: Der erste, bereits dem Serienstandard entsprechende Prototyp YA-29 nahm die Flugerprobung am 2. Juni 1999 auf. Die Brasilianische Luftwaffe hat alle 99 AT-/A-29 erhalten. Weitere Besteller: Afghanistan 20, Angola 6, Burkina Faso 3, Chile 12, Dominikanische Republik 8, Ecuador 18, Indonesien 16, Kolumbien 25, Mauretanien 4, Paraguay 10, Peru 10, Senegal 3.
Bemerkungen: Die A-29/AT-29 sind die Erdkampf- bzw. COIN-Ausführungen des Trainers EMB-314 Super Tucano. Sie unterscheiden sich von ihm hauptsächlich durch eine missionsbezogene Ausrüstung: Elbit-Angriffs- und Navigationselektronik, GPS, Head-Up-Display, Multifunktionsbildschirme, punktuell verstärkte Zellen- und Flügelstruktur. Das Cockpit ist gepanzert und druckbelüftet. Die Besatzung kann für Nachteinsätze mit **N**ight-**V**ision-**G**oggles (NVG) ausgestattet werden. Der Zweisitzer AT-29 verfügt zusätzlich über ein nach vorne gerichtetes FLIR-Gerät. So ausgerüstet, soll die A-29 primär zur Bekämpfung von Drogenschmugglern und Guerillas in der Amazonasregion eingesetzt werden. Dabei arbeitet sie mit der AEW-Version der EMB-145SA (siehe Ausgabe 2009) zusammen.
Hersteller: EMBRAER (Emprêsa Brasileira de Aeronautica SA), Sao José dos Campos, Brasilien.

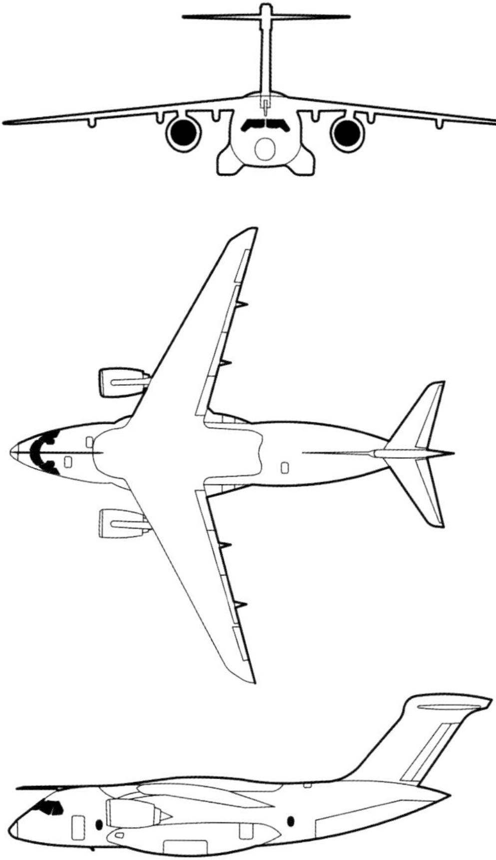

Abmessungen:
Spannweite 35,05 m
Länge 35,20 m
Höhe 12,15 m
Flügelfläche 140 m^2.

EMBRAER KC-390

Ursprungsland: Brasilien.
Kategorie: Mittelschwerer Militärfrachter.
Triebwerke: Zwei Mantelstromtriebwerke IAE V2500-E5 von je rund 14200 kp (139,25 kN) Standschub.
Leistungen (nach Angaben des Herstellers): Höchstgeschwindigkeit 870 km/h bzw. Mach 0,80; Dienstgipfelhöhe 11000 m; Reichweite mit 19000 kg Nutzlast 3400 km, mit 14700 kg 4800 km; Überführungsreichweite 6200 km.
Gewichte: Normales Startgewicht 74000 kg, maximal 81000 kg.
Zuladung: Zwei Piloten und bis zu 80 voll ausgerüstete Soldaten, 66 Fallschirmspringer, 74 Verletzte auf Tragen oder sieben Standardpaletten. Die maximale Nutzlast beläuft sich auf 23600 kg.
Entwicklungsstand: Am 21. Oktober 2014 verließ der erste Prototyp die Endmontagehalle und startete am 3. Februar 2015 zum Erstflug. Bereits sind Bestellungen bzw. Kaufabsichten von mehreren Luftwaffen eingegangen: Argentinien 6, Brasilien 28, Chile 6, Kolumbien 12, Portugal 6, Tschechien 2. Mit der Indienststellung wird 2016 gerechnet.
Bemerkungen: Die erfolgreiche EMBRAER wagt sich mit der KC-390 in ein völlig anderes Luftfahrt-Segment. Als Alternative zur C-130J (siehe Seiten 228/229) lancierte sie vor einigen Jahren dieses Muster. Im Laufe der Entwicklung wurden die Spezifikationen laufend angepasst und die Leistungsparameter nach oben korrigiert. Die Avionik Pro Line Fusion entspricht jener der Legacy 450/500. So soll die KC-390 für nur rund US$ 50 Mio. angeboten werden. Typisch für ein solches Muster ist die robuste und relativ einfache Bauweise sowie die Möglichkeit, auf kurzen Naturpisten starten und landen zu können. Die Innenmaße des Frachtraums betragen: Länge 12,68 m ohne bzw. 18,54 m einschließlich der Laderampe; Breite 3,45 m, Höhe zwischen 2,74 und 2,94 m. Damit ist das Innenvolumen etwas größer als beispielsweise jenes der C-130. An der Herstellung beteiligen sich auch Unternehmen aus Argentinien, Kolumbien, Portugal und Tschechien. Später könnte auch eine Tankerversion folgen.
Hersteller: EMBRAER (Emprêsa Brasileira de Aeronautica SA), Sao José dos Campos, Brasilien.

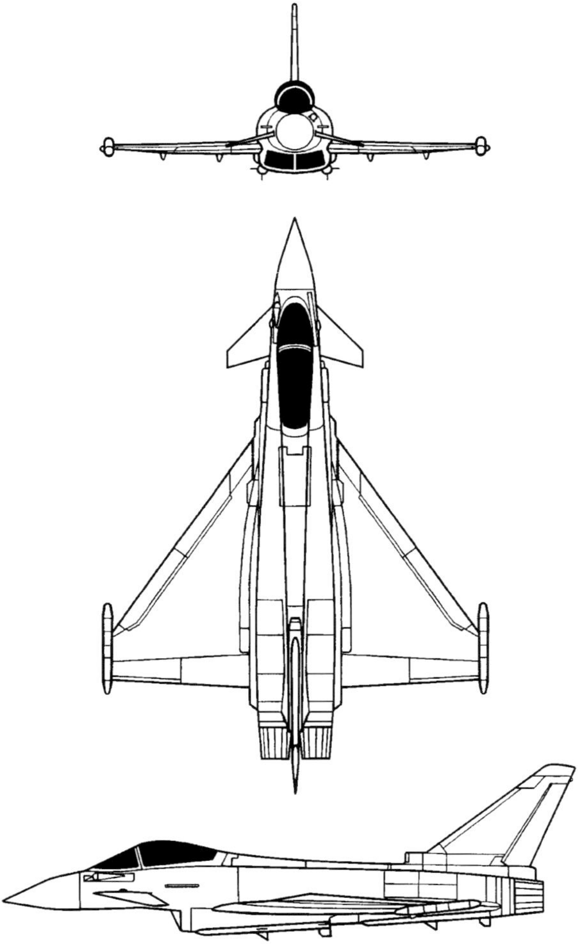

Abmessungen:
Spannweite 10,95 m
Länge 15,96 m
Höhe 5,28 m
Flügelfläche 50,00 m².

EUROFIGHTER TYPHOON

Ursprungsland: Großbritannien, Deutschland, Italien und Spanien.
Kategorie: Luftüberlegenheitsjäger und Mehrzweckkampfflugzeug.
Triebwerke: Zwei Mantelstromtriebwerke Eurojet EJ200 von je rund 6100 kp (60 kN) Standschub ohne und 9185 kp (90 kN) mit Nachbrenner.
Leistungen: Höchstgeschwindigkeit in großer Höhe Mach 2,0+, in Bodennähe 1390 km/h; Anfangssteiggeschwindigkeit 315 m/Sek; Dienstgipfelhöhe 16765 m; Aktionsradius mit je zwei Luft-Luft-Lenkwaffen AIM-120 und AIM-132 inkl. Außentanks 1390+ km; Überführungsreichweite mit zwei Außentanks 3700 km.
Gewichte: Leer 11150 kg; max. Startgewicht 23500 kg.
Bewaffnung: Eine 27-mm-Mauser-Kanone im Rumpf und beispielsweise eine Zusammensetzung von sechs Kurzstrecker-Luft-Luft-Lenkwaffen AIM-132 und vier Mittelstrecken-Luft-Luft-Lenkwaffen AIM-120. Max. Waffenlast 7500 kg an 13 Waffenstationen.
Entwicklungsstand: Der erste Prototyp nahm am 27. März 1994 die Flugerprobung auf, gefolgt vom ersten Serienmuster im Laufe von 2002. 2003 sind die ersten Serienmaschinen abgeliefert und 2004 die ersten Einheiten aufgestellt worden. Aktuelle Beschaffungszahlen: Großbritannien 160, Deutschland 140, Italien 96, Spanien 73, Oman 12, Österreich 15, Saudi Arabien 72. Mitte 2012 hat die Produktion der Tranche 3 begonnen. 112 davon sollen gebaut werden. Ende 2013 wurde die 400. Maschine abgeliefert.
Bemerkungen: Die Typhoon wird als Ein- wie als Doppelsitzer angeboten. Die ersten der Tranche 1 zugehörigen Einheiten sind vorerst für Abfangaufgaben konfiguriert. Hierbei kann ohne Nachbrenner die sog. Supercruise-Geschwindigkeit von Mach 1,2 bis 1,3 erreicht werden. Derzeit werden die Maschinen der Tranche 3A bzw. 3B gebaut. Diese restlichen zu beschaffenden Eurofighters erhalten ein neues AESA-Radar und ein überarbeitetes Cockpit mit Voice-Control (= sprachgesteuerte Flugzeugführung). Durch laufende Modifikationen wird der Eurofighter stets auf dem neuesten technologischen Stand gehalten. Die neueste, P1E genannt, verbessert besonders die Strike-Fähigkeiten des Jägers.
Hersteller: Eurofighter, München, Deutschland.

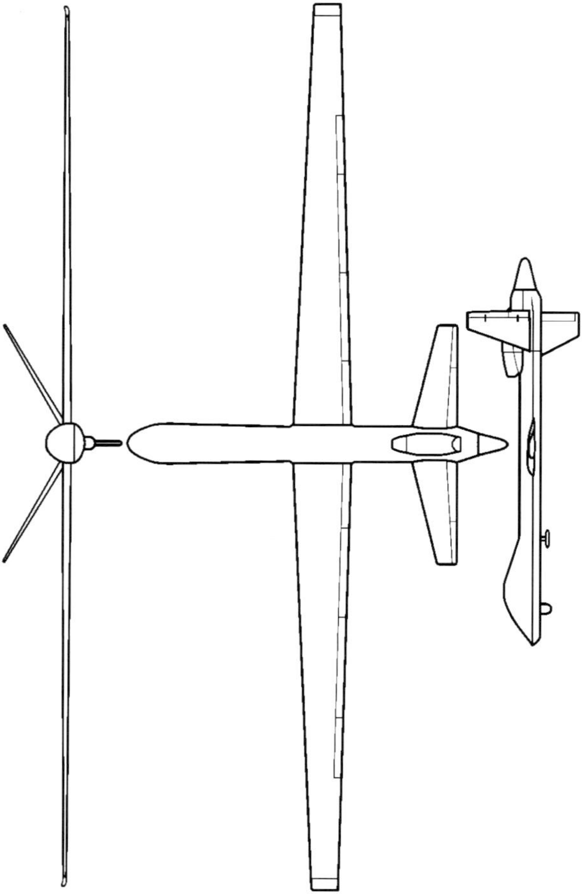

Abmessungen:
Spannweite 20,12 m
Länge 10,97 m
Höhe 3,56 m.

GENERAL ATOMICS MQ-9A REAPER

Ursprungsland: USA.
Kategorie: Unbemannte Drohne für Erdkampf, Aufklärungs- und ELINT-Aufgaben in großen Höhen.
Triebwerke: Eine Propellerturbine Honeywell TPE331-10T von 900 WPS (670 kW) Leistung.
Leistungen: Höchstgeschwindigkeit ca. 410 km/h; Dauergeschwindigkeit 370 km/h; Dienstgipfelhöhe über 15400 m; Reichweite 4000 km; max. Flugdauer mehr als 30 Std.
Gewichte: Leergewicht 2223 kg; max. Startgewicht 4763 kg, (Block 5) 5311 kg.
Zuladung/Bewaffnung: Aufklärungssysteme im Gesamtgewicht von intern 363 kg, extern 1361 kg. Es können aber auch beispielsweise bis zu zehn Hellfire-Panzerabwehrlenkwaffen oder sechs 225-kg-GPS-Bomben mitgeführt werden.
Entwicklungsstand: Im Februar 2001 startete ein Erprobungsträger zum Erstflug. 2002 bestellte die USAF zwei operationelle Prototypen (2005 abgeliefert). Insgesamt ist die Beschaffung von bis zu 346 Reapers geplant. Etwa die Hälfte davon ist bereits gebaut worden. Zehn Drohnen hat die RAF erhalten, Italien 8. Bei folgenden Ländern werden Reapers derzeit abgeliefert: Frankreich 12, Niederlande und die Türkei je 4. Zwei als Predator B bezeichnete Reapers erhielt die US Customs and Border Protection (CBP).
Bemerkungen: Das neue Triebwerk bietet gegenüber dem Ausgangsmuster RQ-1A Predator A (siehe Ausgabe 2006) in allen Bereichen wesentlich bessere Flugleistungen an. Zudem ist die Nutzlast deutlich höher, es können u.a. auch mehr Waffen mitgeführt werden. Der Flügel ist gegenüber dem Ausgangsmuster deutlich größer, der Rumpf dicker. Er kann dadurch mehr Treibstoff aufnehmen. Während die RQ-1 vorwiegend für Aufklärungsaufgaben vorgesehen ist, wird die MQ-9 vorab als Erdkämpfer/Aufklärer in besonderen Situationen eingesetzt. Dazu verfügt sie u.a. über ein synthetisches Breitband-Radar APY-8 Lynx mit hoher Auflösung. Unter der Bezeichnung Altair gibt es auch eine Ausführung für zivile Überwachungs- und Forschungsaufgaben. Die NASA setzt diese Weiterentwicklung der Reaper für Forschungsaufgaben in großen Höhen ein. Sie verfügt über einen verlängerten Flügel mit rund 26 m Spannweite und erreicht rund 15800 m Höhe. Das maximale Startgewicht beläuft sich auf 3266 kg. Seit Mai 2012 fliegt eine neue Block 5 mit erhöhtem Abfluggewicht, neuem Generator, aufdatierter Elektronik und überarbeitetem Fahrwerk.
Hersteller: General Atomics Aeronautical Systems Inc., San Diego, USA.

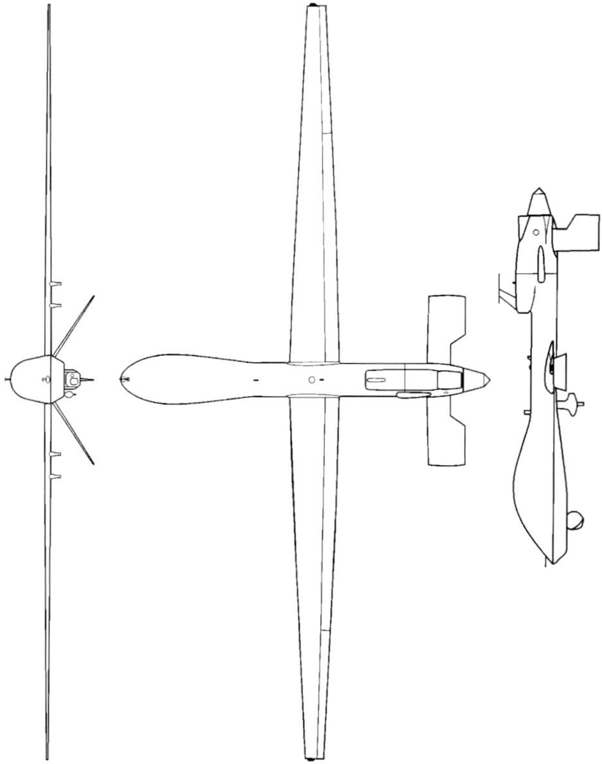

Abmessungen:
Spannweite 17,00 m
Länge 8,53 m
Höhe 2,10 m.

GENERAL ATOM CS MQ-1C GRAY EAGLE

Ursprungsland: USA.
Kategorie: Unbemannter Langstrecken-Aufklärer für mittlere Höhen.
Triebwerke: Ein Dieseltriebwerk Thielert Centurion mit Schubpropeller von 135 PS (100 kW) Leistung.
Leistungen: Patrouilliergeschwindigkeit 250 km/h; Dienstgipfelhöhe 8840 m; Aktionsradius 400 km; max. Flugdauer 36 Std.
Gewichte: Max. Startgewicht 1451 kg.
Zuladung: Aufklärungs- und Elektronikausrüstung bis zu einem Gewicht von 488 kg, davon 261 kg intern und 227 kg extern. Typischerweise umfasst die Ausrüstung ein Kamerasystem MTS-A EO/IR, ein SIGINT-Aufklärungsmodul sowie eine Kommunikationseinrichtung mit der Bodenstation.
Bewaffnung: Lenkwaffen AGM-114 Hellfire oder Viper Strike an vier Aufhängepunkten unter den Flügeln.
Entwicklungsstand: Der Prototyp nahm die Flugerprobung am 6. Juni 2007 auf. Hauptbestellerin ist die US Army, welche bis 2022 164 Gray Eagles und fünf Bodenstationen beschaffen will. Bis Ende 2014 waren rund 100 davon gebaut, zusammen mit den erforderlichen Bodenstationen. Erste Einsätze erfolgten 2009, die eigentliche Indienststellung Ende 2012.
Bemerkungen: Die Gray Eagle (früher als Warrior bezeichnet) ist ein typischer Vertreter der sog. MALE-UAV's (**M**edium **A**ltitude **L**ong **E**ndurance). Sie basiert auf der MQ-1 Predator (siehe Ausgabe 2006), weist jedoch einen Flügel mit größerer Spannweite und einen verlängerten Vorderrumpf auf. Damit kann sie größere Nutzlasten mitführen. An der Rumpfspitze ist ein synthetisches Breitbandradar von Northrop Grumman eingebaut. Unter den Flügeln besteht die Möglichkeit, Waffen mitzuführen. Erstmals kommt ein Dieselmotor in einer größeren Drohne zur Anwendung. Dieser lässt zu, sowohl Jet Fuel (Kerosen) wie auch Autodiesel zu verwenden. Das ganze System kann durch eine C-130 Hercules transportiert werden und ist zwei Stunden nach dem Ausladen einsatzbereit. Die Bodenstation hat in einem auf einem Normlastwagen beladbaren MTV S-280-Container Platz. Alle ab 2013 gebauten MQ-1C (Erstflug 27. Juli 2013) weisen u.a. folgende Verbesserungen auf: Neues Diesel-Triebwerk Lycoming DEL-120, 50% vergrößerte Treibstofftanks und damit auf gegen 60 Std. verlängerte Einsatzdauer, 50% größere Nutzlast mit zusätzlichem Aufhängepunkt unter dem Rumpf.
Hersteller: General Atomics Aeronautical Systems Inc., San Diego, USA.

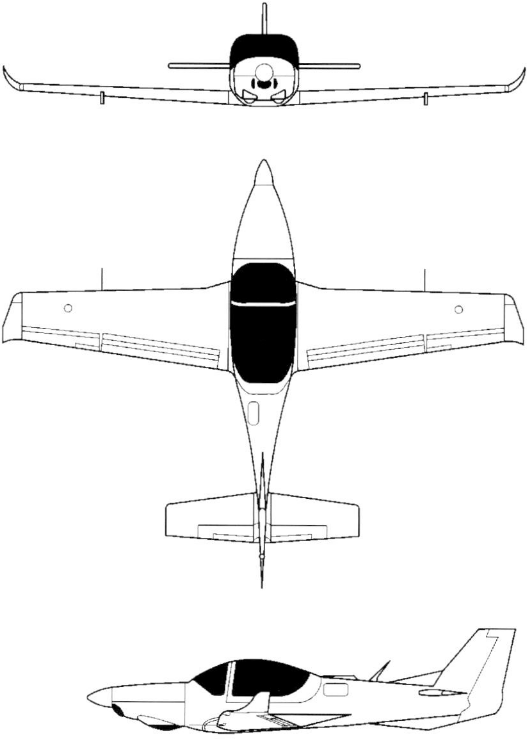

Abmessungen:
Spannweite 10,30 m
Länge 8,40 m
Höhe 2,70 m
Flügelfläche 13,30 m².

GROB G 120TP

Ursprungsland: Deutschland.
Kategorie: Basis-, Fortgeschrittenen- und Akrobatiktrainer.
Triebwerke: Eine Propellerturbine Rolls-Royce M250-B17F von 380 WPS (283 kW) Leistung.
Leistungen: Höchstgeschwindigkeit auf 3290 m 453 km/h; Reisegeschwindigkeit auf 3290 m 438 km/h; Anfangssteiggeschwindigkeit 14,1 m/Sek; Dienstgipfelhöhe 7620 m; Reichweite bei 75% Leistung 1074 km, bei 45% Leistung 1361 km; max. Flugdauer 6 Std.
Gewichte: Leergewicht 1095 kg; max. Startgewicht für Akrobatik 1520 kg, für Schulung 1590 kg.
Zuladung: Flugschüler und Instruktor; max. Nutzlast zwischen 320 und 410 kg.
Entwicklungsstand: Der Hersteller stellte diese neueste Ausführung der Grob G120-Familie Mitte 2010 vor. Bisher sind Aufträge von Argentinien (10 bis 12) und Indonesien (18) eingegangen. Mit den Auslieferungen an den Erstbesteller Indonesien begann man Ende 2012.
Bemerkungen: Mit dieser Weiterentwicklung der Grob G120TP will Grob den gesamten Bereich von der Anfängerschulung über das Fortgeschrittenentraining bis hin zur Akrobatik abdecken. Dank der umfassenden Avionik und einem EFIS-Cockpit Serie Cockpit 400 von Esterline CMC Electronics eignet sich die G120TP auch für die Ausbildung im Instrumentenflug. Wie alle Grob-Leichtflugzeuge ist die Konstruktion weitgehend aus Karbonfiber-Verbundwerkstoff. Dieses Prinzip ermöglicht hohe Festigkeit, lange Lebensdauer der Zelle, minimales Gewicht und günstige Verbrauchswerte. Wie die G120A ist auch die G120TP mit einem Einziehfahrwerk ausgerüstet. Dank der Propellerturbine mit Fünfblattrotor sind alle Leistungsparameter mit Ausnahme der Reichweite deutlich verbessert worden. Optional kann auch ein Schleudersitz Martin Baker Mk.17 eingebaut werden. Die G120TP ist voll kunstflugtauglich und kann Belastungen bis zu +6/-4g aushalten. Eine etwas schwerere Variante G120TP-X befindet sich in der Entwicklung, ausgerüstet mit einem leistungsfähigeren Triebwerk und verstärkten Flügeln, an denen bis zu vier Waffenstationen angebracht werden können.
Hersteller: Grob Luft- und Raumfahrt GmbH & Co. KG., Tussenhausen-Mattsies, Deutschland.

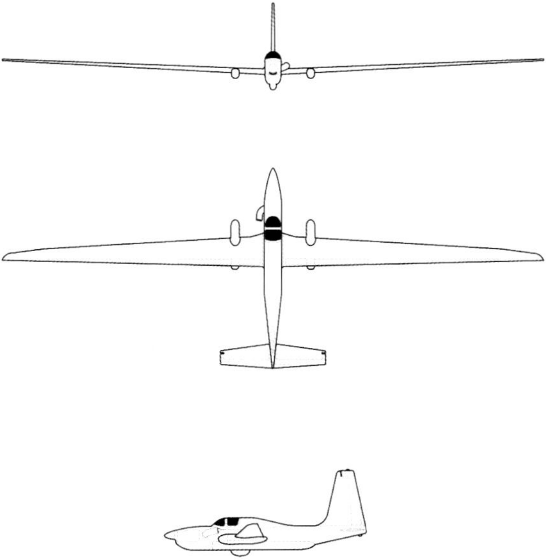

Abmessungen:
Spannweite 33,00 m
Länge 13,82 m
Höhe 5,66 m
Flügelfläche 39,67 m^2.

GROB G 520 NG

Ursprungsland: Deutschland.
Kategorie: Bemanntes oder unbemanntes Flugzeug für sog. MALE- oder HALE-Aufgaben.
Triebwerke: Eine Propellerturbine Honeywell TPE 331-14 von 750 WPS (559 kW) Leistung.
Leistungen: Max. Reisegeschwindigkeit auf Meereshöhe 292 km/h, auf 10668 m 468 km/h; Anfangssteiggeschwindigkeit 7,3 m/Sek; Dienstgipfelhöhe 15240 m; Zeit um 13715 m zu erreichen 50 Min; Reichweite auf 13715 m Höhe 3670 km; max. Flugdauer 7,5 Std, ohne Piloten bis zu 32 Std.
Gewichte: Leergewicht 3300 kg; max. Startgewicht 4700 kg.
Zuladung: Optional ein Pilot und eine Nutzlast in zwölf Abteilen bis zu 1000 kg.
Entwicklungsstand: Der Vorläufer Grob G 520 flog erstmals am 24. Juni 1987 und wurde 1991 in Dienst gestellt. Nur sechs Exemplare hat man gebaut. Mit der Weiterentwicklung G 520 NG wagt der Hersteller einen neuen Anlauf. Wie weit bisher Bestellungen eingetroffen sind, ist nicht bekannt.
Bemerkungen: Die G 520 NG ist eines der weltgrößten vollständig aus Verbundstoffen produzierten Flugzeuge und dank dieser Herstellweise extrem leicht. Aktuell wird sie ausschließlich mit Piloten geflogen. Geplant ist aber, die G 520 NG auch unbemannt einsetzen zu können (sog. OPV-Möglichkeit – **O**ptional **P**iloted **V**ehicle). Ihr Hauptaufgabegebiet sind Aufklärungs- und Überwachungsaufgaben sowie Informationsbeschaffung auf mittleren und großen Höhen. Dabei sind zivile wie auch militärische Einsätze vorgesehen. Dazu kann die G 520 NG eine Vielzahl von Missionsausrüstungen bis zu einem Gesamtgewicht von 1000 kg (ohne Piloten) bzw. 850 kg mit Piloten mitnehmen. Mit wenig Aufwand lassen sich die Geräte austauschen. Die G 520 NG kann von kurzen Pisten aus starten und landen und bei allen Wetterbedingungen fliegen.
Hersteller: GROB Aircraft AG, Tussenhausen-Mattsies, Deutschland.

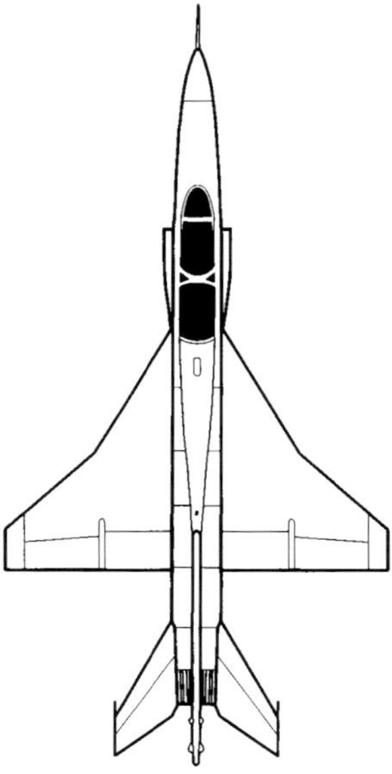

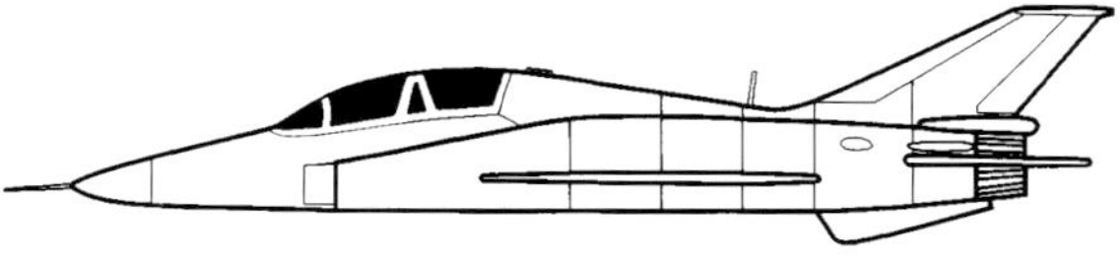

Abmessungen:
Spannweite 8,32 m
Länge 14,55 m
Höhe 4,10 m
Flügelfläche 26,15 m².

GUIZHOU JL-9/JJ-7B MOUNTAIN EAGLE

Ursprungsland: Volksrepublik China.
Kategorie: Zweisitziger Fortgeschrittenentrainer und leichter Erdkämpfer.
Triebwerke: Ein Strahltriebwerk Guizhou Liyang WP-13F von 4500 kp (44,10 kN) Standschub ohne und 6600 kp (64,74 kN) mit Nachverbrennung.
Leistungen (Schätzungen): Höchstgeschwindigkeit auf großen Höhen je nach Quelle zwischen Mach 1,7 und Mach 2,0, auf Meereshöhe 1200 km/h; Anfangssteiggeschwindigkeit 195 m/Sek; Dienstgipfelhöhe 16000 m; max. Reichweite 2500 km.
Gewichte: Max. Startgewicht 9800 kg.
Bewaffnung: Zwei 23-mm-Kanonen sowie verschiedene Waffen für Luft-Luft- wie auch Luft-Boden-Einsätze bis zu einem Gewicht von 2000 kg an einer Station unter dem Rumpf und vier unter den Flügeln.
Entwicklungsstand: Der Prototyp nahm die Flugerprobung am 13. Dezember 2003 auf. Lange war nicht klar, ob sich die JL-9 gegenüber dem Konkurrenten Hongdu L-15 (siehe Seiten 206/207) durchsetzen würde. 2007 erprobte man einige Vorserienmuster, welche neu als JJ-7B bezeichnet wurden. Definitiv eingeführt wurde der Typ Anfang 2011, und zwar sowohl bei der Luftwaffe wie auch bei der Marine Chinas. Wie viele gebaut werden sollen, ist derzeit nicht bekannt. Seit Mitte 2011 fliegt zudem ein Prototyp einer bordgestützten Version.
Bemerkungen: Die JL-9/JJ-7B basiert auf dem Jagdflugzeug F-7 (siehe Ausgabe 2003), welche wiederum eine Weiterentwicklung der sowjetischen Mikojan MiG-21 (siehe Ausgabe 1999) darstellt. Mit diesem Typen will die Chinesische Luftwaffe das heutige komplexe Ausbildungssystem modernisieren und rationalisieren. Insbesondere soll ein Trainer eingesetzt werden, welcher einen besseren Übergang zu den Jägern der dritten Generation J-10 bzw. J-11 erlaubt. Dazu verfügt die JJ-7B über eine moderne Avionik. Die bordgestützte Variante unterscheidet sich äußerlich durch ein größeres Seitenleitwerk und durch den Fanghaken. Dafür wurden die Leitbleche hinten unter dem Rumpf weggelassen.
Hersteller: Guizhou Aircraft Industry Corporation, Volksrepublik China.

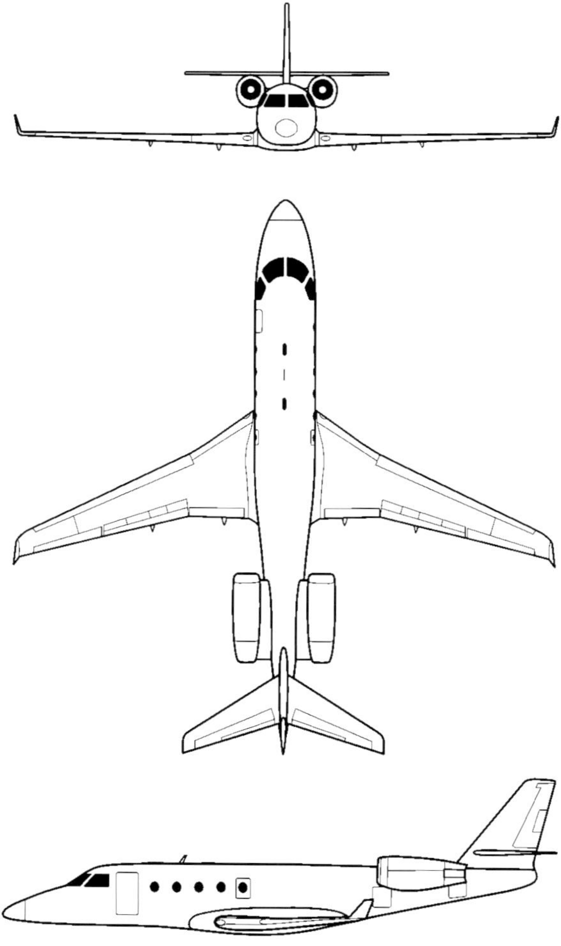

Abmessungen:
Spannweite 16,94 m
Länge 17,30 m
Höhe 5,82 m
Flügelfläche 31,30 m².

Gulfstream G150

Ursprungsland: Israel/USA.
Kategorie: Mittelstrecken-Firmenflugzeug.
Triebwerke: Zwei Mantelstromtriebwerke Honeywell TFE731-40AR-200G von je 2005 kp (19,66 kN) Standschub.
Leistungen: Normale Reisegeschwindigkeit 850 km/h (Mach 0,85), Langstreckenreisegeschwindigkeit 796 km/h (Mach 0,75); Dienstgipfelhöhe 13716 m; Reichweite mit vier Passagieren bei Mach 0,75 5550 km.
Gewichte: Leergewicht 6849 kg; max. Startgewicht 11839 kg.
Zuladung: Zwei Mann Cockpitbesatzung und je nach Innenausstattung zwischen sechs und acht Passagiere. Max. Nutzlast 1089 kg, bei vollen Treibstofftanks 386 kg.
Entwicklungsstand: Der erste von zwei Prototypen nahm die Erprobung am 3. Mai 2005 auf, der zweite folgte am 2. September 2005. Im August 2006 wurde das erste Serienmuster dem Kunden übergeben. Der aktuelle Auftragsbestand ist nicht bekannt. 50 Maschinen (+ 50 Optionen) hat die NetJets bestellt.
Bemerkungen: Das Ausgangsmuster der G150, die G100 (siehe Ausgabe 2002), war für die ausgezeichneten Flugleistungen bekannt. Sie besaß jedoch nach heutigen Ansprüchen eine zu enge Kabine. Diesem Nachteil will die G150 begegnen. Bei etwa gleichen Leistungsparametern wurde ein völlig neuer Rumpf konstruiert. Er ist etwa 30 cm breiter und 5 cm höher, so dass sich bei fast quadratischem Querschnitt Innenmaße von 1,75 x 1,75 m ergeben. Auch die Platzverhältnisse im Cockpit wurden verbessert. Der Flügel ist von der G 100 übernommen, die Spannweite jedoch wegen des voluminöseren Rumpfes entsprechend größer. Wie bei vielen Konkurrenzmustern gelangt auch bei der G150 die Avionik Rockwell Collins Pro Line 21 mit vier Flüssigkristall-Displays zum Einbau. Die Fertigung erfolgt bei der israelischen IAI, während die Inneneinrichtung in den USA montiert wird. Gulfstream gibt als Basispreis US$ 13,75 Mio. an.
Hersteller: Gulfstream Aerospace Corp. (Tochtergesellschaft von General Dynamics), Savannah, Georgia, USA und Israel Aircraft Industries Ltd., Werk Ben-Gurion Airport, Israel.

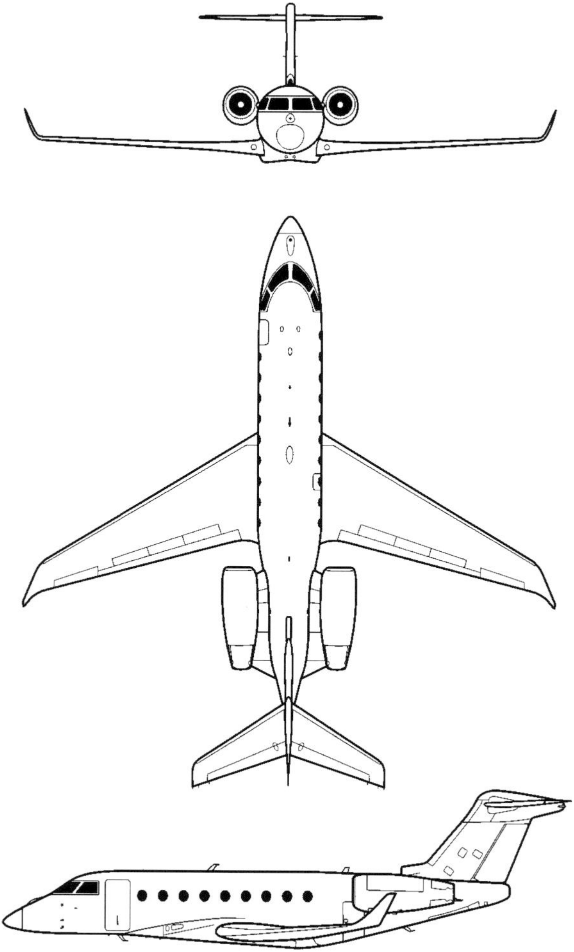

Abmessungen:
Spannweite 19,20 m
Länge 20,37 m
Höhe 6,53 m
Flügelfläche 46,00 m².

GULFSTREAM G280

Ursprungsland: Israel/USA.
Kategorie: Firmenflugzeug.
Triebwerke: Zwei Mantelstromtriebwerke Honeywell HTF7250G von je 3735 kp (33,90 kN) Standschub.
Leistungen: Höchstgeschwindigkeit Mach 0,85; max. Reisegeschwindigkeit 893 km/h oder Mach 0,84; Langstrecken-Reisegeschwindigkeit 850 km/h oder Mach 0,80; Dienstgipfelhöhe 13716 m; Reichweite mit vier Passagieren und IFR-Reserven 6667 km.
Gewichte: Rüstgewicht 12791 kg; max. Startgewicht 17960 kg.
Zuladung: Zwei Piloten und normalerweise acht bis zehn Passagiere in Komfortausführung oder bis zu 18 Personen in enger Dreierbestuhlung mit Mittelgang; Nutzlast mit max. Treibstoffzuladung 454 kg; max. Nutzlast 1905 kg.
Entwicklungsstand: Die noch als G250 bezeichnete G280 nahm die Flugerprobung am 11. Dezember 2009 auf. Zwei weitere Prototypen wurden gebaut. Mit der ersten Auslieferung an Kunden begann man im November 2012. Der aktuelle Bestellungsstand ist nicht bekannt.
Bemerkungen: Die G280 basiert auf der Gulfstream G200. Der Rumpf bleibt gleich und gehört mit einer Länge von 9,83 m, einer Breite von 2,18 m und einer Höhe von 1,91 m zu den Klassenbesten. Durch Weglassen des Treibstofftanks im Heck erhöht sich das Innenvolumen. Gegenüber der G200 besitzt die G280 einen vollständig neuen Flügel größerer Spannweite mit Winglets, ein neues Cockpit PlaneView 250, überarbeitete Avionik von Rockwell Collins und stärkere Triebwerke. Als Option ist auch ein Collins HGS-6250 Head-Up-Display erhältlich. Bei größerer Wirtschaftlichkeit weist die G280 deutlich bessere Flugleistungen auf. Der Hersteller nennt derzeit einen Basispreis von US$ 24,5 Mio. Die G280 wird vollständig, aber ohne kundenspezifische Inneneinrichtung bei IAI gebaut. Der Innenausbau erfolgt dann bei Gulfstream.
Hersteller: Gulfstream Aerospace Corp., Savannah, Georgia, USA, Werk Israel Aircraft Industries Ltd., Ben-Gurion International Airport, Israel.

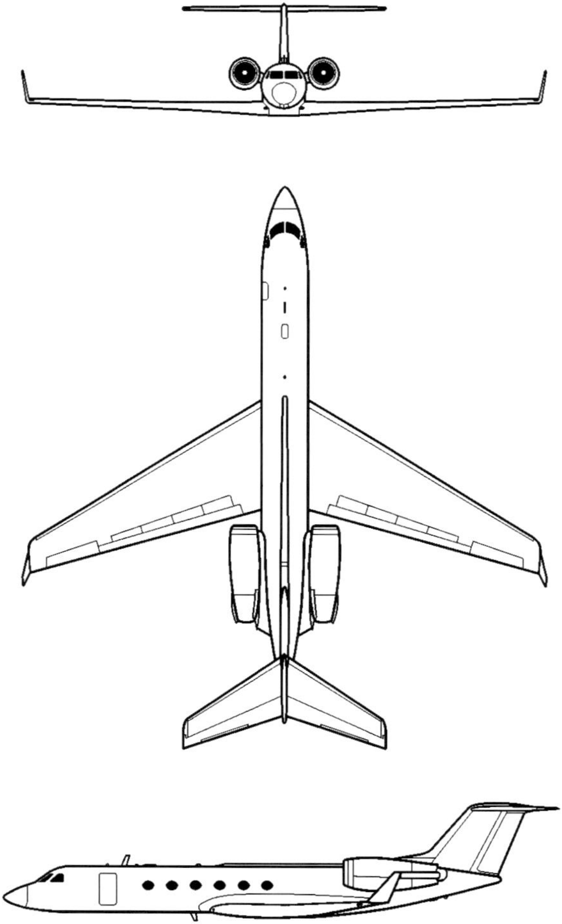

Abmessungen (G450/G500):
Spannweite 23,72/26,54 m
Länge 27,23/27,79
Höhe 7,67/7,77 m
Flügelfläche 88,29/? m².

GULFSTREAM AEROSPACE GULFSTREAM G450/G500

Ursprungsland: USA.
Kategorie: Mittel- bis Langstreckenfirmenflugzeug.
Triebwerke (G450): Zwei Mantelstromtriebwerke Rolls-Royce (450) Tay 611-8C von je 6282 kp (61,60 kN) bzw. (G500) Pratt & Whitney Canada PW814GA von 6869 kp (67,36 kN) Standschub.
Leistungen (G450/G500): Max. Reisegeschwindigkeit Mach 0,88/0,925; Langstrecken-Reisegeschwindigkeit 850 km/h; Dienstgipfelhöhe 13715/15540 m; Reichweite mit acht Passagieren bei Mach 0,80 bzw. Mach 0,85 8061/9260 km.
Gewichte (G450/G500): Rüstgewicht 19504/21130 kg; max. Startgewicht 33521/34850 kg.
Zuladung (G450/G500): Zwei Piloten im Cockpit und je nach Innenausstattung 12, 14 oder bis 19/18 Passagiere; Nutzlast bei vollen Tanks (beide) 816 kg, max. 2722/2500 kg.
Entwicklungsstand: Die G450 (siehe Foto und Dreiseitenriss) absolvierte den Erstflug am 30. April 2003. Diese Variante ist seit zweitem Quartal 2005 erhältlich. Sie wird bis auf weiteres produziert. Im Oktober 2014 präsentierte der Hersteller überraschend die Gulfstream G500. Sie soll 2015 den Erstflug absolvieren. Die Zulassung wird für 2017 erwartet. Qatar Airways und Flexjet haben bereits Bestellungen aufgegeben.
Bemerkungen: Die Gulfstream-Familie wird konsequent weiter entwickelt. Die G450 besitzt das PlaneView-Cockpit der G500/550 (siehe Ausgabe 2008). Gegenüber dem Vorgängermuster ist zudem die Inneneinrichtung überarbeitet und die Druckkabine verbessert. Bei der G500 und der G600 (siehe auch Seiten 200/201) handelt es sich um vollständige Neuentwicklungen, selbst wenn äußerlich gewisse Ähnlichkeiten zur G650 (siehe Seiten 202/203) bestehen. Der Flügel ist nach neuester aerodynamischen Erkenntnissen optimiert. Im Cockpit kommt die Avionik von Honeywell Symmetry mit zehn integrierten Touchscreens zum Einbau. Gesteuert wird die G500 mit Sidesticks. Der Kabinendurchmesser ist mit einer Breite von 2,13 m und einer Höhe von 1,88 m nur wenig kleiner als bei der G650, jedoch deutlich größer wie bei der G450/550. Eine G500 soll für US$ 43,5 Mio. angeboten werden.
Hersteller: Gulfstream Aerospace Corp. (Tochterfirma von General Dynamics), Savannah, Georgia, USA.

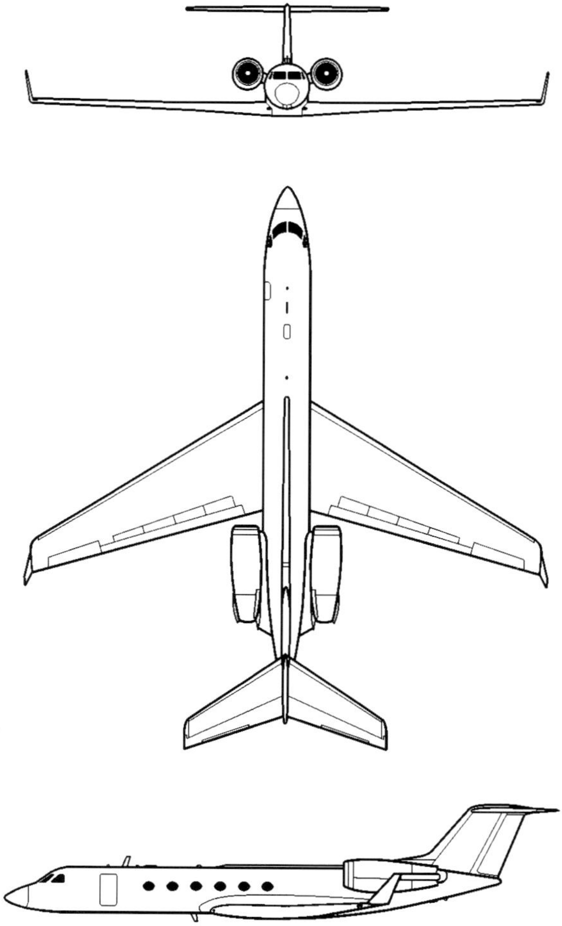

Abmessungen (G550/G600):
Spannweite 28,50/28,95 m
Länge 29,40/29,26 m
Höhe 7,90/7,70 m
Flügelfläche 105,63/? m².

GULFSTREAM AEROSPACE GULFSTREAM G550/G600

Ursprungsland: USA.
Kategorie: Langstrecken-Firmenflugzeug.
Triebwerke (G550/G600): Zwei Mantelstromtriebwerke BMW/Rolls-Royce BR 710 von je 6980 kp (68,4 kN) bzw. Pratt & Whitney PW815GA von je 7112 kp (69,74 kN) Standschub.
Leistungen (G550/G600): Max. Reisegeschwindigkeit Mach 0,885 (Mach 0,9); Langstrecken-Reisegeschwindigkeit 851 km/h bzw. (G600) Mach 0,85; Anfangssteiggeschwindigkeit 21,3 m/Sek; Dienstgipfelhöhe 15545 m; Reichweite mit max. Treibstoffzuladung, acht Passagieren und IFR-Reserven 12500/11480 km.
Gewichte (G550/G600): Rüstgewicht 21919/23332 kg; max. Startgewicht 41277/41540 kg.
Zuladung (G550/G600): Zwei Piloten im Cockpit und normalerweise 13 bis 15, max. 19 Passagiere. Nutzlast bei vollen Tanks 816 kg, max. 2950/2720 kg.
Entwicklungsstand: Die Variante G550 (siehe Dreiseitenriss)startete am 18. Juli 2002 zum Erstflug. Jährlich werden etwa 30 Maschinen gebaut. Mehrere Staaten setzen dieses Muster als Staatsflugzeug ein. Die G600 (siehe Foto) wurde im Oktober 2014 vom Hersteller vorgestellt. Sie soll 2017 erstmals fliegen. G450/G500/G550/G600 sollen weiterhin parallel hergestellt werden.
Bemerkungen: Die G550 ist eine nochmals verbesserte Ausführung der G500 (siehe frühere Ausgaben) mit einer Reichweitenleistung von 12500 km und leistungsstärkeren Triebwerken. Zudem verfügt sie über ein »Plane View«-Cockpit bestehend aus vier Honeywell DU-1310 EFIS Screens, einem von Gulfstream entwickelten Cursor Control System und einem Head-Up-Display. Seit 2011 ist die verbesserte Inneneinrichtung »Elite« erhältlich. In der Grundkonzeption ist die neu lancierte G600 gleich der G500 (siehe Seiten 198/199), jedoch in den Abmessungen leicht größer. Zudem erzielt die G600 bessere Reichweiten und verfügt über eine leistungsfähigere Triebwerkversion. Die Innenlänge des Rumpfes beträgt 13,77 m, der Querschnitt ist gleich wie bei der G500. Als Verkaufspreis gibt der Hersteller US$ 54,5 Mio. an.
Hersteller: Gulfstream Aerospace Corp. (Tochterfirma von General Dynamics), Savannah, Georgia, USA.

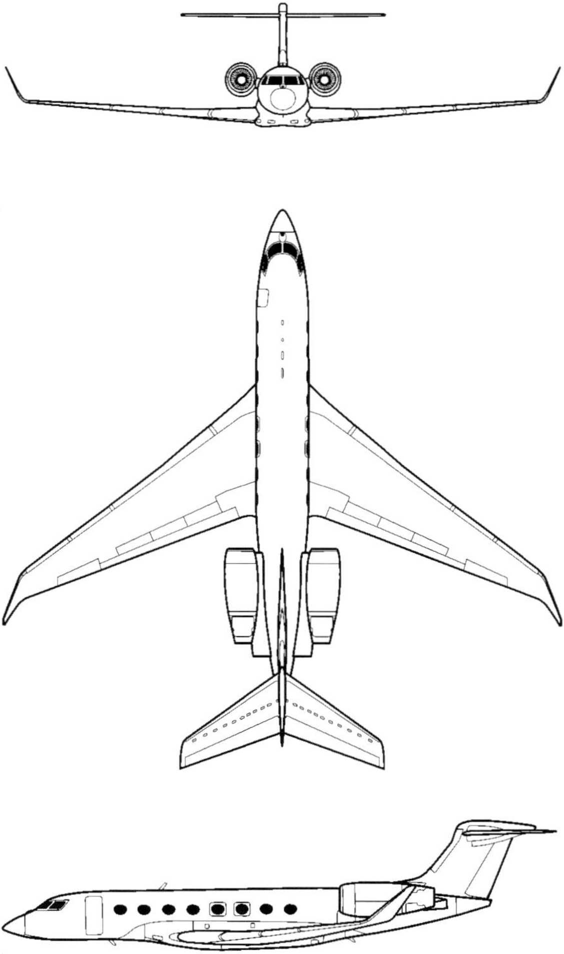

Abmessungen:
Spannweite 30,36 m
Länge 30,41 m
Höhe 7,82 m
Flügelfläche 119,20 m².

GULFSTREAM AEROSPACE GULFSTREAM G650/G650ER

Ursprungsland: USA.
Kategorie: Langstrecken-Firmenflugzeug.
Triebwerke: Zwei Mantelstromtriebwerke BMW/Rolls Royce BR725 A1-12 von je 7300 kp (71,60 kN) Standschub.
Leistungen: Max. Reisegeschwindigkeit 956 km/h (Mach 0,925); normale Reisegeschwindigkeit 904 km/h (Mach 0,90), Langstrecken-Reisegeschwindigkeit Mach 0,85; Dienstgipfelhöhe 15550 m; max. Reichweite mit vier Besatzungsmitgliedern und acht Passagieren 12964 km, (G650ER) 13890 km.
Gewichte: Rüstgewicht 24494 kg; max. Startgewicht 45178 kg, (G650ER) 47000 kg.
Zuladung: Zwei Piloten im Cockpit und normalerweise acht Passagiere. Maximal können 18 Personen mitfliegen. Nutzlast bei vollen Tanks 816 kg, max. Nutzlast 2948 kg.
Entwicklungsstand: Der Erstflug des Prototyps G650 erfolgte am 25. November 2009, jener der ersten Serienmaschine am 6. Juni 2010. Mit den Auslieferungen begann man Ende 2012. Über 200 G650 sind bereits bestellt, die Jahresproduktion beträgt derzeit rund 30 Maschinen. Die ersten G650ER sind im Dezember 2014 an die Kunden übergeben worden.
Bemerkungen: Beim Gulfstream-Spitzenmodell G650 handelt es sich um eine vollständige Neukonstruktion. Es zeichnet sich vor allem durch eine sehr großzügige, 16,33 m lange Kabine mit einer Innenhöhe von 1,95 m und einer Breite von 2,59 m aus. Mit einer Reisegeschwindigkeit von Mach 0,925 ist die G650 im steten Wettbewerb mit der Cessna Citation X (siehe Seiten 128/129) um das aktuell schnellste Firmenflugzeug der Welt. Bei einem Testflug erreichte ein Prototyp sogar die Höchstgeschwindigkeit von Mach 0,995. Die neueste BR725-Turbofan-Ausführung mit digitaler Steuerung (FADEC) und 24 Schaufeln in Sichelform verspricht einen geringen Verbrauch bei tiefen Emissionswerten. Erstmals bei einem Businessflugzeug erfolgt die Flugsteuerung durch ein Fly-By-Wire-System. Das Cockpit Planeview II umfasst u.a. Synthetic Vision-Displays, Head-Up-Display, 3-D-Wetterradar und das neueste Flight Control-System. 2014 lancierte der Hersteller die G650ER, die dank eines Zusatztanks noch größere Strecken zurücklegen kann. Der Kaufpreis für die Basisausführung liegt bei US$ 64,5 Mio., jener der G650ER bei US$ 66,5 Mio.
Hersteller: Gulfstream Aerospace Corp., Savannah, Georgia, USA.

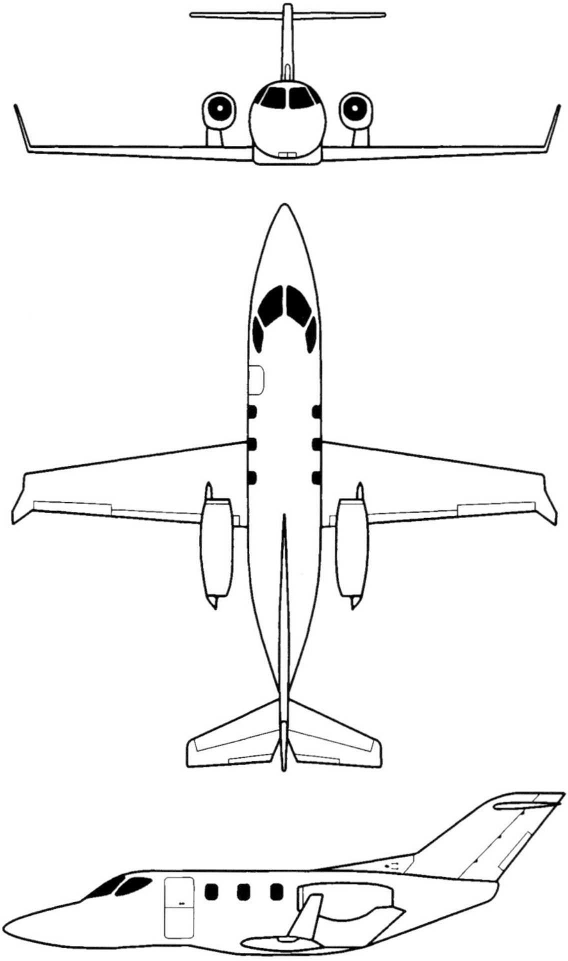

Abmessungen:
Spannweite 12,12 m
Länge 12,99 m
Höhe 4,54 m
Flügelfläche ca. 17,50 m^2.

HONDA AIRCRAFT HA-420 HONDAJET

Ursprungsland: Japan/USA.
Kategorie: Leichtes Firmenflugzeug.
Triebwerke: Zwei Mantelstromtriebwerke (Prototyp) GE Honda HF118 von je 757 kp (7,42 kN) bzw. (Serienmaschinen) HF120 von je 930 kp (9,11 kN) Standschub.
Leistungen (nach Angaben des Herstellers): Max. Reisegeschwindigkeit 780 km/h auf 9150 m; max. Steiggeschwindigkeit 20,3 m/Sek; Dienstgipfelhöhe 13100 m; Reichweite mit maximaler Nutzlast 2185 km, max. Reichweite unter VFR-Bedingungen 2590 km.
Gewichte: Max. Startgewicht 4173 kg.
Zuladung: Zwei Piloten bzw. ein Pilot/Passagier im Cockpit und vier Personen im Passagierraum.
Entwicklungsstand: Am 16. Dezember 2003 startete ein Erprobungsträger zum Erstflug. Der erste von drei eigentlichen Prototypen fliegt nach längerer Verzögerung seit November 2011. Das erste Serienflugzeug startete am 27. Juni 2014 zum Erstflug. Mit den Kundenauslieferungen wird im 1. Quartal 2015 gerechnet. Über 100 HondaJets sollen bereits bestellt sein. Der Hersteller will ab 2015 jährlich mindestens 50 Einheiten bauen.
Bemerkungen: Mit der Vorstellung eines leichten Businessjets gelang Honda eine große Überraschung. Die als Auto- und Motorradhersteller bekannte Firma macht mit diesem Typ den ersten Schritt in die Luftfahrt. Einzigartig ist, dass Flugzeug wie Triebwerk vom gleichen Hersteller stammen. Der Rumpf ist eine kompakte und leichte Konstruktion aus Verbundwerkstoffen und soll die größten Platzverhältnisse seiner Klasse aufweisen. Die Flügelstruktur wurde aus einem einzigen Aluminumblock gefräst und weist dank eines Laminarprofils beste aerodynamische Werte auf. Ungewöhnlich ist die Anordnung der Triebwerke über den Flügeln. So erspart man sich teure und schwere Aufhängevorrichtungen am Rumpf. Alle diese Maßnahmen und das innovative Triebwerk lassen gegenüber einem konventionellen Muster Verbrauchsreduktionen von 40% erzielen. Das Cockpit ist neu mit einem Avionik-Set Garmin G3000 ausgerüstet. Der Verkaufspreis beläuft sich auf US$ 4,5 Mio.
Hersteller: Honda Motor Co. Ltd., Honda Aircraft Corp., Werk Greensboro, North Carolina, USA und Tokyo, Japan.

Abmessungen:
Spannweite 9,48 m
Länge 12,27 m
Höhe 4,80 m.

HONGDU L-15/JL-15 LIE YING

Ursprungsland: Volksrepublik China.
Kategorie: Zweisitziger Fortgeschrittenentrainer und leichter Erdkämpfer.
Triebwerke: Zwei Mantelstromtriebwerke (1. Prototyp) ZMKB Progress AI-222-25 von je 2500 kp (24,5 kN) Standschub bzw. (L-15 LIFT) Mantelstromtriebwerke MotorSich AI-222K-25F von je 4210 kp (41,28 kN) Standschub mit Nachbrenner.
Leistungen (noch sehr vorläufige Angaben): Höchstgeschwindigkeit Mach 1,4; Anfangssteiggeschwindigkeit 150 m/Sek; Dienstgipfelhöhe 16000 m; Reichweite 3100 km.
Gewichte (vorläufige Angaben): Leergewicht 4500 kg; normales Startgewicht 6800 kg; maximales Startgewicht 9500 kg.
Bewaffnung: Eine Waffenlast von rund 3000 kg kann an Stationen unter den Flügeln mitgeführt werden.
Entwicklungsstand: Der erste von fünf Prototypen nahm die Flugerprobung am 13. März 2006 auf. Ein zweites dem Serienstandard entsprechendes Muster folgte am 10. Mai 2008. Inzwischen wurden alle Prototypen gebaut. Eine überarbeitete Version L-15 LIFT flog erstmals am 20. Oktober 2010. Der Entscheid, ob die chinesische Luftwaffe die L-15 beschafft, ist noch ausstehend. Dagegen haben Venezuela und Zambia 24 bzw. 6 L-15 bestellt.
Bemerkungen: Die L-15 wird in Zusammenarbeit mit Yakowlew entwickelt. Daher ist die Ähnlichkeit mit der Yak-130 (siehe Seiten 314/315) nachvollziehbar. Große Teile der Struktur bestehen aus Verbundwerkstoffen. Das Cockpit verfügt über die heute übliche Ausrüstung mit Multifunktionsbildschirmen, HUD und HOTAS. Die Steuerung erfolgt mit einem vierfach redundanten Fly-By-Wire-System. In der Chinesischen Luftwaffe ist die L-15 vorgesehen, als Fortgeschrittenentrainer den Übergang zu den neuen Kampfflugzeugen Su-27/30 bzw. F-10 zu erleichtern, da sie von den Flugeigenschaften und von der Steuerung her ein sehr ähnliches Verhalten aufweist. Mit der L-15 LIFT stellte der Hersteller eine Variante mit Überschallfähigkeiten vor. Vom Ursprungsmuster unterscheidet sie sich u.a. durch Triebwerke AI-222K-25F mit Nachbrenner, aufdatiertes Cockpit sowie verbreiterte Rumpfnase für ein AESA-Radar. Später könnte noch eine einsitzige Erdkampfversion abgeleitet werden.
Hersteller: Hongdu Aviation Industry Group (HAIG), Nanchang, Volksrepublik China.

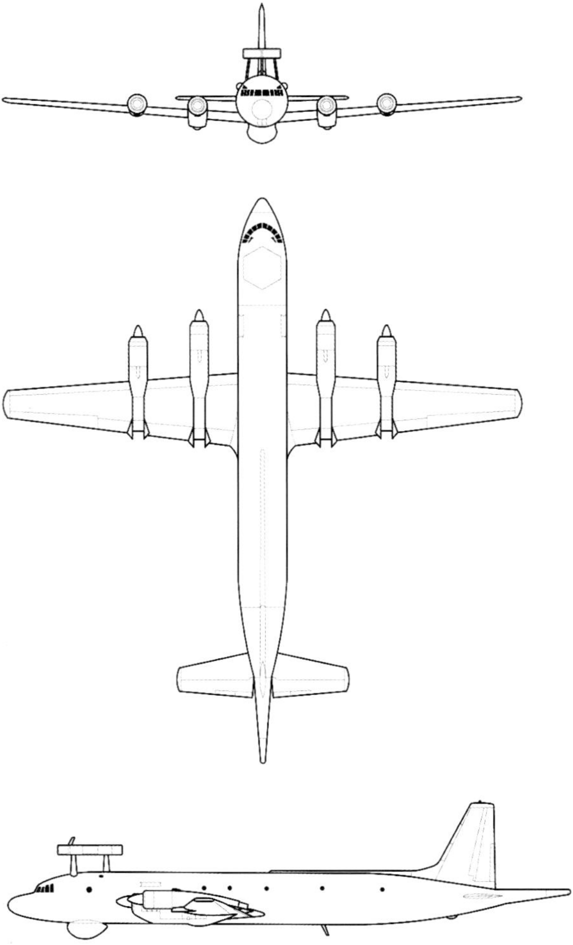

Abmessungen:
Spannweite 37,42 m
Länge 40,14 m
Höhe 10,17 m,
Flügelfläche 140 m^2 .

ILJUSCHIN IL-38N

Ursprungsland: Russland (Sowjetunion).
Kategorie: Langstrecken-Marinepatrouillenflugzeug und elektronischer Aufklärer.
Triebwerke: Vier Propellerturbinen Progress/Zaporizhzhya AI-20M von je 4250 WPS (3169 kW) Leistung.
Leistungen: Höchstgeschwindigkeit 650 km/h auf 4570 m; normale Reisegeschwindigkeit 595 km/h auf 8000 m; Patrouillengeschwindigkeit zwischen 320 und 400 km/h auf 600 m; Anfangssteiggeschwindigkeit 5,33 m/Sek; Dienstgipfelhöhe 11000 m; Patrouillenzeit 2200 km vom Stützpunkt entfernt 3 Std; Reichweite mit einer Waffenlast von 5430 kg 6500 km; max. Reichweite 9500 km.
Gewichte: Rüstgewicht 34630 kg; max. Startgewicht 66000 kg.
Zuladung: Eine Besatzung von insgesamt acht Personen: Zwei Piloten, Naviator, Flugingenieur, Kommunikationsspezialist, zwei Systemoperators und den sog. Tactital Commander.
Bewaffnung: Waffenlast von rund 9000 kg, zusammengesetzt u.a. aus Minen, Torpedos, Bomben und Tiefseeladungen.
Entwicklungsstand: Der Prototyp der Ursprungsausführung flog erstmals am 20. Juli 1971. Insgesamt wurden 65 Il-38 gebaut, davon fünf für die Indische Marine. Die modifizierte Version Il-38N begann mit der Flugerprobung 2009. Erst Mitte 2014 wurde die erste Il-38N der Russischen Marine übergeben. Je nach Quelle sollen zwischen 22 und 28 Einheiten umgebaut werden.
Bemerkungen: Abgeleitet vom zivilen Passagierflugzeug Iljuschin Il-18 (zwischen 1959 und 1978 über 850 Einheiten hergestellt) sind diverse Varianten für militärische Zwecke gebaut worden, u.a. die Marineversion Il-38. Ursprünglich ausschließlich als U-Boot-Jäger vorgesehen ist dank der weitgehend neuen Ausrüstung das Aufgabengebiet deutlich erweitert. Neu kommen Schiffsbekämpfung, elektronische Aufklärung und Such- und Rettungseinsätze hinzu. Eingebaut wurde eine komplett neue Sensor- und Elektronikausrüstung mit dem Missionssystem Nowella P-38. Integriert werden alle Systeme durch einen Datenbus Mil.Std. 1553B und ARINC-429D. So soll ein viermal größeres Gebiet überwacht und gleichzeitig 32 Ziele verfolgt werden können.
Hersteller: Iljuschin Design Bureau, Moskau, Werk Aviastar, Ulyanovsk, Russland.

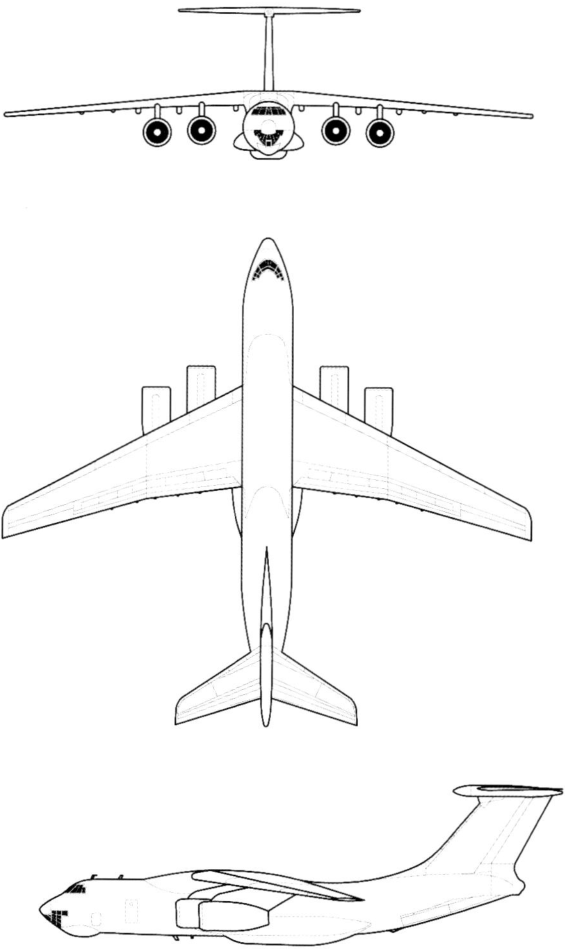

Abmessungen:
Spannweite 50,50 m
Länge 46,59 m
Höhe 14,76 m
Flügelfläche 300 m^2.

ILJUSCHIN IL-476

Ursprungsland: Russland.
Kategorie: Schwerer militärischer und ziviler Mittel- und Langstreckentransporter.
Triebwerke: Vier Mantelstromtriebwerke Aviadvigatel/Perm PS-90A-76 von je rund 16000 kp (157,8 kN) Standschub.
Leistungen: Höchstgeschwindigkeit 850 km/h auf 10000 m; max. Reisegeschwindigkeit 825 km/h; Anfangssteiggeschwindigkeit 9,0 m/Sek; Dienstgipfelhöhe 15500 m; Reichweite mit einer Nutzlast von 48000 kg 5300 km, maximal 9700 km.
Gewichte: Max. Startgewicht 210000 kg.
Zuladung: Zwei Mann Cockpitbesatzung, zusätzlich ein bis zwei Lademeister. Max. Nutzlast je nach Einsatzzweck zwischen 50000 und 60000 kg.
Entwicklungsstand: Der Prototyp der neuesten Version Il-476 hat den Erstflug am 22. September 2012 absolviert. Die Luftwaffe Russlands hat bei einem Gesamtbedarf von 100 Einheiten bisher 39 Il-476 bestellt, die zwischen 2014 und 2020 abzuliefern sind. Ab 2015 können auch zivile Nutzer diesen Typ bestellen.
Bemerkungen: Mit der Il-476 (gelegentlich auch als Il-76MD-90A bezeichnet) wird bereits die »vierte Generation« dieses bewährten Transporters lanciert. Sie wurde in wesentlichen Teilen überarbeitet. So weist die Il-476 einen neuen Flügel mit besseren aerodynamischen Eigenschaften auf. Sie verfügt über die gleichen PS90A-Triebwerke wie die Il-76D-90VD bzw. Il-76MF (siehe Dreiseitenriss). Zudem sind Avionik und weitere Bordsysteme durch neue, voll digitalisierte Versionen ersetzt worden. Das Fahrwerk ist wegen dem erhöhten Abfluggewicht verstärkt. Die Il-476 soll eine Treibstoffersparnis von zwischen 13 und 17% und damit eine Erhöhung der Reichweite um 27% erzielen. Auch die Nutzlast ist deutlich erhöht. Geplant ist, von der Il-476 eine AEW&C-Version A-100 »Premier« abzuleiten.
Hersteller: Iljuschin Design Bureau, Moskau, Werk Aviastar, Ulyanovsk, Russland.

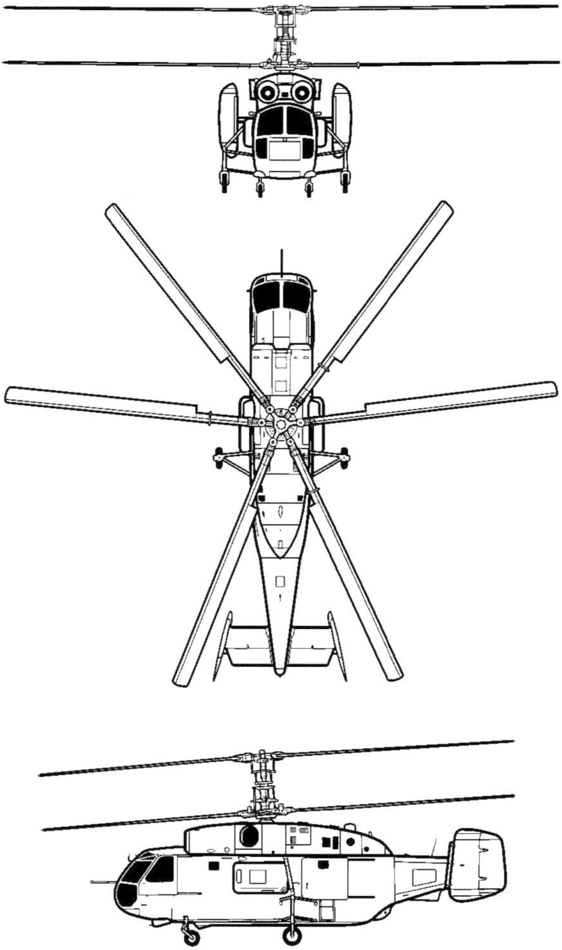

Abmessungen:
Rotordurchmesser (jeder einzelne) 15,90 m
Rumpflänge 11,30 m
Höhe über Rotor 5,40 m.

KAMOW KA-31/-32

Ursprungsland: Russland.
Kategorie: (Ka-31) Bordgestützter AEW-Hubschrauber, (Ka-32) mittelschwerer Mehrzweckhubschrauber.
Triebwerke (Ka-32A-11BC): Zwei Gasturbinen Klimow TV3-117VMA von je 2225 WPS (1658 kW) Leistung.
Leistungen (Ka-32 bei 11000 kg): Höchstgeschwindigkeit 250 km/h auf Meereshöhe; max. Reisegeschwindigkeit 230 km/h; Dienstgipfelhöhe 6000 m; Schwebehöhe mit Bodeneffekt 3500 m, ohne Bodeneffekt 1705 m; max. Reichweite ohne Reserven 900 km; max. Flugdauer 4,5 Std.
Gewichte (Ka-32): Leergewicht 6250 kg; normal beladen 11000 kg; max. Startgewicht 12700 kg.
Zuladung (Ka-31): Zwei Piloten und zwei Systemoperateure; (Ka-32): Zwei Piloten und 16 Passagiere oder eine max. Nutzlast von 5000 kg.
Entwicklungsstand: Die Weiterentwicklung Ka-32A-11BC erhielt die Zulassung 2002. Rund 180 Hubschrauber befinden sich weltweit vorab für den Transport von Schwerlasten, aber auch als Lösch- und Rettungshubschrauber in vielen Ländern im zivilen und paramilitärischen Einsatz. Der größte Besteller ist Südkorea mit rund 50 Einheiten. Die Ka-31 fliegt seit 1988, aber erst 2007 begann die Produktion. Die AEW-Ausführung der Ka-31 ist von folgenden Marinen beschafft worden: Indien (9), Russland (1+), VR China (9). Ganz neu befindet sich die ASW-Ausführung Ka-27M in Erprobung, welche von der Russischen Marine bestellt wurde.
Bemerkungen: Beide Muster Ka-31 und Ka-32, sowie deren Vorgängerinnen Ka-27, -28, -29 fallen durch einen gedrungenen Rumpf und den Kamow-typischen koaxialen, gegenläufigen Doppelrotor auf. Die Ka-32 wird in mehreren Subvarianten primär zur Versorgung von Ölplattformen, abgelegenen Außenstationen, zum Transport von schweren externen Lasten sowie als Such- und Rettungshubschrauber eingesetzt. Sie ist besonders robust ausgelegt und kann unter sehr schwierigen Wetterbedingungen operieren. Derzeit läuft ein Programm der Russischen Marine, frühere Ka-27PL zu modernisieren. Nebst neuer ASW-Elektronik soll auch das leistungsfähigere Klimow VK-2500-Triebwerk eingebaut werden. Die AEW-Ausführung Ka-31 verfügt an der Rumpfunterseite über ein zweidimensionales 360°-Überwachungsradar E-801 Oko, welches in der Luft ausgeklappt werden kann.
Hersteller: Kamow Kompaniya, Moskau, Werk Kummertau, Russland.

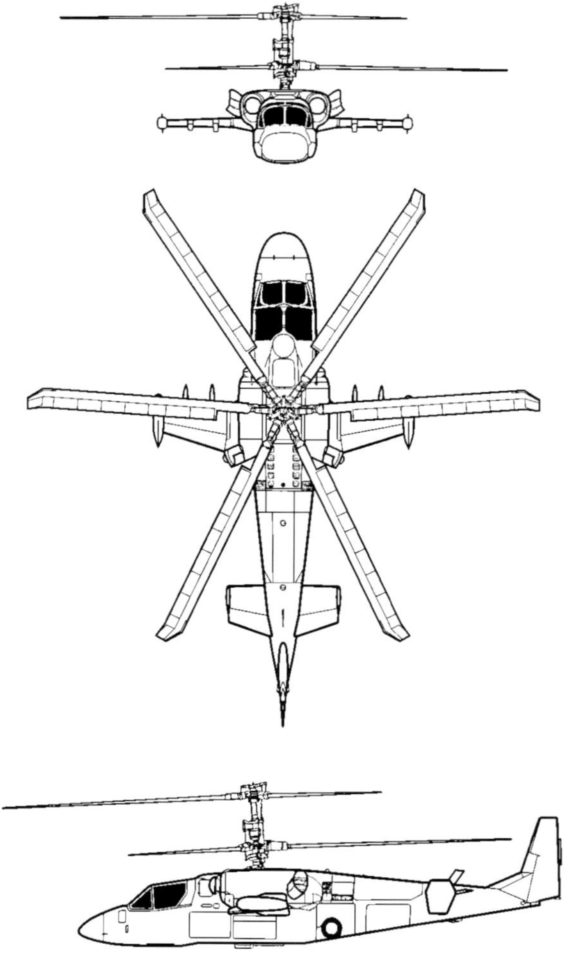

Abmessungen:
Rotordurchmesser 14,50 m
Rumpflänge bei drehenden Rotoren 15,96 m,
Höhe über Rotorkopf 4,93 m.

KAMOW KA-52 ALLIGATOR

Ursprungsland: Russland.
Kategorie: Zweisitziger Kampfhubschrauber mit Sitzen nebeneinander.
Triebwerke: Zwei Gasturbinen TV3-117VMA-SB3 von je 2500 WPS (1864 kW) Leistung.
Leistungen: Höchstgeschwindigkeit in einem Bahnneigungsflug 350 km/h; max. Dauergeschwindigkeit 310 km/h; max. Schrägsteiggeschwindigkeit 8 m/Sek; Dienstgipfelhöhe 5500 m; Schwebehöhe ohne Bodeneffekt 3600 m; Einsatzradius 250 km; Reichweite 460 km; Überführungsreichweite 1160 km.
Gewichte: Leergewicht 7800 kg; max. Startgewicht 10400 kg.
Bewaffnung: Eine einläufige 30-mm-Kanone Shipunow 2A42 an der rechten Rumpfseite und beispielsweise bis zu 16 Panzerabwehrlenkwaffen oder ungelenkte 80 x 80-mm- bzw. 20 x 130-mm-Raketen an vier Pylonen unter den beiden Stummelflügeln; max. Nutzlast 2300 kg.
Entwicklungsstand: Die Ka-52 fliegt seit 25. Juli 1997. Nach dem Bau von einigen Prototypen und Vorserienhubschraubern ist die Serienproduktion 2010 angelaufen. Die Einsatzbereitschaft bei den Streitkräften Russlands wurde im Mai 2011 erklärt. Neu sollen bis 2020 insgesamt 167 Ka-52 beschafft werden. 2014 folgt die Marineausführung Ka-52K. Sie erhält ein überarbeitetes Kampfradar Zhuk-A, faltbare Rotoren und die Ausrüstung, um Antischiffs-Lenkwaffen mitführen zu können. Die Russische Marine stationiert die Ka-52K ab 2014 auf den vier neuen Hubschrauberträgern.
Bemerkungen: Die Ka-52 dient primär für Luftnahunterstützungs-Aufgaben, in zweiter Linie auch für Luftkampfeinsätze. Übernommen wurde vom Alligator die Grundkonzeption aller Kamow-Hubschrauber, der koaxiale, gegenläufige Doppelrotor. Cockpit, Triebwerke, Rotoren und Getriebe sind so gepanzert, dass sie einer Beschießung mit 20-mm-Geschossen standhalten können. Sehr ungewöhnlich ist die Ausrüstung der Ka-52 mit Schleudersitzen KA-37-800. Vor dem Ausstieg werden die Koaxialrotoren abgesprengt. Beide Besatzungsmitglieder können gleichzeitig herausgeschleudert werden. Die Ka-52 ist für Nacht- und Allwettereinsätze konzipiert und verfügt über eine entsprechende Avionik Argument-52. Im Cockpit sind vier Multifunktionsscreens eingebaut. Einige Funktionen kann der Pilot via Helmsteuerungssystem bedienen. Zusammen mit der französischen Sagem soll eine Weiterentwicklung der Ka-52 mit französischer Avionik gebaut werden.
Hersteller: OKB Nikolai I. Kamow, Werk Arsenyew, Moskau, Russland.

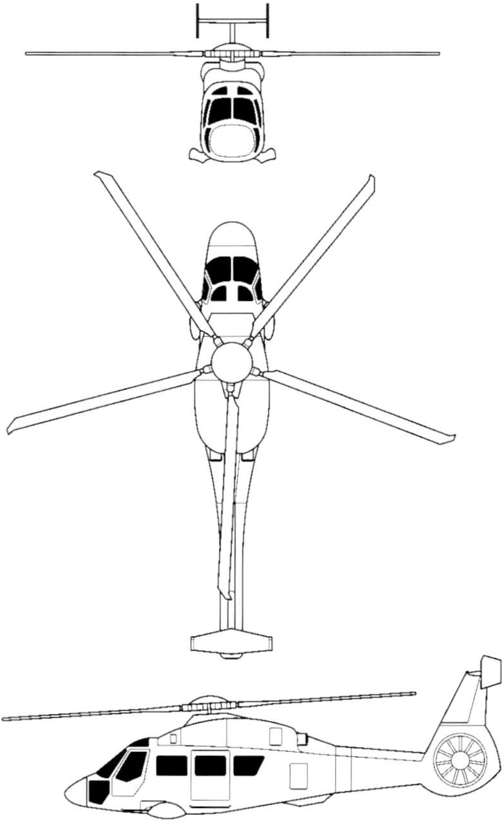

Abmessungen:
Rotordurchmesser 13,80 m
Rumpflänge bei drehendem Rotor 15,70 m, Rumpflänge allein 12,80 m
Höhe inkl. Rotorkopf 3,70 m.

KAMOW KA-60/62

Ursprungsland: Russland.
Kategorie: Ziviler Mehrzweckhubschrauber.
Triebwerke: Zwei Gasturbinen Turboméca Ardiden 3G von je 1680 WPS (1252 kW) Leistung.
Leistungen (nach Angaben des Herstellers): Höchstgeschwindigkeit bei normaler Zuladung 310 km/h; max. Reisegeschwindigkeit 290 km/h; Dienstgipfelhöhe 6060 m; Schwebehöhe mit Bodeneffekt 3150 m; Reichweite mit 12 Passagieren 600 km, mit max. interner Treibstoffzuladung 750 km, Überführungsreichweite mit Zusatztank 1145 km.
Gewichte: Max. Startgewicht 6500 kg.
Zuladung: Ein bis zwei Piloten und bis zu 16 Passagiere in vier Reihen. Max. Nutzlast intern 2000 kg, extern 2500 kg.
Entwicklungsstand: Der erste Prototyp Ka-60 begann mit der Flugerprobung am 24. Dezember 1998, ein zweiter folgte kurz danach. Ein Serienbau blieb jedoch aus. Die 2012 neu vorgestellte Weiterentwicklung Ka-62 hätte im zweiten Semester 2013 erstmals fliegen sollen; dies wurde aus unbekannten Gründen hinausgeschoben. Die Luftwaffe Russlands will vorerst 16 Einheiten, die Marine ab 2014 eine Spezialausführung der Ka-62 beschaffen. Erste zivile Aufträge aus Brasilien und Kolumbien sind ebenfalls eingegangen.
Bemerkungen: Ausgehend von der Ka-60, welche in der Folge nicht weiter entwickelt wurde, lancierte der Hersteller 2012 eine wesentlich überarbeitete Weiterentwicklung Ka-62. Von den Dimensionen und vom Aussehen her sind keine wesentlichen Unterschiede zur Ka-60 vorhanden. Rund 50% der Struktur einschließlich des Fünfblattrotors bestehen aus Verbundwerkstoffen. Es sind neue, sehr leistungsfähige Triebwerke mit FADEC-Managementsystem vorgesehen. Das digitale Cockpit wird von Transas geliefert. Der Heckrotor entspricht etwa dem Fenestron-Modell von Eurocopter und weist elf Blätter auf. Das Fahrwerk ist einziehbar. Nebst dem Transport von Passagieren wurde die Ka-62 auch für Sanitäts- und Frachteinsätze ausgelegt. Die beiden großen Gleittüren erleichtern das Ein- und Ausladen. Mit der Ka-62 will der Hersteller einen besonders zuverlässigen und leicht zu bedienenden Hubschrauber anbieten. Es sind sowohl zivile wie auch militärische Varianten geplant.
Hersteller: OKB Nikolai I. Kamow, Werk Progress Arsenyev Aviation Company, Arsenyev, Russland.

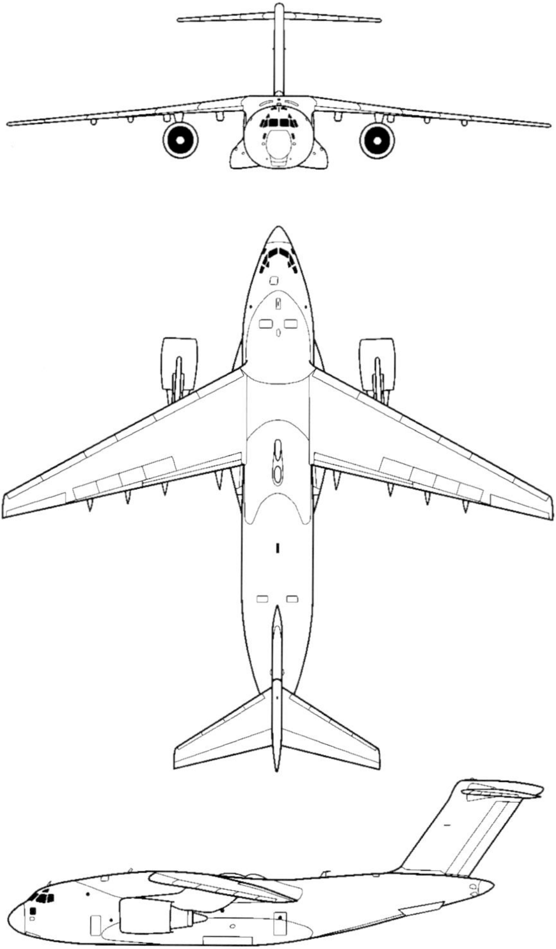

Abmessungen:
Spannweite 44,40 m
Länge 43,90 m
Höhe 14,20 m.

KAWASAKI C-2

Ursprungsland: Japan.
Kategorie: Mittelschwerer militärischer Transporter.
Triebwerke: Zwei Mantelstromtriebwerke General Electric CF6-80C2K1F von je 27150 kp (266,20 kN) Standschub.
Leistungen: Max. Reisegeschwindigkeit 980 km/h, normale Reisegeschwindigkeit 890 km/h (Mach 0,80); Dienstgipfelhöhe 12200 m; Reichweite bei einer Nutzlast von 12000 kg 6500 km, mit max. Nutzlast 5700 km, max. Reichweite 9700 km.
Gewichte: Leergewicht 60800 kg; max. Startgewicht 141570 kg.
Zuladung: Zwei Mann Cockpitbesatzung und normal 30000 kg Fracht, max. bis zu 37000 kg.
Entwicklungsstand: Technische Probleme waren verantwortlich, dass der Prototyp C-X die Flugerprobung erst mit zweijähriger Verspätung am 26. Januar 2010 aufnahm, gefolgt vom zweiten und letzten Prototypen XC-2 am 27. Januar 2011. Bei den japanischen Streitkräften soll die C-2 die Kawasaki C-1 ersetzen. Vorläufig 40 Einheiten sind geplant, welche gemäß heutiger Planung ab 2015 abgeliefert werden.
Bemerkungen: Um Synergieeffekte zu erzielen und Kosten zu sparen, wurde die C-2 parallel mit der (X)P-1 (siehe Seiten 220/221) entwickelt. Wenn auch äußerlich wenige Gemeinsamkeiten zu erkennen sind, weisen beide Muster doch viele gleiche Komponenten auf. Dazu gehören die Grundkonstruktion des Flügels, viele Systeme und die Cockpits. Mit diesem Typ bekommen die japanischen Selbstverteidigungsstreitkräfte einen Transporter, welcher ausreichende Nutzlasten auch über strategische Distanzen verlegen kann. Der Frachtraum ohne Rampe ist 16,00 m, mit Rampe 21,50 m lang sowie je 4,00 m hoch und breit. Die C-2 kann auf unvorbereiteten und relativ kurzen Pisten starten und landen. Bei maximaler Nutzlast benötigt sie jedoch eine Startbahn von mindestens 2300 m Länge. Wie heute üblich, ist das Cockpit mit Multifunktionsbildschirmen ausgerüstet. Die Besatzung wird durch ein taktisches Flight Management System unterstützt. Die Steuerung erfolgt durch Fly-By-Wire. Die C-2 kann im Fluge betankt werden. Von der C-2 soll ein ziviles Frachtflugzeug YCX abgeleitet werden.
Hersteller: Kawasaki Heavy Industries, Werk Gifu, Japan.

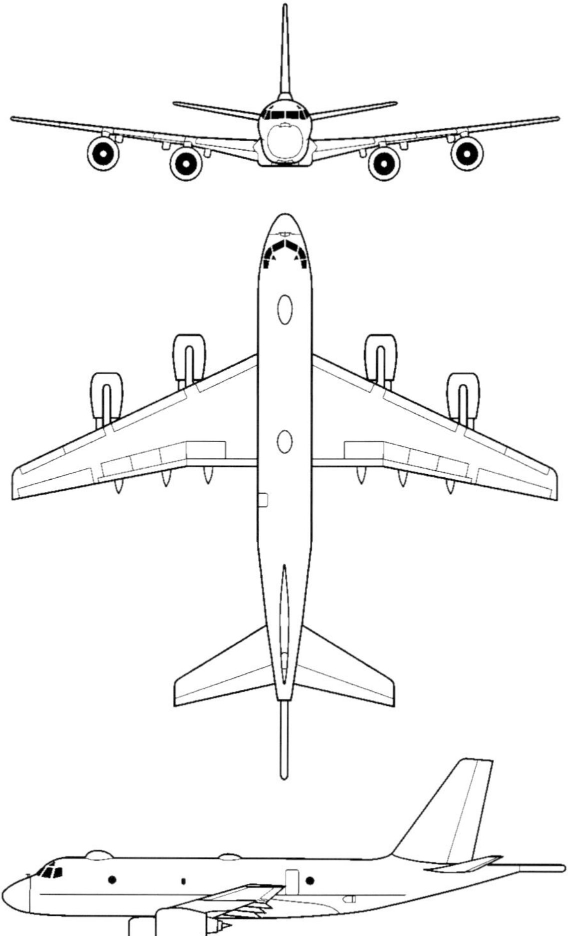

Abmessungen:
Spannweite 35,40 m
Länge 38,00 m
Höhe 12,10 m.

KAWASAKI P-1

Ursprungsland: Japan.
Kategorie: Seeaufklärungs- und Mehrzweckkampfflugzeug.
Triebwerke: Vier Mantelstromtriebwerke Ishikawajima-Harima XF7-10 von je rund 5900 kp (58,0 kN) Standschub.
Leistungen (nach Angaben des Herstellers): Höchstgeschwindigkeit 966 km/h; Reisegeschwindigkeit 833 km/h; Dienstgipfelhöhe 13500 m; max. Reichweite 8000 km.
Gewichte: Max. Startgewicht 80000 kg.
Zuladung: Zwei Mann Cockpitbesatzung und in der Regel elf Systemoperateure.
Bewaffnung: Antischiffslenkwaffen, Tiefwasserbomben, Torpedos, Minen, Sonarbojen usw. bis zu einem Gesamtgewicht von 9000 kg im internen Waffenschacht sowie an bis zu acht Außenlaststationen.
Entwicklungsstand: Ein erster Prototyp XP-1 begann die Erprobung am 28. September 2007, der zweite am 19. Juni 2008. Die Japanische Marine will neu nur noch etwa 70 P-1 beschaffen, welche die Lockheed P-3 Orion ersetzen. 34 davon sind bereits bestellt. Das erste Serienflugzeug wurde am 26. März 2013 der Marine übergeben. Ende 2014 waren acht P-1 abgeliefert. Die Einsatzfähigkeit einer ersten Staffel wird für 2015 erwartet.
Bemerkungen: Obwohl äußerlich sehr unterschiedlich, ist die P-1 der C-2 (siehe Seiten 218/219) konstruktiv sehr ähnlich. Als große Innovation ist die XP-1 mit einem Flight-By-Light-System ausgerüstet. Dieses soll wesentlich schnellere Befehle ausführen und gegen elektromagnetische Felder weniger störanfällig sein. Zur Ortung von Unterseebooten wird die P-1 mit diversen Sensoren, einem Phased Array Radar von Toshiba, magnetischen Detektoren, Infrarot-Scheinwerfersystem usw. ausgerüstet sein. Weiter sind verschiedene Systeme zum Ergreifen von elektronischen Gegenmaßnahmen vorgesehen.
Hersteller: Kawasaki Heavy Industries, Werk Gifu, Japan.

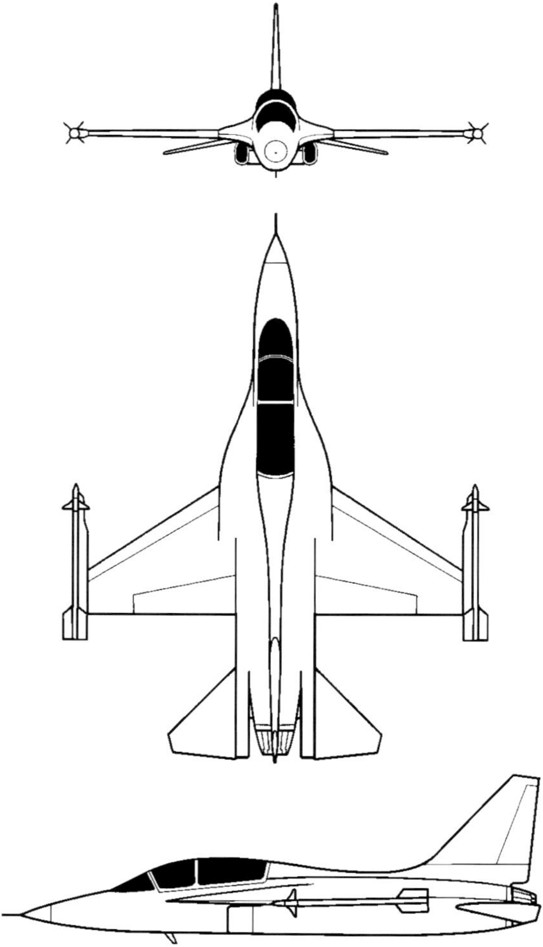

Abmessungen:
Spannweite 9,45 m
Länge 13,14 m
Höhe 4,82 m
Flügelfläche 26,60 m^2.

KOREAN AEROSPACE INDUSTRIES T-50/FA-50 GOLDEN EAGLE

Ursprungsland: Südkorea.
Kategorie: Zweisitziger Trainer T-50 und leichtes Mehrzweckkampfflugzeug FA-50.
Triebwerke: Ein Mantelstromtriebwerk General Electric F404-GE-102 von 5400 kp (53,1 kN) Standschub ohne und 8000 kp (78,7 kN) mit Nachverbrennung.
Leistungen: Höchstgeschwindigkeit Mach 1,5; Anfangssteiggeschwindigkeit 137 m/Sek; Dienstgipfelhöhe 14630 m; Reichweite 1850 km.
Gewichte: Leergewicht 6470 kg; max. Startgewicht ohne Außenlasten 8890 kg, mit Außenlasten 12500 kg.
Bewaffnung (FA-50): Eine dreiläufige 20-mm-Kanone M61A2 im Vorderrumpf mit Austrittsöffnung unter der linken Flügelvorderkante. An sieben Aufhängepunkten, einem unter dem Rumpf, vier unter den Flügeln und zwei an den Flügelenden Luft-Luft- bzw. Luft-Boden-Lenkwaffen sowie Bomben aller Art bis zu einem Gewicht von 4500 kg.
Entwicklungsstand: Der erste von vier Prototypen hatte am 20. August 2002 seinen Erstflug. Die Luftwaffe Südkoreas beschaffte 50 T-50A als Fortgeschrittenentrainer und 10 T-50B für ihre Kunstflugstaffel. Weitere 22 Jagdflugzeugtrainer TA-50A (Erstflug des Prototypen am 29. August 2003, des ersten Serienflugzeuges Anfang 2011) werden derzeit gebaut. Die neueste Variante ist das leichte Kampfflugzeug FA-50. Der Prototyp flog erstmals 2011, Beginn der Ablieferung ab August 2013.Bisher sind 60 FA-50 von der Korean Air Force in Auftrag gegeben worden. Weitere Bestellungen: Indonesien 16 T-50i, Irak 24 T-50IQ, Philippinen 12 TA-50.
Bemerkungen: Vier Ausführungen sind derzeit vorgesehen: Der Fortgeschrittenentrainer T-50A, die für Kunstflugeinsätze optimierte T-50B, ein Waffentrainer TA-50A mit einem Bordradar EL-2032. Freigegeben wurde 2009 die Entwicklung des leichten Mehrzweckjägers FA-50, versehen mit einem leistungsfähigeren Bordradar Elta EL/M-2032, Kampfelektronik und größerer Treibstoffkapazität. Konstruktiv unterscheiden sich die verschiedenen Ausführungen kaum voneinander, sondern nur durch ihre Ausrüstung. Alle verfügen über ein Fly-By-Wire-Steuerungssystem und eine Cockpitausrüstung mit HUD. KAI prüft derzeit, eine Stealth-Variante der FA-50 zu entwickeln.
Hersteller: Korean Aerospace Industries (KAI), Inchon, Werk Sachon, Republik Südkorea.

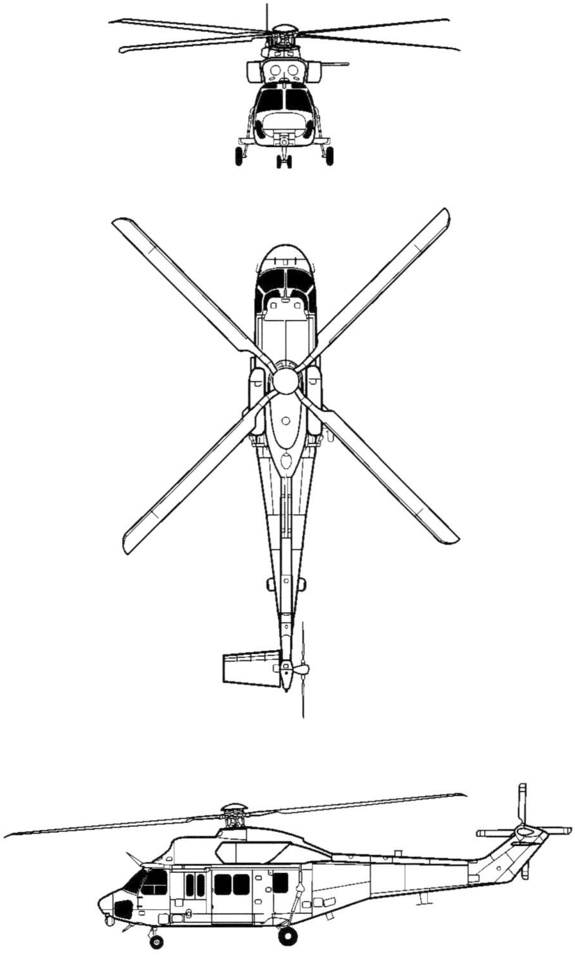

Abmessungen:
Rotordurchmesser 15,80 m
Rumpflänge inkl. Rotor 19,02 m, ohne Rotor 15,09 m
Höhe über Hauptrotor 4,50 m, über Heckrotor 5,01 m.

KOREA AEROSPACE KHP-4 SURION

Ursprungsland: Südkorea.
Kategorie: Mittelschwerer Mehrzweckhubschrauber für militärische Aufgaben.
Triebwerke: Zwei Gasturbinen General Electric TE700-GE-701 von je 1777 WPS (1383 kW) Leistung.
Leistungen: Höchstgeschwindigkeit 298 km/h; max. Reisegeschwindigkeit 274 km/h; max. Schwebehöhe 2820 m; Reichweite mit max. interner Treibstoffzuladung rund 525 km; Flugdauer 2,77 Std.
Gewichte: Leergewicht 4973 kg; max. Startgewicht 8709 kg.
Zuladung: Zwei Piloten und 16 Passagiere bzw. 10 vollausgerüstete Soldaten oder sechs Verletzte auf Bahren; Nutzlast intern 3700 kg, extern 2722 kg.
Bewaffnung: Zwei 7,62-mm-Maschinengewehre an den Seitentüren sowie an Stummelflügeln 20-mm-Kanonenbehälter oder Werfer für ungelenkte Raketen.
Entwicklungsstand: Der erste von vier Prototypen absolvierte seinen Erstflug am 10. März 2010. Die südkoreanischen Streitkräfte wollen rund 245 Surions als neuen Standardhubschrauber beschaffen. Ein Export ist ebenfalls vorgesehen. 2016 soll auch eine Medevac-Version fliegen. Bisher sind acht dieser Version bestellt.
Bemerkungen: Mit der Surion lanciert der koreanische Hersteller seinen ersten, weitgehend in Eigenregie entwickelten Hubschrauber. Technisch arbeitete man mit Eurocopter zusammen. Von diesem Hersteller stammen das Getriebe, der Rotormast und der Autopilot. Angesiedelt in der Klasse von EC 175 bzw. S-70/UH-60 (siehe Seiten 44/45 bzw. 284/285) oder AW 139 (siehe Seiten 12/13) weist sie alle konstruktiven Merkmale von modernen Hubschraubern auf. Die Surion ist mit einem Festfahrwerk ausgerüstet. Details der Ausrüstungselektronik sind noch nicht bekannt. Später sollen von diesem Muster weitere Versionen abgeleitet werden, allenfalls sogar eine Kampfhubschrauber-Ausführung mit Tandem-Sitzen. Zusammen mit Eurocopter wurde 2011 die Entwicklung einer Marineversion beschlossen. Von dieser Ausführung sind 45 Maschinen für den Einsatz ab den neuen Hubschrauberträgern der Marine Südkoreas vorgesehen.
Hersteller: Korea Aerospace Industries Ltd. (KAI), Inchon, Werk Sachon, Republik Südkorea.

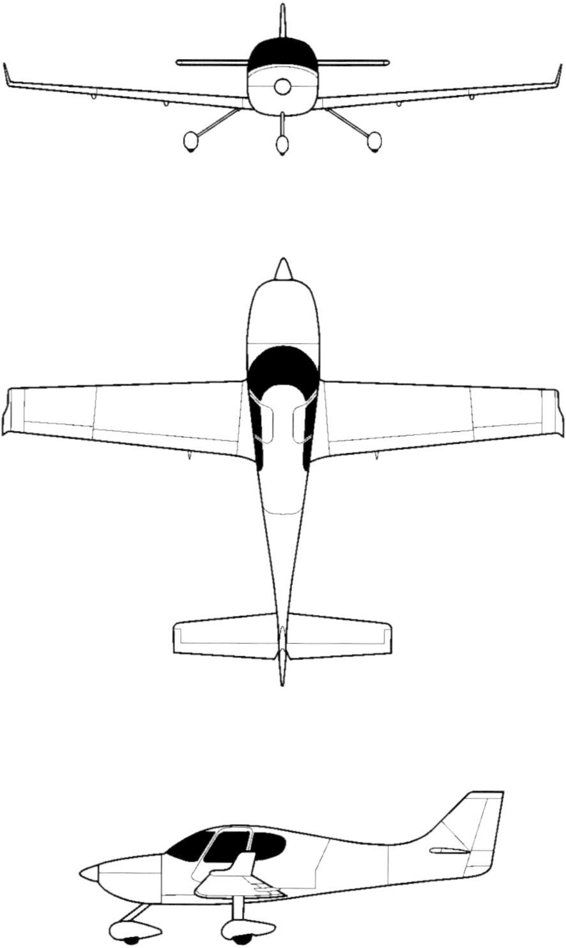

Abmessungen:
Spannweite 11.29 m
Länge 8.03 m
Höhe 2.71 m.

KORREA AEROSPACE KC-100 NARANON

Ursprungsland: Südkorea.
Kategorie: Sport- und Reiseflugzeug.
Triebwerke: Ein luftgekühlter Sechszylinder-Boxermotor Teledyne Continental TSIOF-550 von 315 PS (235 kW) Leistung.
Leistungen: Höchstgeschwindigkeit 370 km/h; max. Reichweite rund 2400 km.
Gewichte: Leergewicht 1089 kg; max. Startgewicht 1633 kg.
Zuladung: Pilot und drei Passagiere, max. Nutzlast 500 kg.
Entwicklungsstand: Der erste von zwei Prototypen nahm die Flugerprobung am 20. Juli 2011 auf. Auch eine Serienmaschine fliegt bereits. Ein erster Auftrag für 23 Einheiten ist von der Air Force Academy der Luftwaffe Südkoreas eingetroffen. Mit den Ablieferungen wird 2016 begonnen.
Bemerkungen: Erstmals hat der koreanische Hersteller ein Sport- und Reiseflugzeug entwickelt. Dabei wird neueste Technologie verwendet. Die ganze Zelle besteht aus Composite-Materialien. Bei den Flügeln wurde ein Laminar-Profil gewählt. Die Naranon hat ein Festfahrwerk. Das Triebwerk verfügt über eine FADEC-Steuerung. Als Avionikset wählte der Hersteller das Avidyne Entegra II-Glas-Cockpit. Das Ziel dieses Musters ist, ein Flugzeug in dieser Kategorie mit einem um rund 10% verbesserten Treibstoffverbrauch gegenüber den Konkurrenten anzubieten. Die Kabine zählt ebenfalls zu den größten dieser Klasse. Der Basispreis wird mit US$ 575'000.– angegeben.
Hersteller: Korea Aerospace Industries Ltd. (KAI), Inchon, Werk Sachon, Republik Südkorea.

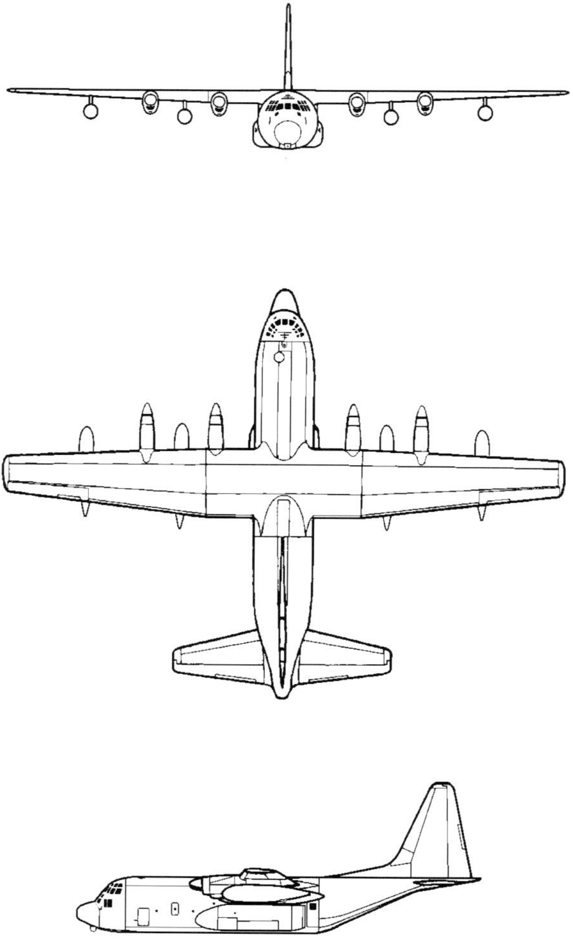

Abmessungen:
Spannweite 40,41 m
Länge (C-130J) 29,79 m, (C-130J-30) 34,36 m
Höhe 11,71 m
Flügelfläche 162,12 m^2.

LOCKHEED MARTIN C-130J

Ursprungsland: USA.
Kategorie: Mittelschwerer militärischer Transporter.
Triebwerke: Vier Propellerturbinen Rolls Royce AE2100 von je 6000 WPS (4500 kW) reduziert auf 4640 WPS (3460 kW) Leistung.
Leistungen: Max. Reisegeschwindigkeit 645 km/h, norm. Reisegeschwindigkeit 556 km/h; Anfangssteiggeschwindigkeit 10,7 m/Sek; Dienstgipfelhöhe 9315 m; Reichweite mit einer Nutzlast von 21625 kg über 2600 km, mit 18144 kg 5250 km.
Gewichte (C-130J): Rüstgewicht (J) 34274 kg, (J-30) 35965 kg; max. Abfluggewicht 79380 kg.
Zuladung: Normalerweise eine Besatzung von fünf Personen und je nach Einsatzzweck verschiedene Nutzlasten bis zu einem Gewicht von 22000 kg.
Entwicklungsstand: Die erste C-130J fliegt seit 5. April 1996. Mittlerweile sind von dieser Ausführung über 290 Einheiten an 15 Luftwaffen/Marinen ausgeliefert worden. Der größte Einzelbesteller aller Ausführungen ist die USAF mit über 200 C-130J. Derzeit werden jährlich mindestens 24 Einheiten hergestellt. Die Sonderausführungen HC-130J/KC-130J/MC-130J wurden in der Ausgabe 2013 beschrieben. 16 weitere Luftwaffen haben mittlerweile diesen Typ beschafft.
Bemerkungen: Seit über 50 Jahren ununterbrochen in Produktion, stellt die C-130J (siehe Dreiseitenriss und Foto) bzw. die verlängerte C-130J-30 die neueste Ausführung dieses bewährten Musters dar. Die wesentlichen Verbesserungen sind: Deutlich stärkere Triebwerke mit Sechsblatt-Propeller, Digitalcockpit und Elektronik neuester Generation, Erleichterung der Wartung und des Ein- und Auslads. Dadurch konnten fast alle Leistungsparameter deutlich verbessert werden. Die C-130J wird auch in mehreren Untervarianten produziert, wie HC-130J, KC-130J, LC-130J, MC-130J und AC-130J. Derzeit prüft Lockheed eine preisgünstigere Variante C-130XJ, welche auf verschiedene Systeme der C-130J verzichten würde, sowie eine Zivilversion unter der Bezeichnung LM-100J, Erstflug geplant für 2017. Für zehn Einheiten sind bereits Kaufsabsichten unterzeichnet worden.
Hersteller: Lockheed Martin Marietta Corp., Marietta, Georgia, USA.

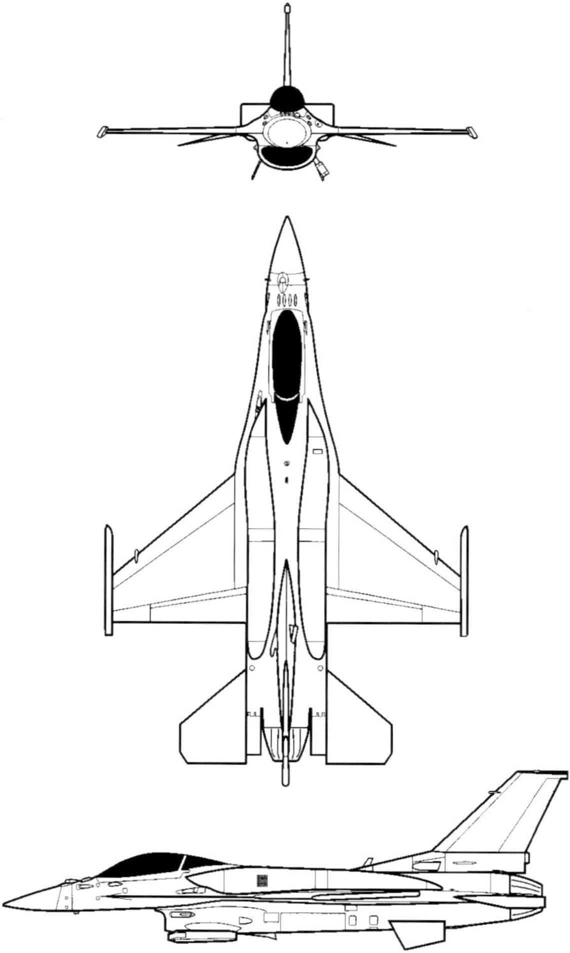

Abmessungen:
Spannweite 9,45 m
Länge 15,03 m
Höhe 5,09 m
Flügelfläche 27,87 m².

LOCKHEED MARTIN F-16C/D FIGHTING FALCON

Ursprungsland: USA.
Kategorie: Einsitziger Mehrzweckjäger (F-16C) und zweisitziger operationeller Trainer (F-16D).
Triebwerke: Ein Mantelstromtriebwerk Pratt & Whitney F100-PW-229 von 8075 kp (79,20 kN) Standschub ohne und 13420 kp (131,60 kN) mit Nachbrenner bzw. General Electric F110-GE-129 von 8043 kp (78,90 kN) Standschub ohne und 13420 kp (131,60 kN) mit Nachbrenner.
Leistungen: Kurzzeitig erreichbare Höchstgeschwindigkeit 2145 km/h auf 12190 m (Mach 2,02), andauernde Höchstgeschwindigkeit 2007 km/h (Mach 1,89); Dienstgipfelhöhe 15240 m; (Block 50/52) taktischer Einsatzradius mit sechs 227-kg-Bomben 580 km; Überführungsreichweite mit Zusatztanks 3943 km.
Gewichte: Leergewicht 9207 kg; max. Startgewicht 19187 kg.
Bewaffnung: Eine sechsläufige 20-mm-Revolverkanone M61A-1 und, als Abfangjäger, bis zu sechs Luft-Luft-Lenkwaffen AIM-9L/M oder AIM-120, als Erdkämpfer bis zu 5638 kg Außenlasten.
Entwicklungsstand: Die F-16C/D Block 50/52 befindet sich seit 1991 im Einsatz. Die als F-16E/F (siehe Ausgabe 2008 und Dreiseitenriss) bezeichneten Modelle des Blocks 60 sind an den einzigen Besteller UAE alle abgeliefert worden. Die 4500. F-16 wurde im April 2012 hergestellt. 26 Luftwaffen haben diesen Typ bisher in verschiedenen Varianten beschafft. Neueste Bestellungen: Ägypten weitere 20, Irak weitere 18 F-16C/D Block 52.
Bemerkungen: Gegenwärtig werden die Blöcke 50/52 abgeliefert. Neu beschaffte F-16 C/D können mit einer Mehrzahl optionaler Zusatzsysteme ausgerüstet werden. Beispiele sind: Vektorsteuerung des Triebwerks, Cockpit mit Helmdisplay, Mitführen von allwettertauglichen Standoff-Waffen wie die AGM-84E Standoff-Land-Attack-Lenkwaffe oder die AGM-142 Popeye II-Bombe. Neu wird auch ein Mikrowellen-Landesystem angeboten, welches den Endanflug wesentlich erleichtert. Ältere Modelle können mit einem Active Combat Radar von Raytheon nachgerüstet werden. Lockheed lancierte 2012 eine neue Version F-16V mit AESA-Radar, neuem Missionscomputer sowie Verbesserungen im Cockpit. Bestellungen für diese Variante stehen noch aus.
Hersteller: Lockheed Martin Marietta Corp., Fort Worth Division, Fort Worth, Texas, USA.

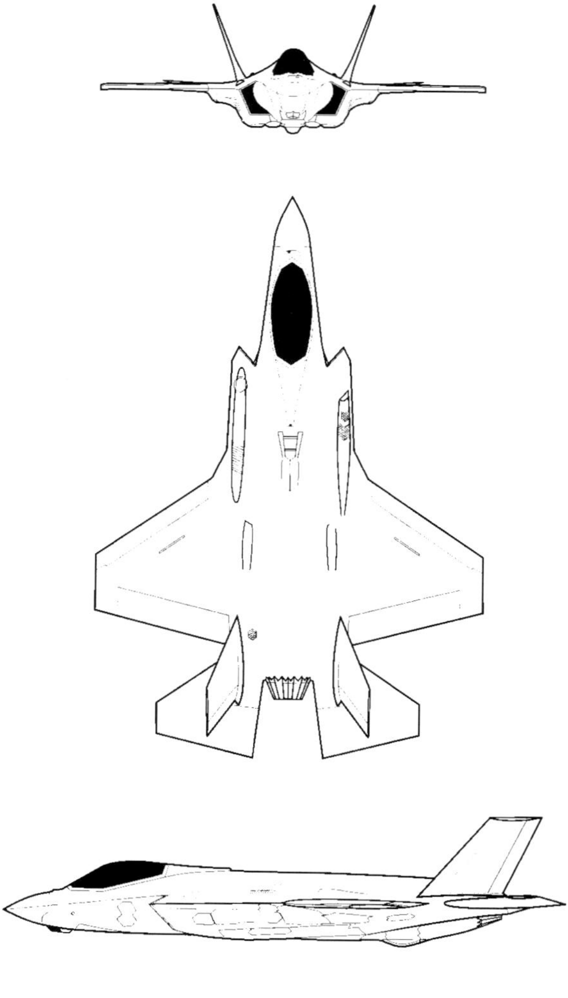

Abmessungen:
Spannweite 10,70 m
Länge 15,70 m
Höhe 4,38 m
Flügelfläche 42,70 m^2.

LOCKHEED MARTIN F-35A Lightning II

Ursprungsland: USA.
Kategorie: Landgestütztes Mehrzweckkampfflugzeug.
Triebwerke: Ein Mantelstromtriebwerk Pratt & Whitney F135PW-100 von 11340 kp (111,10 kN) ohne und 18140 kp (177,89 kN) mit Nachbrenner.
Leistungen (nach Angaben des Herstellers): Höchstgeschwindigkeit mit interner Waffenladung 1700 km/h (etwa Mach 1,6); Reisegeschwindigkeit während rund 10 Min. Mach 1,2; Dienstgipfelhöhe 18200 m; Aktionsradius 1093 km, max. Reichweite 2222 km.
Gewichte: Leergewicht 13290 kg; normales Startgewicht 22280 kg, max. ca. 31750 kg.
Bewaffnung: Eine fünfläufige 25-mm-Kanone GAU-12 und 8160 kg Waffen in zwei internen Waffenschächten und unter den Flügeln.
Entwicklungsstand: Das erste weitgehend der Serienausführung entsprechende Muster F-35AA-1 nahm die Flugerprobung am 15. Dezember 2006 auf. Am 14. November 2009 folgte das erste eigentliche Serienflugzeug AF-1. Mittlerweile fliegen rund 40 F-35A, die ersten wurden dem 33rd FW der USAF in Eglin/Florida am 14. Juli 2011 übergeben. Die USAF will heutigen Plänen zufolge 1763 F-35A Lightning II beschaffen. Angesichts der massiven Kostenüberschreitungen, weiterhin technischen Mängeln und Verspätungen bei allen Versionen sind jedoch Kürzungen zu erwarten. Bisher sind erst 122 F-35A in Auftrag gegeben worden. Folgende Länder haben die F-35A ebenfalls bestellt (Anzahl bestellt bzw. Gesamtbedarf): Australien (neu 75/75), Israel (neu 39/56), Italien (8/75?), Japan (4/42), Kanada (-/65), Niederlande (6/37), Norwegen (6/52), Südkorea (40), Türkei (2/116). Am 13. Dezember 2013 lieferte der Hersteller die 100. F-35 ab. 2013 wurde die erste Maschine des Blocks 2A übergeben.
Bemerkungen: Die F-35A ist für Landeinsätze ab normalen Flugpisten vorgesehen und hat als erste Variante die Einsatzreife erlangt. Allen drei Ausführungen F-35A, F-35B (siehe Seiten 234/235) und F-35C (siehe Seiten 236/237) gemeinsam sind der Rumpf, die Seitenleitwerke und das Höhenleitwerk. Dies trifft auch für die Systeme weitgehend zu. Das Cockpit neuester Technologie weist hoch auflösende Bildschirme auf. Viele Funktionen lassen sich durch Sprachbefehle oder via Pilotenhelm-Display steuern. Ab den Modellen des sog. Blocks 3 wird anstelle des synthetischen Normalband-Bordradars ein Breitband-Bordradar eingebaut.
Hersteller: Lockheed Martin Marietta Corp., Marietta, Georgia, Werk Fort Worth, Texas, USA.

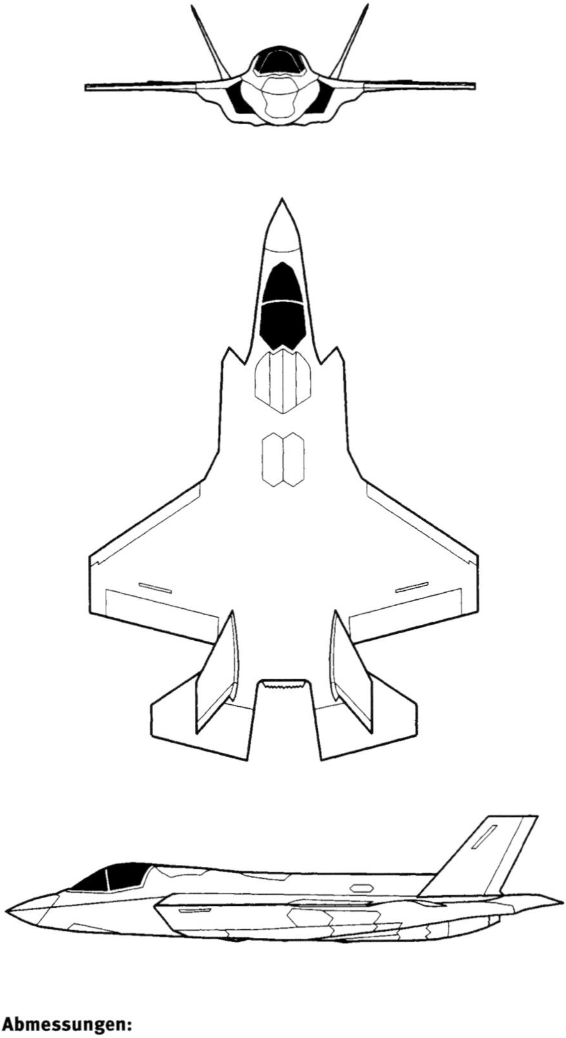

Abmessungen:
Spannweite 10,70 m
Länge 15,60 m
Höhe 4,36 m
Flügelfläche 42,70 m².

LOCKHEED MARTIN F-35B Lightning II

Ursprungsland: USA.
Kategorie: Bordgestütztes STOVL-Mehrzweckkampfflugzeug.
Triebwerke: Ein Mantelstromtriebwerk Pratt & Whitney F135PW-600 von 11793 kp (115,64 kN) ohne und 18370 kp (180,14 kN) mit Nachbrenner.
Leistungen (nach Angaben des Herstellers): Höchstgeschwindigkeit mit maximaler interner Waffenladung 1700 km/h (Mach 1,6); Reisegeschwindigkeit während rund 10 Min. Mach 1,2; Dienstgipfelhöhe 15240 m+; Aktionsradius etwa 830 km; max. Reichweite 1667 km.
Gewichte: Leergewicht 14650 kg; normales Startgewicht 22280 kg, maximal ca. 27200 kg.
Bewaffnung: Eine fünfläufige 25-mm-Kanone GAU-12 extern und 6800 kg Waffen.
Entwicklungsstand: Die X-35B entstand aus dem Umbau der X-35C und flog in dieser Konfiguration erstmals am 24. Juni 2001. Der erste eigentliche Prototyp F-35B nahm die Flugerprobung am 11. Juni 2008 auf, gefolgt vom zweiten am 25. Februar 2009. Bis Ende 2014 waren fünf Prototypen und fast 40 Serienmaschinen gebaut. Bei einem Bedarf von 340 Maschinen, hat das USMC bisher deren 50 bestellt. Die erste Ausbildungsstaffel war Anfang 2013 in Yuma, Arizona, einsatzbereit, eine erste Kampfstaffel folgt 2015. Großbritannien beschafft nun doch statt der F-35C 48 F-35B (bisher 8 bestellt), Italien deren 15.
Bemerkungen: Bei der STOVL-Version F-35B ist das Triebwerk mit einem durch eine Gelenkwelle verbundenen Lift-Fan ausgerüstet, mit Einlassöffnung und Austrittsdüse unten am vorderen Teil des Rumpfs. Zudem lässt sich das Heckteil des Triebwerks um bis zu 90° nach unten schwenken. Damit werden vollständige VTOL-Eigenschaften erreicht. Im Übrigen ist die F-35B mit den F-35A/C zu rund 90% baugleich. Die Entwicklung des Alternativtriebwerks General Electric/Rolls-Royce F136 für alle F-35-Versionen wurde 2011 aus Budgetgründen endgültig abgebrochen.
Hersteller: Lockheed Martin Marietta Corp., Marietta, Georgia, Werk Fort Worth, Texas, USA.

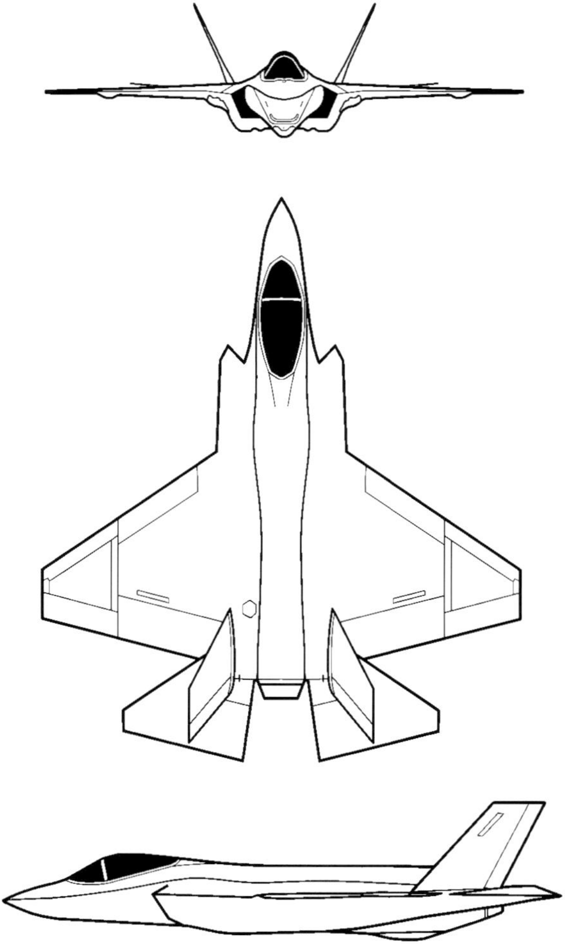

Abmessungen:
Spannweite 13,10 m
Länge 15,70 m
Höhe 4,48 m
Flügelfläche 62,10 m².

LOCKHEED MARTIN F-35C Lightning II

Ursprungsland: USA.
Kategorie: Bordgestütztes CTOL-Mehrzweckkampfflugzeug.
Triebwerke: Ein Mantelstromtriebwerk Pratt & Whitney F135PW-100 von 11339 kp (111,20 kN) ohne und 18143 kp (177,92 kN) mit Nachbrenner.
Leistungen (nach Angaben des Herstellers): Höchstgeschwindigkeit mit maximaler interner Waffenlast 1700 km/h (etwa Mach 1,6); Reisegeschwindigkeit während rund 10 Min. Mach 1,2; Dienstgipfelhöhe 15240 m+; Aktionsradius etwa 1100 km; max. Reichweite 2200 km.
Gewichte: Leergewicht 15784 kg; normales Startgewicht 22280 kg, maximal 31750 kg.
Bewaffnung: Eine fünfläufige 25-mm-Kanone GAU-12 extern und 8160 kg Waffen, ein Teil davon im internen Schacht an der Rumpfunterseite.
Entwicklungsstand: Die erste F-35C hat die Flugerprobung am 6. Juni 2010 aufgenommen. Mittlerweile fliegen alle drei Prototypen und die ersten Serienflugzeuge. Auch dieses Programm leidet unter massiven Verspätungen und Kostenüberschreitungen. Noch ist nicht klar, wie viele F-35C die USN schließlich beschafft, vermutlich aber nur 260. Bis zu 80 erhält das USMC. Bestellt sind bisher nur deren 30, Ende 2014 waren 18 abgeliefert, darunter die erste für das USMC. Die Schulungsstaffel VF-101 übernahm im Frühjahr 2013 die erste F-35C. Im November 2014 fanden die ersten Trägerlandungen und –starts statt.
Bemerkungen: Als letzte der drei Versionen folgte die F-35C für die USN. Die konventionell startende und landende F-35C verzichtet auf Schwenkmechanismus und Lift-Fan der F-35B, erhält aber für den Einsatz ab Flugzeugträgern einen optimierten Flügel, der sich zum besseren Verstau an den Enden einklappen lässt. Die Spannweite ist um ganze 2,44 m größer und die Fläche nimmt um rund 50% zu. Auch der Klappenmechanismus wurde verändert. Damit erzielt die F-35C deutlich bessere Start- und Landeeigenschaften. Dank eines auf 8960 kg erhöhten Treibstoffvorrats erreicht die F-35C größere Reichweiten. Zu 90% weist sie aber mit der F-35A und der F-35B Teilegleichheit auf. Insbesondere die Avionik ist bei allen genau gleich. Gegenwärtig prüft die USN, ob aus der F-35C später noch eine Ausführung als Elektronikkampfflugzeug abgeleitet werden kann.
Hersteller: Lockheed Martin Marietta Corp., Marietta, Georgia, Werk Fort Worth, Texas, USA.

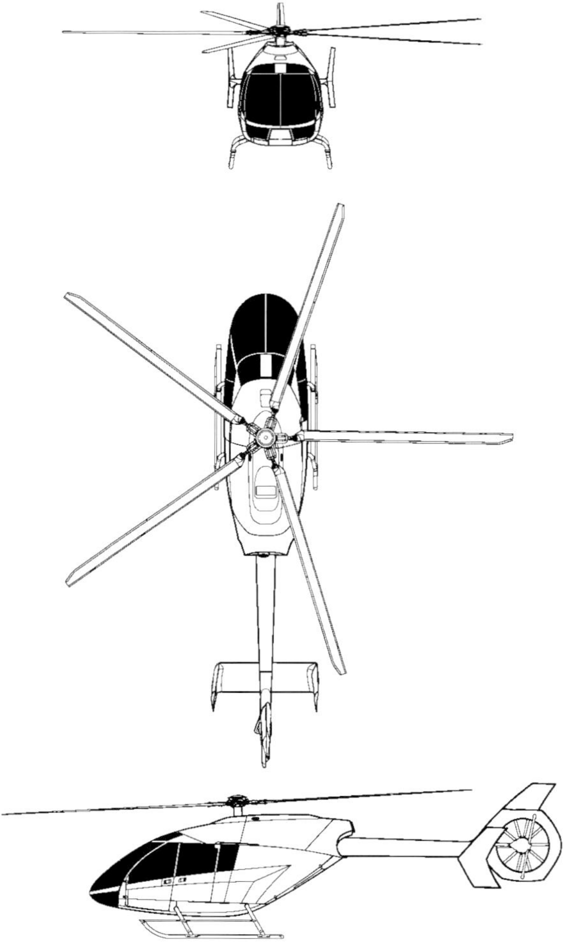

Abmessungen:
Rotordurchmesser 11,00 m
Rumpflänge inkl. Rotor 12,97 m.

MARENCO SWISSHELICOPTER SKYE SH09

Ursprungsland: Schweiz.
Kategorie: Leichter Mehrzweckhubschrauber.
Triebwerke: Eine Gasturbine Honeywell HTS 900-2 von 1020 WPS, gedrosselt auf 820 WPS (611 kW) Leistung.
Leistungen (vorläufige Angaben): Reisegeschwindigkeit 260 km/h; Reichweite mit max. interner Treibstoffzuladung rund 800 km.
Gewichte: Max. Startgewicht 2650 kg, mit Außenlasten 2800 kg.
Zuladung: Ein Pilot und fünf bis sieben Passagiere auf »crash-resistenten« Sitzen; Nutzlast extern 1500 kg.
Entwicklungsstand: Für die Fachwelt überraschend wurde im März 2011 eine Attrappe eines neuen leichten Mehrzweckhubschraubers vorgestellt. Der im November 2013 präsentierte Prototyp nahm am 2. Oktober 2014 die Flugerprobung auf. Die Zulassung soll in der zweiten Hälfte 2015 erreicht werden. Bisher sind Kaufabsichten für rund 60 Einheiten abgegeben worden.
Bemerkungen: Die SKYe SH09 ist die seit rund 30 Jahren erste echte Neukonstruktion im Markt der Leichthubschrauber in der 2,5 t-Klasse. Sie wird hauptsächlich ausgelegt für anspruchsvolle Einsätze in allen Wetterlagen und soll klassenbeste Leistungen in heißen und hoch gelegenen Regionen bieten. Ein Grund dafür sei das neu entwickelte Rotorkonzept mit einem gelenklosen Fünfblatt-Haupt- und ummantelten Heckrotor. Im Flugbetrieb soll die SH09 sehr leise sein. Die voll aus Karbon gebaute Kabine bietet dank ihrer Modularität vielfältige Einbaumöglichkeiten, sei es für Passagiertransporte, Rettungseinsätze, Fracht usw. Sie weist die klassenbeste Kabinenhöhe auf und der Boden ist völlig flach. Interessant ist die Anbringung eines Fensters im Boden der Kabine, um die Sichtverhältnisse des Piloten zu verbessern. Die Beladung ist durch eine zweiflüglige Hecktüre erleichtert. Dank einem leistungsstarken Triebwerk wird die SKYe SH09 der schnellste Hubschrauber seiner Klasse sein und dabei doch sehr wirtschaftliche Werte aufweisen. Der Preis für eine Basisausführung soll sich in der Größenordnung von CHF 3,5 Mio. bewegen.
Hersteller: Marenco Swisshelicopter Ltd., Niederurnen, Schweiz.

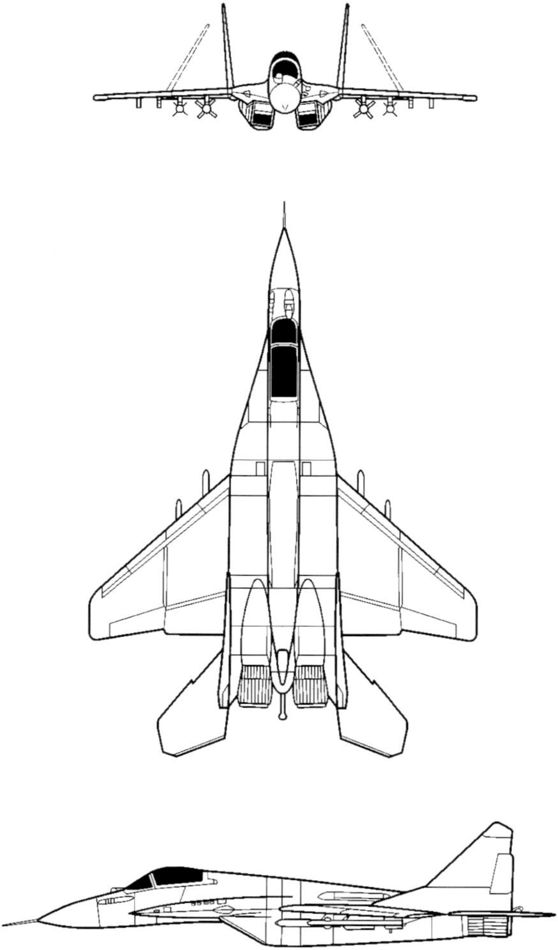

Abmessungen:
Spannweite (MiG-29SMT/MiG-29M) 11,41 m, (MiG-29K) 11,99 m
Länge 17,16 m
Höhe 4,36 m
Flügelfläche (MiG-29SMT/MiG-29M) 38,00 m², (MiG-29K) 42,00 m².

MIKOJAN MIG-29SMT/MIG-29K/MIG-29M

Ursprungsland: Russland.
Kategorie: Ein- oder zweisitziges Mehrzweckkampfflugzeug.
Triebwerke: Zwei Mantelstromtriebwerke (MiG-29SMT) Klimow/Sarkisow RD-33 Serie 3/RD-33MK von je 5035 kp (49,40 kN) Standschub ohne und 9300 kp (91,00 kN) mit Nachbrenner.
Leistungen (MiG-29SMT): Höchstgeschwindigkeit mit vier Luft-Luft-Lenkwaffen 2445 km/h auf 11000 m (Mach 2,3) oder 1500 km/h auf Meereshöhe (Mach 1,3); max. Anfangssteiggeschwindigkeit 330 m/Sek; Dienstgipfelhöhe 17700 m; Einsatzradius (Abfangmission mit 1500-l-Zusatztanks und vier Luft-Luft-Lenkwaffen) 1015 km; max. Reichweite mit drei Zusatztanks 3500 km.
Gewichte (-29SMT): Norm. Startgewicht 17500 kg; max. Startgewicht 23500 kg.
Bewaffnung: Eine 30-mm-Revolverkanone GSh-301 und eine maximale Waffenlast von 4500 kg an zehn Außenstationen.
Entwicklungsstand: Die Umbauversion MiG-29SMT fliegt seit 20. April 1998. Bis zu 200 ältere Versionen der Russischen Luftwaffe werden entsprechend modifiziert. 16 neue MiG-29SMT hat die Russische Luftwaffe kürzlich bestellt. Rund 1600 MiG-29 aller Versionen sind für etwa 30 Luftwaffen hergestellt worden. Von der Marineversion MIG-29K haben die Marinen von Indien und Russland 45 bzw. 20 Einsitzer und vier Doppelsitzer MiG-29KUB bestellt.
Bemerkungen: Merkmale der MiG-29SMT sind u.a.: Neues Kampfradar N-019, Head-Up-Display, MIL-STD-1553 Databus sowie Cockpit mit multifunktionalen Flachbildschirmen. Ein Satteltank hinter dem Cockpit ermöglicht zudem bessere Reichweitenleistungen. Die einsitzige Trägerversion MiG-29K (siehe Dreiseitenriss) bzw. der Doppelsitzer MiG-29KUB basieren auf der MiG-29SMT, sind aber u.a. mit vergrößerten Faltflügeln und verstärktem Fahrwerk ausgerüstet. Die Steuerung erfolgt via digitalem Dreifach-Fly-By-Wire-System. Die neuesten Varianten sind die MiG-29M und ihre zweisitzige Version, die MiG-29M2, bei welchen insbesondere die Feuerleit-, Ortungs- und Bedienungssysteme verbessert wurden. Neben den stärkeren RD-33K-Triebwerken verfügt sie über ein vierfach redundantes digitales Flugmanagementsystem. Außerdem ist ein Doppler-Bordradar Fasotron N010 sowie ein Infrarot-/TV-/Laser-System OLS-M eingebaut.
Hersteller: Russian Aircraft Corporation MiG und MAPO, Moskau, Russland.

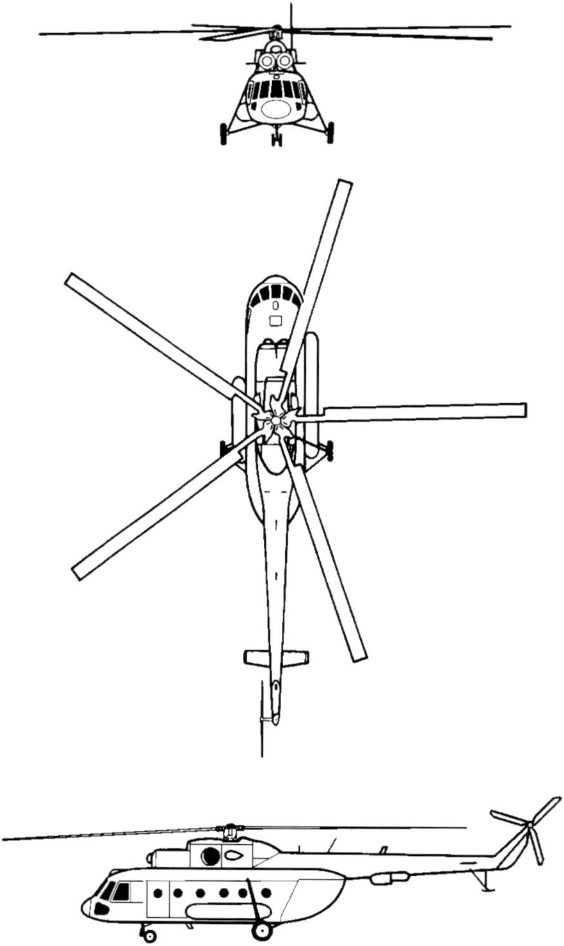

Abmessungen:
Rotordurchmesser 21,29 m
Rumpflänge ohne rotierenden Heckrotor 18,50 m
Höhe inkl. Rotorkopf 4,75 m.

MIL/KAZAN Mi-8AMTSH/MI-171A2

Ursprungsland: Russland.
Kategorie: Mittelschwerer militärischer und ziviler Mehrzweckhubschrauber.
Triebwerke: Zwei Gasturbinen Klimow VM-2500PS-03 von je 2700 WPS (2014 kW) Leistung.
Leistungen (Mi-171A2): Höchstgeschwindigkeit in 1000 m 280 km/h; Reisegeschwindigkeit 260 km/h; Dienstgipfelhöhe 6000 m; Schwebehöhe mit Bodeneffekt 4000 m, ohne Bodeneffekt 1750 m; Reichweite mit normaler Zuladung 500 km, max. 800 km.
Gewichte (Mi-171A2): Rüstgewicht 7100 kg; normales Startgewicht 11000 kg, maximal mit externer Nutzlast 13500 kg.
Zuladung: Zwei Piloten im Cockpit und bis zu 36 Soldaten bzw. 40 Passagiere; max. Nutzlast 5000 kg.
Entwicklungsstand: Die Mi-8/Mi-17 in ihren verschiedenen Ausführungen erfreut sich weiterhin großer Nachfrage, sowohl von militärischen Stellen als auch von zivilen Nutzern. Aktuell beträgt die Jahresproduktion rund 100 Einheiten. Derzeit werden folgende Varianten noch gebaut: Mi-8AMTSh, Mi-17VT und Mi-171 (Ulan Ude), Mi-8MTV-1, Mi-8MTV-5 und Mi-172(Kazan). Neueste Aufträge u.a.: Peru 24 Mi-171Sh. Von der Mi-8/-17-Familie sind mittlerweile über 13000 Exemplare gebaut worden. Die neueste Ausführung Mi-171A2 flog erstmals im November 2014.
Bemerkungen: Die zahlreichen Varianten (siehe frühere Ausgaben von Flugzeuge der Welt) dieses Erfolgsmodells wurden durch eine neue ergänzt, der Zivilversion Mi-171A2 bzw. dem militärischen Gegenstück Mi-171M. Triebwerk, Rotor und Getriebe sind von der Mi-38 übernommen (siehe Seiten 248/249). Der Heckrotor in X-Form verhilft zu geringerem Lärm. Dank der deutlich leistungsstärkeren Triebwerke ergeben sich generell bessere Leistungsdaten. So ist sie um 14% schneller als die Vorgängerversionen und kann eine um 25% höhere Nutzlast mitführen. Zudem verfügt die Mi-171A2 über ein Zweimann-Digitalcockpit mit CRT-Bildschirmen. Der Rumpf ist punktuell verstärkt und es sind verschiedene Standardeinrichtungen erhältlich. Die jeweils von den beiden Herstellerwerken Kazan und Ulan-Ude gebauten Hubschrauber unterscheiden sich in vielen kleinen Details.
Hersteller: Mil/Kazan Helicopters, Moskau/Kazan, Teil der Russian Helicopters Holding, Werke Ulan-Ude/Buryatia und Kazan/Tatarstan, Russland.

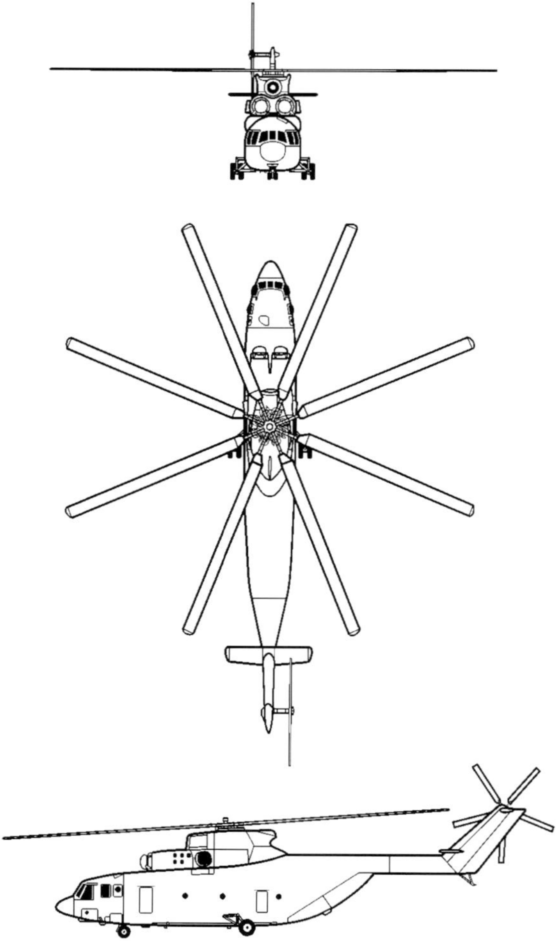

Abmessungen:
Rotordurchmesser 32,00 m
Rumpflänge ohne rotierenden Heckrotor 35,91 m
Höhe inkl. Rotorkopf 8,15 m.

MIL/ROSTVERTOL MI-26T/T2

Ursprungsland: Russland.
Kategorie: Schwerer militärischer und ziviler Transporthubschrauber.
Triebwerke (Mi-26T/T2): Zwei Gasturbinen ZMKE Progress (Lotarew) D-136/D-136-2 von je 11240/12000 WPS (8383/8952 kW) Leistung.
Leistungen (Mi-26T): Höchstgeschwindigkeit 295 km/h; norm. Reisegeschwindigkeit 255 km/h; Dienstgipfelhöhe 4600 m; Schwebehöhe mit Bodeneffekt 4500 m, ohne Bodeneffekt 1800 m; Reichweite 800 km, mit vier Zusatztanks 1920 km.
Gewichte (Mi-26T): Leergewicht 28200 kg; max. Startgewicht 56000 kg.
Zuladung: Fünf Mann Besatzung und als Militärtransporter bis zu 90 Soldaten oder 20000 kg Fracht bzw. bei Ambulanzeinsätzen bis zu 60 liegende Patienten.
Entwicklungsstand: Der immer noch schwerste und stärkste Serienhubschrauber der Welt fliegt seit dem 14. September 1977. Aktuell werden jährlich einige wenige Exemplare gebaut. Derzeit führt man Aufträge der Luftwaffe Russlands für 38 neue Mi-26T aus. Weitere sind kürzlich für die VR China abgeliefert bzw. weitere bestellt worden. Unbestätigten Quellen zufolge hat Mil bis heute insgesamt rund 550 Mi-26 der verschiedenen Ausführungen gebaut. Hauptnutzer sind die Luftwaffen Russlands und Indiens. Mehrere Luftwaffen sowie einige zivile Betreiber setzen diesen Schwerlasthubschrauber ein. Neueste Bestellungen: Algerien sechs, Provinz Shandong, VR China eine. Die Version Mi-26T2 ging 2014 in Produktion.
Bemerkungen: Verschiedene Ausführungen sind gebaut worden: Der Frachter Mi-26T, die Passagierausführung Mi-26P sowie die Ambulanzvariante Mi-26MS. Die Mi-26TM stellt eine Weiterentwicklung dar, mit stärkeren Triebwerken und Rotorblättern aus Kunststoff. Dadurch steigt die max. Nutzlast auf 22000 kg. Seit 2011 steht die Weiterentwicklung Mi-26T2 (siehe Foto) in Erprobung. Sie verfügt über leistungsstärkere Triebwerke sowie dank einer neuen russischen BREO-26-Avionik neuester Technologie Allwetterfähigkeit. Das neue Cockpit mit fünf Multifunktions-Anzeigen ermöglicht, die Flugbesatzung von fünf auf zwei Personen zu reduzieren.
Hersteller: Mil/Rostvertol, Werk Rostov-on-Don, Moskau, Russland.

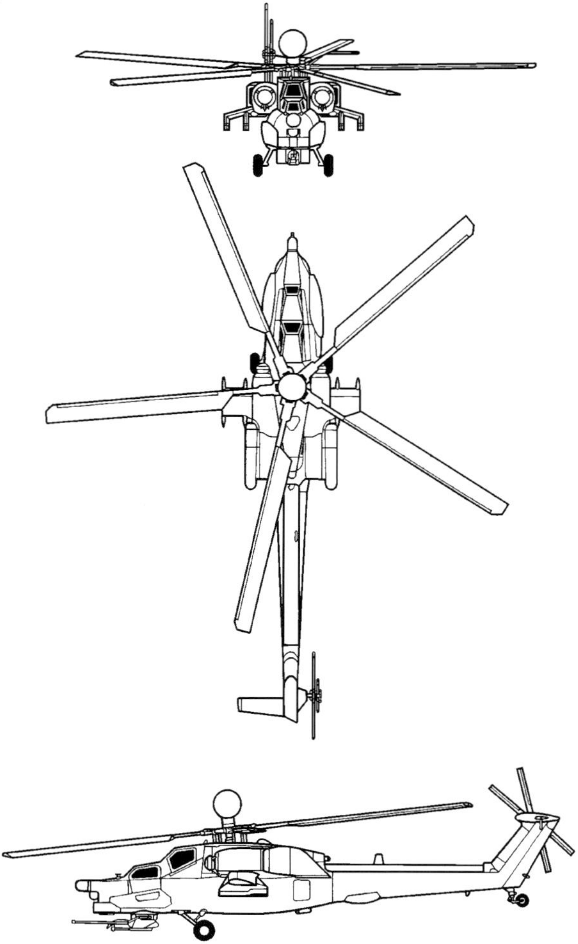

Abmessungen:
Rotordurchmesser 17,20 m
Rumpflänge 17,01 m
Höhe inkl. Rotorkopf 4,86 m.

MIL/ROSTVERTOL MI-28N

Ursprungsland: Russland.
Kategorie: Zweisitziger Kampfhubschrauber.
Triebwerke: Zwei Gasturbinen Klimow (N) TW3-117WMA bzw. (NE) VK-2500 von je 2200 WPS (1640 kW) Leistung.
Leistungen: Höchstgeschwindigkeit 305 km/h; max. Reisegeschwindigkeit 270 km/h; max. Schrägsteiggeschwindigkeit 13,6 m/Sek; Dienstgipfelhöhe 5600 m; Schwebehöhe ohne Bodeneffekt 3600 m; Aktionsradius 200 km; Überführungsreichweite mit max. Treibstoffzuladung 1100 km.
Gewichte: Leergewicht 8590 kg; norm. Startgewicht 10900 kg; max. Startgewicht 12100 kg.
Bewaffnung: Eine 30-mm-2A42-Kanone in einem drehbaren Turm unter der Rumpfnase und je zwei Waffenstationen mit einer Tragkraft von 480 kg an beiden Stummelflügeln. Typische Bewaffnung: Panzerabwehrlenkwaffen 9M114 Shturm und Luft-Luft-Lenkwaffen 9M39 Igla; max. Außenlast 2400 kg.
Entwicklungsstand: Der Prototyp der Weiterentwicklung Mi-28N nahm am 14. November 1996 die Flugerprobung auf. Eine erste Serienmaschine flog erstmals im Dezember 2005. Bis zu 167 Einheiten werden von der Russischen Luftwaffe beschafft, Ablieferung seit 2008. Derzeit sind rund 80 Maschinen im Einsatz, die erste Kampfstaffel nahm Mitte 2009 den Betrieb auf. Von der Exportversion Mi-28NE (Night Hunter) haben neu Algerien 42, Irak 30, Kenya offenbar 16 und Venezuela 10 Einheiten bestellt. Derzeit baut der Hersteller jährlich etwa 20 Einheiten. Seit 9. August 2013 fliegt die Trainer-Version Mi-28UB.
Bemerkungen: Die Mi-28N ist der zurzeit kampfstärkste Hubschrauber dieser Klasse. Sie verfügt über Panzerung aus Titan und Verbundwerkstoffen, um die Piloten, die Rumpftanks sowie weitere lebenswichtige Systeme zu schützen. Ähnlich wie die AH-64D (siehe Ausgabe 2012) ist die Mi-28N mit einem im Mastvisier eingebauten 360°-Millimeter-Wellenradar ausgerüstet. Dank der hoch entwickelten elektronischen Kampfausrüstung ist sie allwetter- und nachtkampftauglich. Die Serienausführung besitzt neue Kunststoff-Rotorblätter mit nach hinten gepfeilten Spitzen.
Hersteller: Mil/Rostvertol, Teil der Russian Helicopters Holding, Werk Rostow am Don, Moskau, Russland.

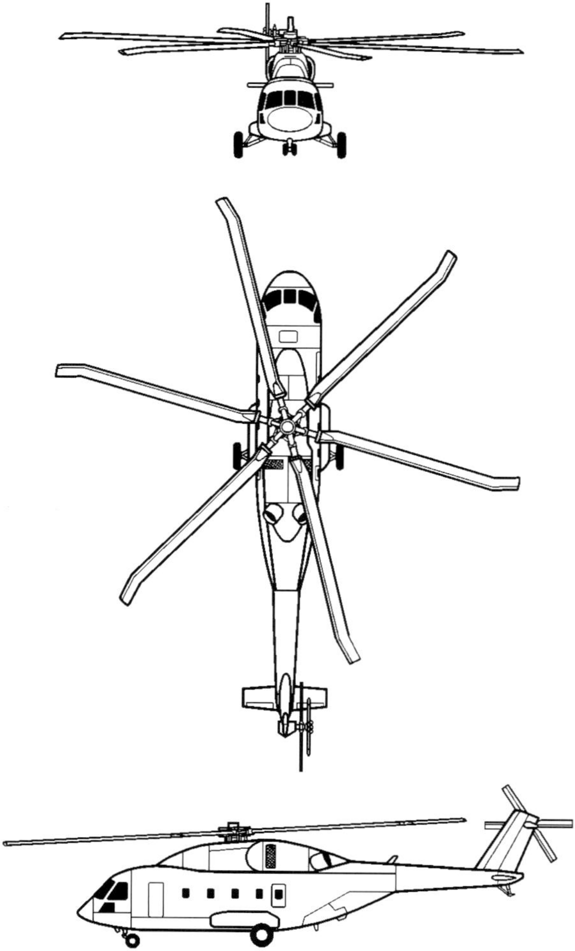

Abmessungen:
Rotordurchmesser 21,10 m
Rumpflänge 19,70 m
Höhe inkl. Rotor 5,13 m.

Mil/KAZAN Mi-38

Ursprungsland: Russland.
Kategorie: Mittelschwerer militärischer und ziviler Mehrzweckhubschrauber.
Triebwerke: Zwei Gasturbinen Pratt & Whitney Canada PW127T/S von je 3300 WPS (2461 kW) oder Klimow TV7-117V von je auf 2465 WPS (1838 kW) reduzierter Leistung.
Leistungen (nach Angaben des Herstellers): Höchstgeschwindigkeit 320 km/h; Reisegeschwindigkeit 285 km/h; Dienstgipfelhöhe 5900 m; Schwebehöhe mit Bodeneffekt 3750 m; Reichweite mit einer Nutzlast von 3000 kg 660 km, mit Zusatztanks maximal 1200 km.
Gewichte: Leergewicht 8620 kg; max. Startgewicht 15600 kg, mit externer Nutzlast 16200 kg.
Zuladung: Zwei Piloten und 30 bis zu 44 Passagiere. Max. Nutzlast 6000 kg, extern 7000 kg.
Entwicklungsstand: Der erste Prototyp Mi-38 nahm die Flugerprobung am 22. Dezember 2003 auf. Mittlerweile fliegen vier Erprobungsmuster, je zwei ausgestattet mit PW127T/S bzw. TV7-117V-Triebwerken. Die Zulassung soll neuesten Informationen zufolge 2015 erfolgen. Von russischen Firmen seien Letters of Intent für über 100 Maschinen eingegangen. Auch die Luftwaffe Russlands will die militärische Variante beschaffen.
Bemerkungen: Die Mi-38 soll die große Zahl von Mi-8-Helikoptern ersetzen. Zwei Versionen für eine Vielzahl von Aufgaben sind geplant: Die militärische Mi-383 sowie die zivile Mi-382 in Passagierkonfiguration. In Konzeption und Auslegung gleicht die Mi-38 sehr der AW101 (siehe Seiten 8/9). Sie hat den gleichen sechsblättrigen Hauptrotor aus Verbundwerkstoffen und elastomeren Gelenken der Mi-28N (siehe Seiten 246/247). Der Heckrotor besteht aus zwei unabhängigen zweiblättrigen Rotoren in einer X-Anordnung. Auch der Rumpf besteht aus Verbundwerkstoffen. Die Kabine weist folgende Innenmaße auf: Länge 7,00 m, Breite 2,36 m, Höhe 1,84 m. Zur Erleichterung des Ladevorganges ist eine große Heckladeklappe vorhanden. Die gesamte Flugsteuerung erfolgt durch ein Fly-By-Wire-System. Im Cockpit ist eine Avionik Tranzas IBKV-38 eingebaut. Die Serienmuster sind wahlweise mit dem PWC-Triebwerk als auch mit dem russischen TV7-117V erhältlich.
Hersteller: Mil/Kazan (Euromil) Helicopters, Moskau, Teil der Russian Helicopters Holding, Werk Kazan, Tartastan, Russland.

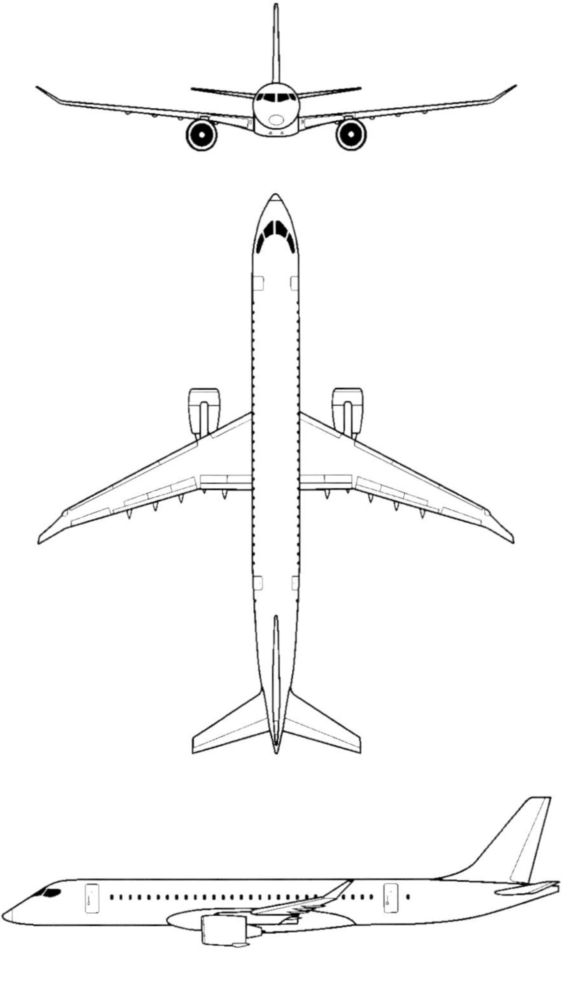

Abmessungen:
Spannweite 29,20 m
Länge (MRJ70) 33,40 m, (MRJ90) 35,80 m
Höhe 10,50 m.

MITSUBISHI REGIONAL JET MRJ

Ursprungsland: Japan.
Kategorie: Regionalverkehrsflugzeug.
Triebwerke: Zwei Mantelstromtriebwerke Pratt & Whitney (MRJ70) PW1215G von je 7060 kp (69,30 kN) bzw. (MRJ90) PW1217G von je 7975 kp (78,20 kN) Standschub.
Leistungen (nach Angaben des Herstellers): Max. Reisegeschwindigkeit Mach 0,78; Dienstgipfelhöhe 11880 m; max. Reichweite (MRJ70/ER/LR) 1530/2730/3380 km, (MRJ90/ER/LR) 1670/2400/3310 km.
Gewichte: Rüstgewicht (MRJ70/90) 21730/22640 kg; max. Startgewicht (MRJ70/ER/LR 36850/38995/40200 kg; (MRJ90ER/LR) 40995/42800 kg.
Zuladung: Zwei Mann Cockpitbesatzung und je nach Innenausstattung normalerweise (MRJ70) 78 bzw. (MRJ90) 92 Passagiere in Viererreihen.
Entwicklungsstand: Die erste von sieben Erprobungsmaschinen hatte am 18. Oktober 2014 den Roll-out und soll im zweiten Quartal 2015 zum Erstflug starten. Gemäß heutigen Plänen soll mit der Auslieferung an Kunden 2017 begonnen werden. Bis Ende 2014 sind folgende 191 Aufträge bekannt gegeben worden: Air Mandalay 6, All Nippon Airways (ANA) 15 + 10 Optionen, Eastern Airlines 20, SkyWest 100 + 100 Optionen, Trans States Holding 50 + 50 Optionen.
Bemerkungen: Mit diesem Muster betritt Mitsubishi Neuland und will im wachsenden Markt der Regionalflugzeuge eine Alternative zu den etablierten Mustern anbieten. Gemäß dem Hersteller soll die MRJ dank neuester Technologie und insbesondere wegen der Triebwerke gegenüber den Konkurrenzmodellen einen bis zu 30% geringeren Treibstoffverbrauch aufweisen. Auch sollen bei Lärm und Abgasen Bestwerte erzielt werden. Die MRJ setzt Triebwerke mit neuester Getriebetechnologie ein. Besondere Aufmerksamkeit wurde der Aerodynamik der Flügel, bestehend aus Aluminium, geschenkt. Das Cockpit ist mit dem Pro-Line-Fusion System von Rockwell Collins und großen Bildschirmen ausgerüstet. Die Steuerung des Flugzeuges erfolgt durch ein Fly-By-Wire System. Zwei Ausführungen werden angeboten, welche sich primär durch die Rumpflänge und die Triebwerke unterscheiden: MRJ70 und die um 2,40 m längere MRJ90. Von beiden wird es eine Basis- und zwei Versionen mit größerer Reichweite geben (ER und LR). Später soll die 100-plätzige MRJ100X dazu stoßen.
Hersteller: Mitsubishi Aircraft Corporation, Nagoja, Japan.

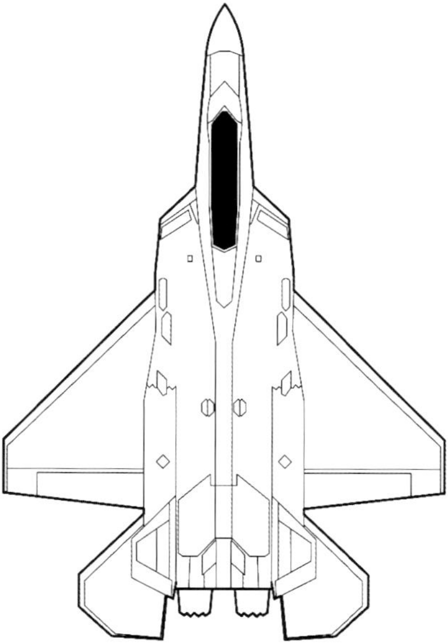

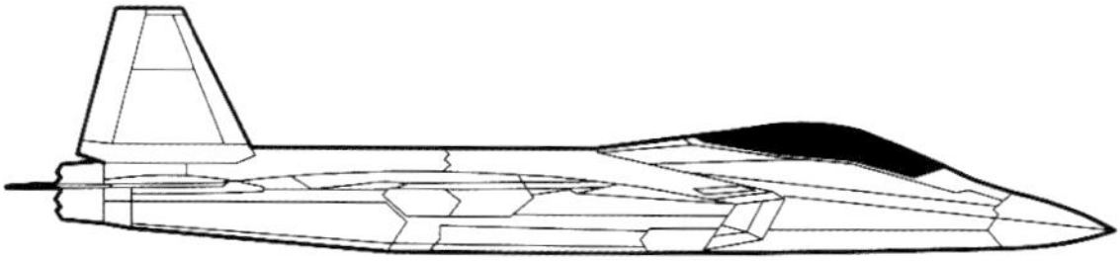

Abmessungen (noch sehr provisorische Angaben):
Spannweite 9,00 m
Länge 14,00 m
Höhe 4,5 m.

MITSUBIHSI ATD-X SHINSHIN

Ursprungsland: Japan.
Kategorie: Erprobungsträger für einen Stealth-Luftüberlegenheitsjäger der fünften Generation.
Triebwerke: Zwei Mantelstromtriebwerke IHI XF5-1 von je rund 5000 kp (49,0 kN) Standschub mit Nachverbrennung.
Leistungen: Keine Angaben erhältlich.
Gewichte: Keine Angaben erhältlich.
Bewaffnung: Keine Angaben erhältlich.
Entwicklungsstand: Ein erster Erprobungsträger wird voraussichtlich 2015 erstmals fliegen. Er soll ausschließlich Forschungszwecken dienen. Die definitive Variante dürfte bei der Japanischen Luftwaffe mittelfristig die Mitsubishi F-2 ersetzen.
Bemerkungen: Nachdem den japanischen Luftstreitkräften die Beschaffung der Lockheed Martin F-22A Raptor (siehe Ausgabe 2011) verweigert wurde, suchte die Regierung nach Alternativen. Seit einiger Zeit wusste man, dass Japan sich mit der Entwicklung eines neuen Jagdflugzeuges der fünften Generation befasst. Ziemlich überraschend wurde am 12. Juli 2014 ein erster Erprobungsträger ATD-X (**A**dvanced **T**echnology **D**emonstration-**X**) der Öffentlichkeit vorgestellt. Es handelt sich dabei um eine vollständige japanische Eigenentwicklung. Es ist davon auszugehen, dass eine definitive Variante ziemlich anders aussehen wird. Eine mögliche Auslegung ist im Dreiseitenriss dargestellt. Technische Details über die erste ATD-X sind bisher noch nicht erhältlich. Sicher ist, dass die Rumpf- und Flügelauslegung Stealth-Eigenschaften ermöglicht und die ATD-X verbesserte Manövriereigenschaft besitzt. Größenmäßig ist sie mit der Saab Gripen (siehe Seiten 274/275) vergleichbar. Die Triebwerke verfügen offenbar über Thrust-Vectoring-Eigenschaften und die Steuerung des Flugzeugs soll via Fly-By-Optic erfolgen.
Hersteller: Mitsubishi Aircraft Corporation, Nagoja, Japan.

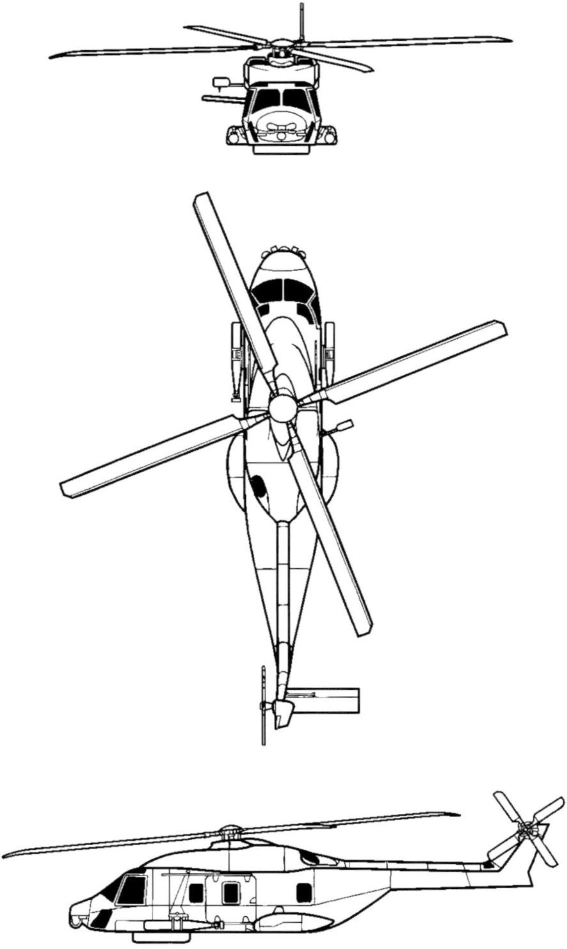

Abmessungen:
Rotordurchmesser 16,30 m
Rumpflänge 16,23 m
Höhe über Heckrotor 5,44 m.

NH INDUSTRIES NH90 CAIMAN

Ursprungsland: Deutschland, Frankreich, Italien, Niederlande.
Kategorie: Mittelschwerer militärischer (TTH) Mehrzweck- bzw. (NFH) bordgestützter U-Bootjagdhubschrauber.
Triebwerke: Zwei Gasturbinen Rolls-Royce-Turboméca RTM322-01/9 bzw. General Electric T700-T6E von je 1680 WPS (1253 kW) Leistung.
Leistungen (TTH/NFH): Höchstgeschwindigkeit 305/290 km/h; normale Reisegeschwindigkeit 260/245 km/h; Schrägsteiggeschwindigkeit 11 m/Sek; Dienstgipfelhöhe 6000 m; Schwebehöhe mit Bodeneffekt 2960 m, ohne Bodeneffekt 2355 m; Einsatzradius mit 2000 kg Nutzlast 300 km; Überführungsreichweite 1200 km; Einsatzdauer 4 Std 35 Min.
Gewichte (TTH/NFH): Leer 5945/6288 kg; max. Startgewicht 11400 kg.
Zuladung: Zwei Piloten und (TTH) 20 Soldaten bzw. 12 Verwundete, (NFH) bis zu vier Systemoperateure; Nutzlast 2500 kg.
Bewaffnung: (TTH) Kanonenbehälter und zwei schwenkbare Maschinengewehre bei den Seitentüren; (NFH) je zwei Torpedos oder Antischiffs-Lenkwaffen an Trägern seitlich am Rumpf.
Entwicklungsstand: Erstflug der ersten NH90 TTH am 18. Dezember 1995, des einzigen Prototyps der NH90 NFH 1997. Mitte 2004 wurde das erste Serienmuster der TTH in Dienst gestellt, die Marineversion folgte 2010. Aktueller Stand der Bestellungen: Australien 46 MRH 90, Belgien 4 TTH + 4 NFH, Deutschland (Heer) 80 TTH + (Marine) 18 NFH, Finnland 20 TTH, Frankreich (Armee) 34 + (Marine) 27 NFH, Griechenland 20 TTH, Italien (Armee) 70 TTH + (Marine) 10 TTH + 46 NFH, Neuseeland 9 TTH, Niederlande 20 NFH, Norwegen 14 NFH, Oman 12 TTH + 10 NFH, Schweden 13 TTH + 5 NFH, Spanien 38TTH. Über 220 waren Ende 2014 abgeliefert.
Bemerkungen: In der Grundkonzeption sind die NH90 TTH sowie die NH90 NFH (siehe Dreiseitenriss) weitgehend gleich. Die vorwiegend für taktische Aufgaben konzipierte TTH besitzt eine Heckladerampe. Von der TTH unterscheidet sich die Marineversion wie folgt: Weglassen der Heckladerampe, Faltrotoren, beiklappbares Rumpfheck, Spezialausrüstung für Einsatzspektrum wie FLIR, taktisches Radar, Sonar sowie zahlreiche Sensorsysteme. Die NH90 verfügt über eine weitgehend aus Verbundstoff bestehende Zelle und über eine Fly-By-Wire-Steuerung.
Hersteller: NH Industries, Aix-en-Provence, Frankreich.

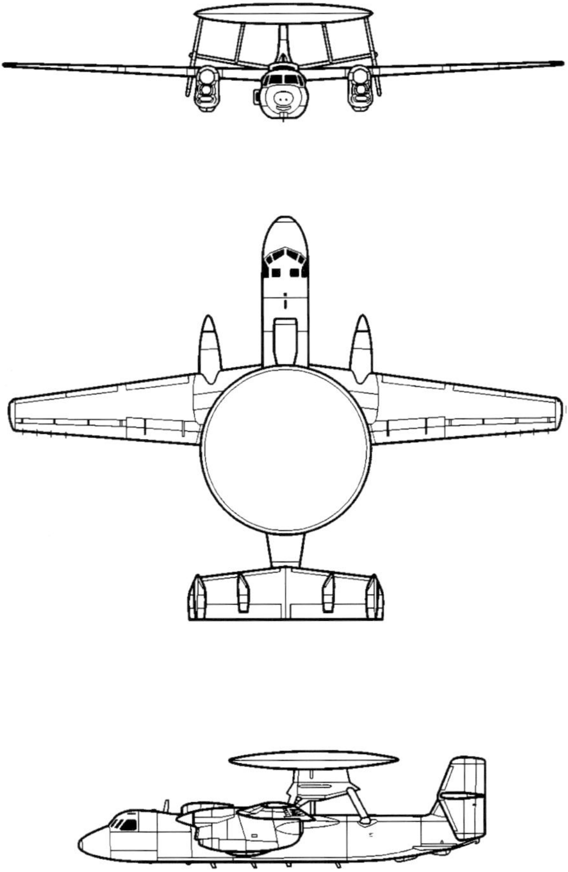

Abmessungen:
Spannweite 24,56 m
Länge 17,55 m
Höhe 5,69 m
Flügelfläche 65,03 m^2.

NORTHROP GRUMMAN E-2D ADVANCED HAWKEYE

Ursprungsland: USA.
Kategorie: Bordgestütztes Frühwarn- und Überwachungsflugzeug sowie fliegende Kommandozentrale.
Triebwerke: Zwei Propellerturbinen Rolls-Royce (Allison) T56-A-427A von je 5100 WPS (3800 kW) Leistung.
Leistungen: Höchstgeschwindigkeit 648 km/h; Langstrecken-Reisegeschwindigkeit 480 km/h; Anfangssteiggeschwindigkeit 12,8 m/Sek; Dienstgipfelhöhe ca. 10500 m; Einsatzdauer 4 Std. bei einem Aktionsradius von 370 km; max. Flugdauer 6,1 Std; Überführungsreichweite 2700 km.
Gewichte: Rüstgewicht 18090 kg; max. Startgewicht 26083 kg.
Zuladung: Fünf Mann Besatzung, bestehend aus zwei Piloten und drei Ingenieuren im zentralen Einsatzraum.
Entwicklungsstand: Die neueste Ausführung E-2D absolvierte ihren Erstflug am 3. August 2007. Die USN beschafft bis 2021 insgesamt 75 Einheiten, 52 davon sind bereits bestellt. Das erste Serienflugzeug wurde am 29. Juli 2010 der USN übergeben, eine erste Staffel ist seit Oktober 2014 einsatzbereit. Ende 2014 waren 16 E-2D hergestellt. Jahresproduktion fünf Einheiten. Die Marine Japans wird diese Version ebenfalls beschaffen.
Bemerkungen: Die E-2D stellt gegenüber der Vorversion Hawkeye 2000 einen wesentlichen Fortschritt dar. Obwohl von außen kaum Unterschiede feststellbar sind, ist das Innenleben weitgehend neu. Das Herz der E-2D stellt das neue Radar AN/APY-9 dar. Es arbeitet ebenfalls im UHF-Frequenzbereich, kann jedoch besonders kleine Ziele auf große Distanzen auch in einem gestörten Umfeld besser erkennen. Dank der hohen Rechenleistung ist es in der Lage, kleine bewegliche Ziele wie beispielsweise Marschflugkörper knapp über dem Boden zu verfolgen. Auf einer Höhe von 7600 m deckt die E-2D mit einem Radius von 550 km eine um 250% größere Fläche als die E-2C ab. Auch das Cockpit mit Multifunktionsanzeigen ist völlig neu. Später soll die Advanced Hawkeye mit einer Luftbetankungssonde ausgerüstet werden.
Hersteller: Northrop Grumman Corporation, Werk St. Augustine, Florida, Los Angeles, Kalifornien, USA.

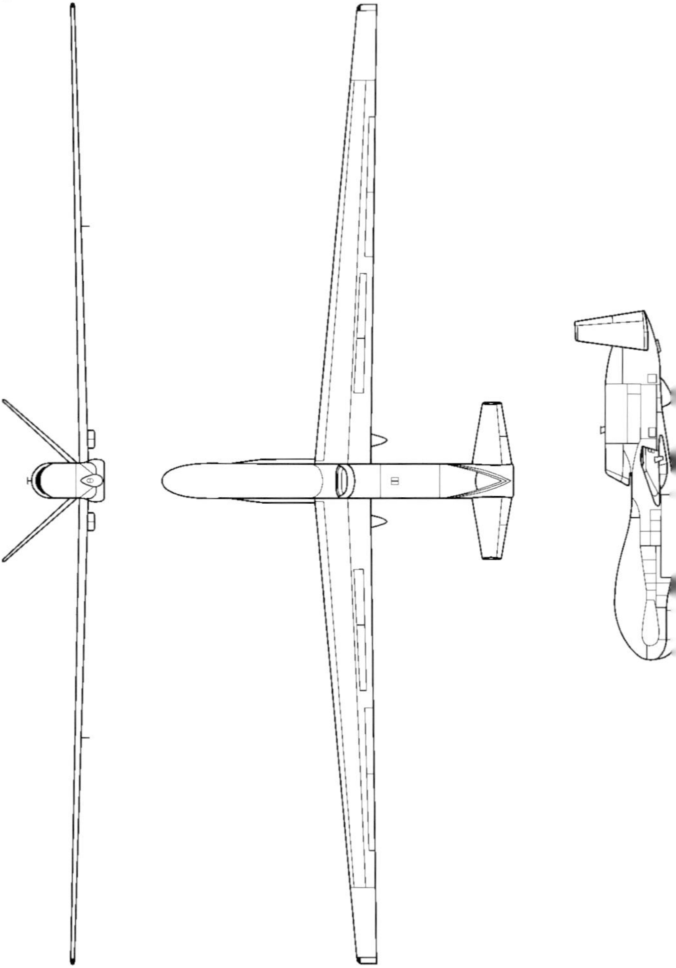

Abmessungen:
Spannweite 39,89 m
Länge 14,50 m
Höhe 4,70 m
Flügelfläche (RQ-4A) 50,10 m².

NORTHROP GRUMMAN MQ-4C TRITON

Ursprungsland: USA.
Kategorie: Hochfliegende Drohne für Seeüberwachungs- und Aufklärungsaufgaben.
Triebwerke: Ein Mantelstromtriebwerk Rolls-Royce Allison AE3007H von 3760 kp (36,8 kN) Standschub.
Leistungen: Höchstgeschwindigkeit 615 km/h (ca. Mach 0,60); Dienstgipfelhöhe 17220 m; max. Flugdauer 28 Std; Reichweite bis zu 15186 km.
Gewichte: Leergewicht ca. 6800 kg; max. Startgewicht 14628 kg.
Zuladung: Aufklärungs- und Überwachungssysteme im Gesamtgewicht von 1452 kg intern bzw. 1089 kg extern.
Entwicklungsstand: Der erste von zwei Prototypen der Triton-Version hat am 22. Mai 2013 die Flugerprobung aufgenommen. Insgesamt will die US Navy 65 MQ-4C beschaffen. Technische und finanzielle Gründe führen zur Verschiebung der Einsatzfähigkeit auf 2017. Ausgangsmuster für die Triton ist die RQ-4-Familie von Drohnen, von denen bisher über 40 abgeliefert wurden. Australien plant diesen Typ ebenfalls zu beschaffen.
Bemerkungen: Die Triton ist eine für die spezifischen Bedürfnisse der US Navy angepasste Ausführung der RQ-4B Global Hawk (siehe Ausgabe 2010). Während der Rumpf konventionell aus Aluminium besteht, sind die Flügel vollständig aus Kohlefasern hergestellt und trotz großer Spannweite äußerst steif ausgelegt. Für die MQ-4C wurden die Tragflächen weiter verstärkt, da sie auch in deutlich tieferen Höhe operieren soll. Auch das gesamte Leitwerk ist aus Verbundwerkstoffen. Die MQ-4C kann sowohl autonom oder aber auch zusammen mit der Boeing P-8 (siehe Seiten 76/77) operieren. Ihr Auftrag ist, weit weg vom Ausgangsort während langen Perioden eine ununterbrochene Überwachung des Zielgebiets sicherzustellen. Für diese sog. ISR-Aufgaben (persistent maritime intelligence, surveillance and reconnaissance operations) verfügt sie u.a. über folgende Ausrüstung: 360°-Multifunktionsradar vom Typ AESA 2-D, weitreichendes Aufklärungsmodul u.a. mit elektro-optischen und Infrarot-Kameras, automatisch operierendes multi-spektrales Zielsystem, digitale Aufnahmegeräte usw. Während eines einzigen Einsatzes kann die Triton eine Meeresfläche von 7 Mio. km2 überwachen.
Hersteller: Northrop Grumman Corp., Werk San Diego, Kalifornien, USA.

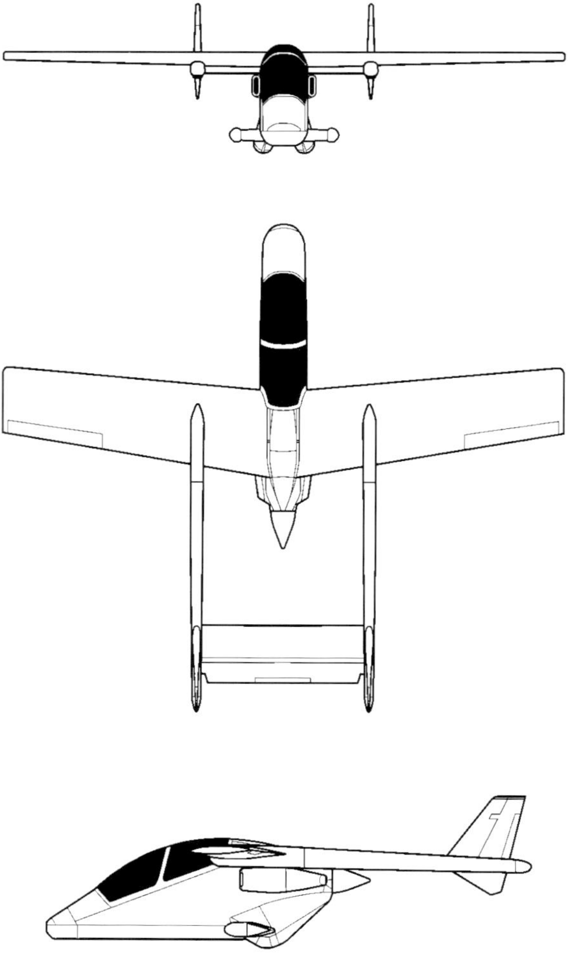

Abmessungen:
Spannweite 12,00 m
Länge 10,50 m
Höhe 4,00 m
Flügelfläche 19,50 m^2 .

PARAMOUNT AHRLAC

Ursprungsland: Südafrika.
Kategorie: Leichtes zweisitziges Aufklärungs- und Interventionsflugzeug.
Triebwerke: Eine Propellerturbine Pratt & Whitney Canada PT6-66B von 950 WPS (710 kW) Leistung.
Leistungen (nach Angaben des Herstellers): Höchstgeschwindigkeit rund 500 km/h; Dienstgipfelhöhe 9500 m; max. Flugdauer 7,5 Std; max. Reichweite mit interner Treibstoffzuladung mehr als 2000 km.
Gewichte: Max. Startgewicht 3800 kg.
Bewaffnung: Je nach Einsatzzweck Behälter für Aufklärungs-, Überwachungs- und Störmaßnahmen und Waffen, z. B. Raketen- oder Maschinengewehrbehälter unter den Flügeln bis zu einem Gesamtgewicht von 800 kg bei vollen Treibstofftanks.
Entwicklungsstand: Der bisher einzige Prototyp eines leichten Aufklärungs- und Kampfflugzeuges flog erstmals am 26. Juli 2014. Über Bestellungen sind bisher keine Angaben gemacht worden.
Bemerkungen: Die Abkürzung dieses neuen Musters steht für **A**dvanced **H**igh Performance **R**econnaissance **L**ight **A**ircraft (Leichtes fortschrittliches Hochleistungs-Aufklärungsflugzeug). Es ist für eine Vielzahl von Aufgaben vorgesehen, wie sog. Frieden erhaltende Maßnahmen, Polizeieinsätze, Grenz- und Küstenüberwachung, konventionelle und elektronische Aufklärung, Forward Air Control sowie leichte Waffeneinsätze. Dazu dient die AHRLAC als einheitliche Plattform. Für die Aufgaben sind die verschiedensten Lasten unter dem Rumpf und unter den Flügeln montierbar. Dieses weitgehend aus Aluminium hergestellte Modell ist auf große Einfachheit und Robustheit ausgelegt. Interessant ist die gewählte Lösung eines Doppelleitwerks mit einem Schubpropeller. Es kann von halbvorbereiteten Pisten aus starten und landen, die Startstrecke beträgt nur 550 m. Dank günstigem Anschaffungspreis für die Basisversion von US$ 10 Mio. soll es besonders für Entwicklungsländer attraktiv sein.
Hersteller: Paramount Group, Sandton, Südafrika.

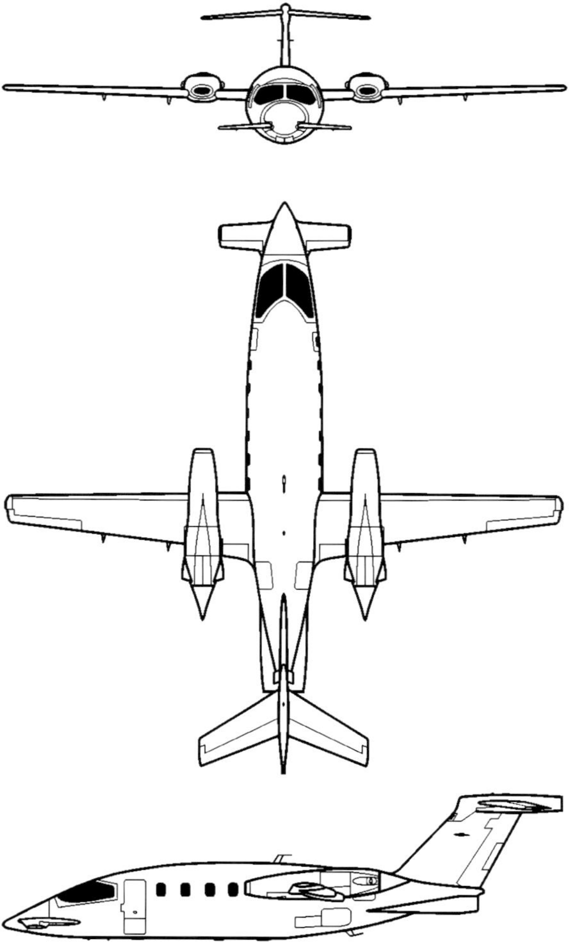

Abmessungen (Avanti EVO/P.1HH):
Spannweite Hauptflügel 14,35/15,60 m
Rumpflänge 14,41 m
Höhe 3,98 m
Flügelfläche 16,00/18,00 m².

PIAGGIO AVANTI EVO/ P.1HH HAMMERHEAD

Ursprungsland: Italien.
Kategorie: (Avanti EVO) Firmenflugzeug, (P.1HH) Unbemanntes Aufklärungsflugzeug.
Triebwerke: Zwei Propellerturbinen Pratt & Whitney Canada PT6A-66B von je auf 850 WPS (634 kW) reduzierter Leistung.
Leistungen (Avanti EVO/P.1HH): Höchstgeschwindigkeit 740 km/h; max. Dauergeschwindigkeit 644/592 km/h; Anfangssteiggeschwindigkeit 15,0 m/Sek; Dienstgipfelhöhe 12500/13700 m. Reichweite mit einer Nutzlast von sechs Personen und IFR-Reserven (P.180) 2637 km; max. Reichweite 3180/8140 km; Daueraufenthaltszeit (P.1HH) 16 Std.
Gewichte (Avanti EVO/P.1HH): Max. Startgewicht 5511/6146 kg.
Zuladung (Avanti EVO): Ein oder zwei Piloten und sieben bis acht Passagiere bei Standard-Innenausstattung. Für EMS-Einsätze zwei liegende Verwundete, als Frachter max. 1837 kg.
Entwicklungsstand: Erstflug des ersten Prototypen P.180 am 23. September 1986. Von der Avanti und Avanti II (siehe Dreiseitenriss) wurden bisher über 250 Maschinen gebaut. Die neueste Ausführung Avanti EVO fliegt seit Februar 2014. Erste Bestellungen sind bereits eingetroffen, Ablieferung an Kunden ab 2015. Ein Erprobungsträger der P.1HH Hammerhead (siehe Foto) hob am 26. November 2013 zum Erstflug ab.
Bemerkungen: 2014 kündigte Piaggio eine neue, weiterentwickelte Version, die Avanti EVO an. Sie besitzt neue fünfblättrige sichelförmige Propeller aus Verbundwerkstoffen. Zusammen mit den neu geformten Triebwerksverschalungen und Abgasrohren wird damit eine deutliche Reduktion des Lärms erreicht. Gegenüber der Vorversion soll der externe Lärm um ganze 68% geringer sein. Die Flügel sind neu mit Winglets ausgestattet. Zudem ist ein Zusatztank von rund 220 l eingebaut. Dank dieser Maßnahmen sollen laut Hersteller deutlich bessere Leistungswerte erzielt werden, u. a. höhere Steigleistung, 3% geringerer Treibstoffverbrauch und eine um 450 km größere Reichweite. Überarbeitet wurde auch das Fahrwerk und die Kabine ist neu gestaltet. Piaggio gibt als Verkaufspreis US$ 7,4 Mio. an. Die unbemannte Hammerhead ist für ISR-, COMINT-, ELINT- und SIGINT-Missionen vorgesehen und verfügt über die entsprechende Ausrüstung. Um bessere Höhen- und Reichweitenleistungen zu erzielen, wurde der Flügel vergrößert.
Hersteller: Piaggio Aero Industries S.p.A., Tochtergesellschaft der Mubadala Development Company, Abu Dhabi, Villanova d'Albenga, Italien.

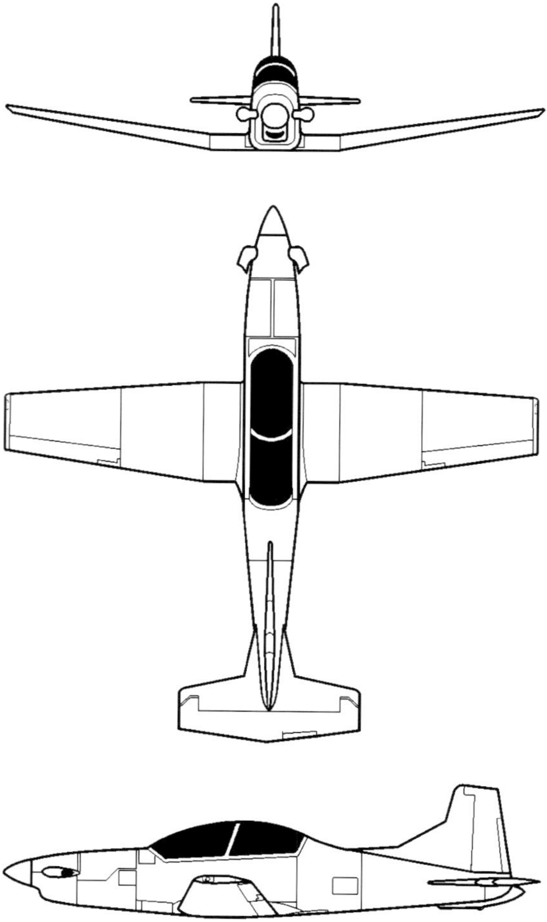

Abmessungen:
Spannweite 10,19 m
Länge 10,18 m
Höhe 3,26 m
Flügelfläche 16,29 m².

PILATUS PC-7 MkII Astra

Ursprungsland: Schweiz.
Kategorie: Zweisitziger Basis- und Fortgeschrittenentrainer.
Triebwerke: Eine Propellerturbine Pratt & Whitney Canada PT6A-25C von 700 WPS (522 kW) Leistung.
Leistungen: Max. zulässige Geschwindigkeit 556 km/h auf 6100 m; Reisegeschwindigkeit 448 km/h auf Meereshöhe bzw. 472 km/h auf 3050 m; max. Anfangssteiggeschwindigkeit 14,79 m/Sek; max. Reichweite 1530 km.
Gewichte: Leergewicht 1710 kg; Startgewicht 2250 kg.
Entwicklungsstand: Die PC-7 MkII stellt eine Weiterentwicklung der PC-7 dar. Ein Prototyp flog erstmals 1993. 60 Exemplare beschaffte Südafrika, weitere 4 Brunei. Danach wurde die Serienproduktion eingestellt. Nachdem Indien einen Auftrag über 75 Einheiten platzierte, hat der Hersteller 2012 die Produktion wieder aufgenommen. Eventuell werden bis zu 106 weitere PC-7 MkII in Indien in Lizenz gebaut. Ein weiterer Besteller ist die Botswana Defence Force 5.
Bemerkungen: Wenn auch äußerlich die PC-7 MkII und die PC-9 (siehe Ausgabe 2008) große Ähnlichkeiten aufweisen, so sind sie in der Konstruktion und in der Leistungsausbeute recht unterschiedlich. Als eigentliche Zwischenstufe zwischen PC-7 (siehe Ausgabe 1983) und PC-9 verfügt die PC-7 MkII gegenüber der erstgenannten über ein erhöhtes hinteres Cockpit, vergrößerte Leitwerksflächen, PC-9-Flügelspitzen, Sturzflugbremse, Schleudersitze und robusteres Fahrwerk. Auch Rumpf und Avionik stammen von der PC-9, dagegen übernimmt sie die Propellerturbine der PC-7. Deren Nennleistung von 850 WPS ist auf 700 WPS reduziert, was eine längere Lebensdauer des Triebwerks und tiefere Betriebskosten ermöglicht. Das Einsatzspektrum der PC-7 MkII umfasst die Anfänger- bis hin zur Fortgeschrittenenschulung.
Hersteller: Pilatus Flugzeugwerke AG, Stans, Schweiz.

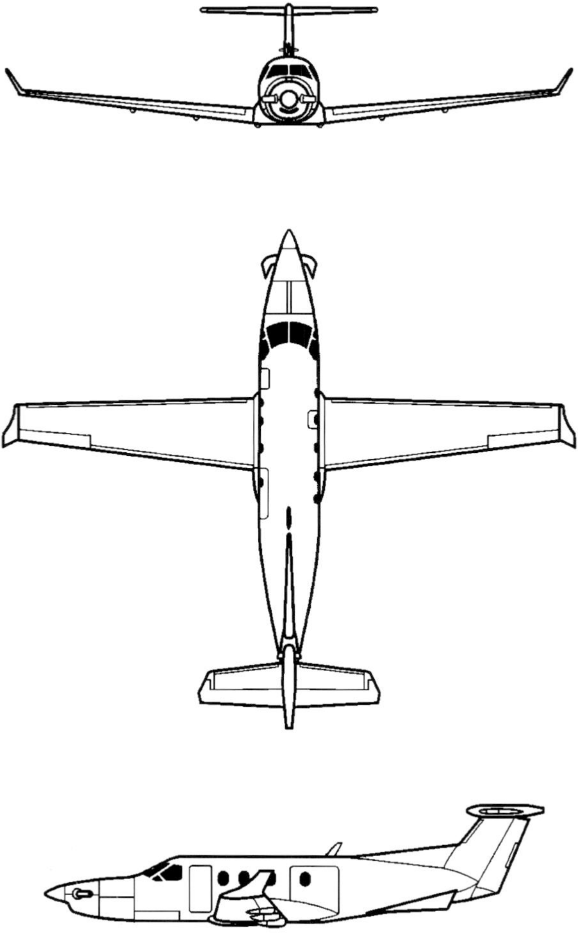

Abmessungen:
Spannweite 16,28 m
Länge 14,40 m
Höhe 4,26 m
Flügelfläche 25,81 m^2.

PILATUS PC-12NG

Ursprungsland: Schweiz.
Kategorie: Leichtes Mehrzweck- und Firmenflugzeug.
Triebwerke: Eine Propellerturbine Pratt & Whitney Canada PT6A-67P mit einer von 1845 WPS auf 1200 WPS (895 kW) reduzierten Leistung.
Leistungen: Max. Reisegeschwindigkeit 519 km/h auf 7620 m; Anfangssteiggeschwindigkeit 9,75 m/Sek; Dienstgipfelhöhe 9144 m; Reichweite mit drei Passagieren und IFR-Bedingungen 2900 km.
Gewichte: Leergewicht Frachter 2484 kg, mit Passagiereinrichtung 3076 kg; max. Startgewicht 4740 kg.
Zuladung: Pilot und Copilot/Passagier im Cockpit und bis zu neun Passagiere in Einzelsitzen; als Firmenflugzeug sechs bis acht Passagiere. Zuladung mit vollen Treibstofftanks 458 kg, max. Zuladung 1036 kg.
Entwicklungsstand: Der erste von zwei Prototypen startete am 31. Mai 1991 zum Erstflug. Im Mai 1994 begannen die Kundenauslieferungen. Die Ausführung PC-12NG ist seit 2008 erhältlich. Ende 2014 waren über 1300 Flugzeuge bestellt. Jährlich werden rund 60 PC-12 gebaut. Größter Neuauftrag: Surf Air 15 (+ 60 Optionen).
Bemerkungen: Das Mehrzweckflugzeug ist für den Einsatz in der Geschäftsfliegerei bis hin zum Transporter für Fracht geeignet. Die Zelle vermag Fracht bis zu 9,34 m³ zu laden. Eine kombinierte Variante für vier Passagiere und 5,95 m³ Fracht wird ebenfalls angeboten. Dank einer Passagiertüre vorn und einer großen Frachttüre hinten wird der Ladevorgang erleichtert. Die PC-12 ist mit einer umfangreichen Avionik von Allied-Signal Bendix/King ausgerüstet. Die weiter entwickelte Variante PC-12NG ist seit 2008 erhältlich, ausgerüstet u. a. mit Primus Apex Avionik, neuem Cockpit-Design und Verbesserungen in der Ergonomie. Dank Einbau der mit einer thermodynamischen Leistung von 1845 PS um 15% stärkeren PT6A-67P-Turbine verbessern sich diverse Leistungsparameter, u.a. die Hot-and-High-Eigenschaften. Für die Basisausführung werden rund US$ 4,6 Mio. verlangt. 2014 sind einige Verbesserungen vorgenommen worden: Elektrisch betriebenes Fahrwerk, neue Inneneinrichtungs-Variante und ein Wireless Connected Flight Deck.
Hersteller: Pilatus Flugzeugwerke AG, Stans, Schweiz.

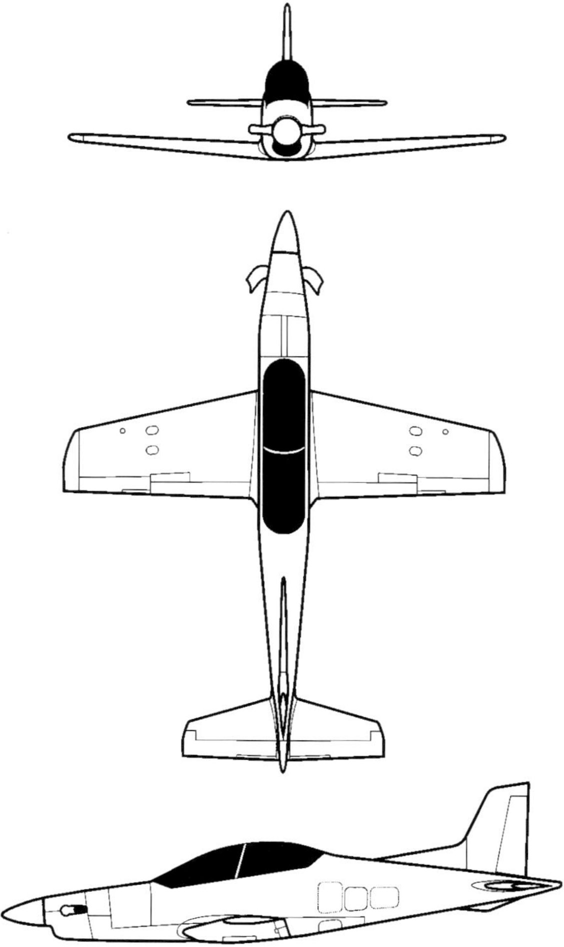

Abmessungen:
Spannweite 9,10 m
Länge 11,23 m
Höhe 3,75 m
Flügelfläche 15,22 m².

PILATUS PC-21

Ursprungsland: Schweiz.
Kategorie: Zweisitziges Trainingsflugzeug für Basic-, Advanced- und Fighter-Lead-In-Training.
Triebwerke: Eine Propellerturbine Pratt & Whitney Canada PT6A-68B mit einer von 1927 WPS (1427 kW) auf 1609 WPS (1200 kW) reduzierten Leistung.
Leistungen: Höchstgeschwindigkeit 625 km/h auf 3050 m, 600 km/h auf Meereshöhe; Anfangssteiggeschwindigkeit 22 m/Sek; Dienstgipfelhöhe 11400 m; Reichweite 1200 km.
Gewichte: Leergewicht 2270 kg; Startgewicht für Akrobatik-Einsätze 3100 kg; max. Startgewicht 4250 kg.
Entwicklungsstand: Ein Erprobungsträger fliegt seit Mai 2001, der eigentliche Prototyp nahm die Flugerprobung am 1. Juli 2002 auf. Ein zweiter folgte am 7. Juni 2004. Das Vorserienflugzeug fliegt seit 29. August 2005. Folgende Luftwaffen haben die PC-21 bisher beschafft: Schweiz 8, Qatar 24, Saudi Arabien 55, Singapur 19, UAE 25.
Bemerkungen: Unter der Bezeichnung PC-21 entwickelte Pilatus ein vollständig neues Flugzeug als Nachfolge der PC-7/9 (siehe Ausgabe 2008). Die Besonderheit des integrierten, flexiblen PC-21-Trainingssystems besteht darin, dass man das ganze Spektrum vom Anfangstraining bis hin zur Fortgeschrittenenschulung mit einem einzigen Muster abdeckt. Die Einsatz-Software wird so programmiert, dass verschiedene Kategorien von Flugzeugtypen realistisch dargestellt und geübt werden können. Jedes Cockpit mit drei EFIS-Hauptbildschirmen ist voll digitalisiert und NVG-kompatibel. Im vorderen Cockpit ist ein HUD installiert. Die Systemeingaben erfolgen u.a. über den HOTAS. Gegenüber der PC-9 unterscheidet sich die PC-21 nebst neuer Flugzeugstruktur durch ein leistungsstärkeres Triebwerk mit elektronischer Leistungsregelung, Fünfblattpropeller, Hochleistungs-Pfeilflügel mit Spoilern, Druckkabine mit automatischer Klimaanlage und Anti-g-System. Eingebaut ist auch das neueste Modell des Mk.16L-Schleudersitzes von Martin Baker mit Zero-Zero-Ausschussleistung.
Hersteller: Pilatus Flugzeugwerke AG, Stans, Schweiz.

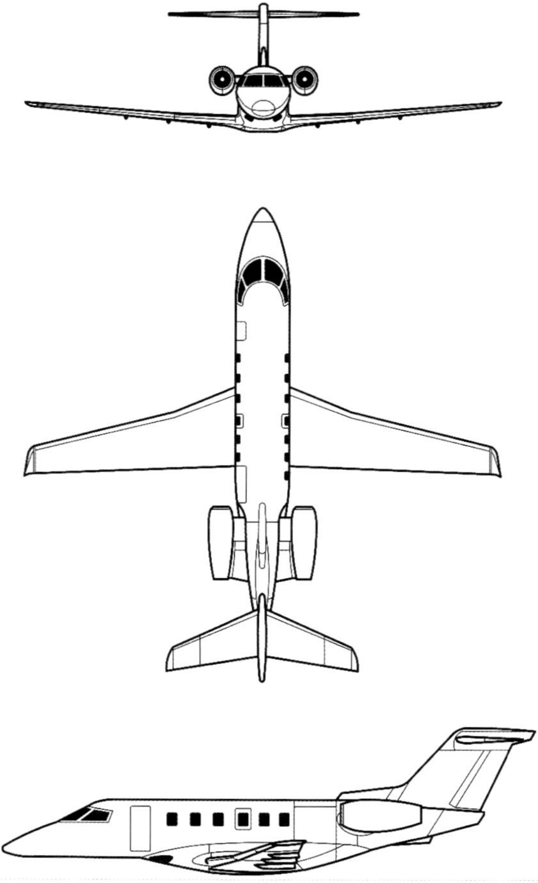

Abmessungen:
Spannweite 17,00 m
Länge 16,82 m
Höhe 5,30 m

PILATUS PC-24

Ursprungsland: Schweiz.
Kategorie: Firmen- und Mehrzweckflugzeug für Mittelstrecken.
Triebwerke: Zwei Mantelstromtriebwerke Williams FJ44-4A von je 1542 kp (15,15 kN) bzw. mit APR 1635 kp (16,04 kN) Leistung.
Leistungen (nach Angaben des Herstellers): Max. Reisegeschwindigkeit 787 km/h; Anfangssteiggeschwindigkeit 20,7 m/Sek; Dienstgipfelhöhe 13716 m; Reichweite mit vier Passagieren 3610 km, mit sechs Passagieren 3330 km.
Gewichte: Max. Startgewicht 8005 kg
Zuladung: Ein- bis zwei Piloten im Cockpit und je nach Innenausstattung zwischen sechs und zehn Passagiere, eine Kombination Passagiere/Fracht oder ausschließlich Fracht; Nutzlast bei vollen Tanks 415 kg, max. 1135 kg.
Entwicklungsstand: Am 1. August 2014 hatte der erste Prototyp seinen Roll-out. Der Erstflug ist für Mai 2015 geplant. Bisher sind bereits Bestellungen für 85 Einheiten erfolgt. Mit der Auslieferung an Kunden will man 2017 beginnen.
Bemerkungen: Pilatus nennt die PC-24 entsprechend des vorgesehenen Aufgabenfeldes »Super Versatile Jet«. Als konsequente und leistungsfähigere Weiterentwicklung der PC-12 (siehe Seiten 266/267) kann nur ein Flugzeug mit Düsenantrieb deutlich bessere Leistungen erzielen. Die PC-24 soll die Vielseitigkeit eines Turboprops mit den Leistungsdaten eines Businessjets verbinden. Dabei behält man die Robustheit und Einsatzvielfalt der PC-12 bei. So ist die PC-24 der bisher einzige Businessjet, welcher für Starts und Landungen auf kurzen und unbefestigten Pisten zugelassen sein wird. Die Kabine (Länge 7,01 m, Breite 1,69 m, Höhe 1,55 m) ist so konzipiert, dass die Sitze verschoben oder innert weniger Minuten ausgebaut werden können. Die Eingangstüre vorne und die große Frachttüre hinten erleichtern dabei den Ein- und Auslad. Im Cockpit wird die digitale Avionik Pilatus ACETM eingebaut. Pilatus gibt als Kaufpreis US$ 8,9 Mio. an.
Hersteller: Pilatus Flugzeugwerke AG, Stans, Schweiz.

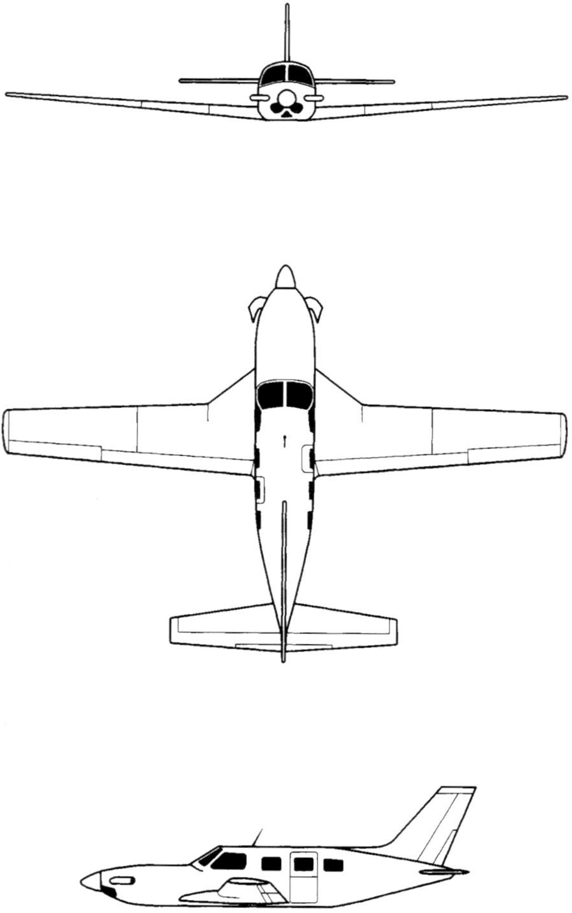

Abmessungen:
Spannweite 13,10 m
Länge 8,81 m
Höhe 3,44 m
Flügelfläche 16,26 m².

PIPER PA-46-350P MALIBU MIRAGE

Ursprungsland: USA.
Kategorie: Leichtes Geschäftsreiseflugzeug.
Triebwerke: Ein luftgekühlter Sechszylinder-Boxermotor Textron Lycoming TIO-540-AE2A von 350 PS (261 kW) Leistung.
Leistungen: Höchstgeschwindigkeit 430 km/h; Reisegeschwindigkeit maximal 395 km/h; Anfangssteiggeschwindigkeit 6,2 m/Sek; Dienstgipfelhöhe 7620 m; Reichweite mit max. Treibstoffzuladung und 45 Min. Reserven 2487 km.
Gewichte: Rüstgewicht 1383 kg; max. Startgewicht 1969 kg.
Zuladung: Pilot und fünf Passagiere in drei Zweierreihen hintereinander; max. Nutzlast 580 kg.
Entwicklungsstand: Erstflug des Ausgangsmuster Malibu Ende 1980. Die Malibu Mirage wurde 1989 eingeführt. Bis Ende 2014 sind von letzterer Version über 800 Einheiten hergestellt worden.
Bemerkungen: Die Malibu Mirage ist das einzige sechssitzige Reiseflugzeug mit Kolbenmotor, welches über eine Druckkabine verfügt. Im Übrigen ist die Konstruktion konventionell, Flügel und Zelle bestehen aus Aluminium. Der dreiblättrige Propeller besteht vollständig aus Verbundwerkstoffen. In den druckbelüfteten Bereichen wurde das sog. »fail-save«-Prinzip angewandt. Eingebaut ist neu das Avionik-Set Garmin G1000 mit drei EFIS-Bildschirmen. In der Standardausführung kostet die Malibu Mirage etwa US$ 1,1 Mio. Nebst der Malibu Mirage produziert Piper derzeit die Modelle Archer, Arrow, Seminole, Seneca, Matrix sowie die Propellerturbinen-Variante Meridian.
Hersteller: New Piper Aircraft, Vero Beach, Florida, USA.

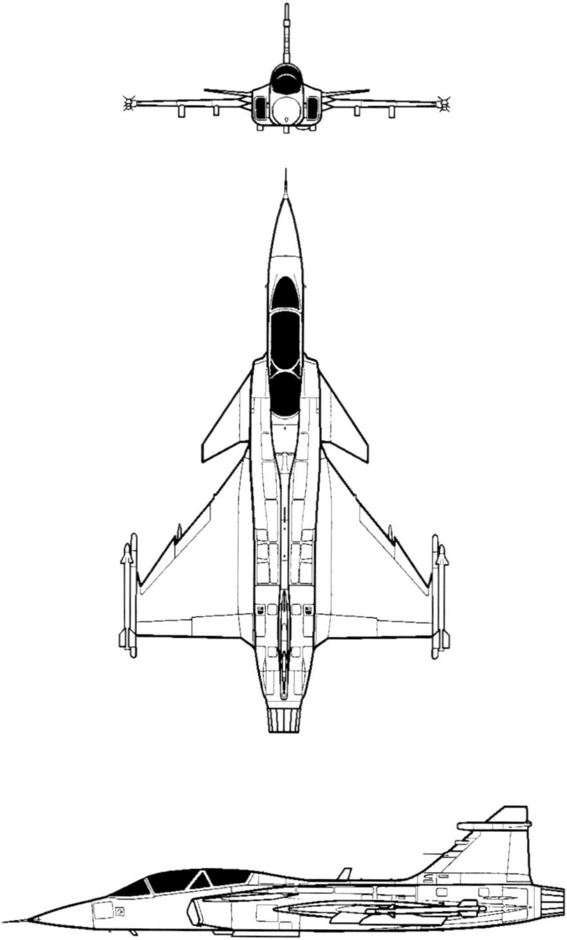

Abmessungen:
Spannweite 8,60 m
Länge (Einsitzer) 14,10 m, (Doppelsitzer) 15,20 m
Höhe 4,50 m
Flügelfläche 31,10 m^2.

SAAB GRIPEN E/F

Ursprungsland: Schweden.
Kategorie: Ein- (Gripen E) oder zweisitziger (Gripen F) Mehrzweckjäger.
Triebwerke: Ein Mantelstromtriebwerk General Electric F414G von 6470 kp (63,40 kN) ohne und 9978 kp (98,00 kN) mit Nachbrenner.
Leistungen (nach Angaben des Herstellers): Höchstgeschwindigkeit auf Meereshöhe 1400 km/h (Mach 1,2) bzw. Mach 2,0 auf 11000 m; Anfangssteiggeschwindigkeit >200 m/Sek, Dienstgipfelhöhe >16000 m.
Gewichte: Leergewicht 7600 kg; max. Startgewicht 16500 kg.
Bewaffnung: Eine 27-mm-Kanone Mauser BK27. An acht Flügelstationen (inkl. zwei an den Flügelspitzen) sowie zwei weiteren Stationen unter dem Rumpf kann eine Vielzahl von Waffen mitgeführt werden; max. Waffenlast 7200 kg.
Entwicklungsstand: Ein Erprobungsmuster der neuesten Ausführung Gripen E fliegt seit 27. Mai 2008. Schweden beschafft 60 Maschinen (voraussichtlich alles Umbauten aus C/D-Versionen). Brasilien bestellte vorerst 36 Einheiten. Der eigentliche Prototyp soll 2015 erstmals fliegen. Die Ursprungsausführung JAS 39 flog erstmals am 9. Dezember 1988. Von den Varianten A, B, C und D wurden bisher bereits gebaut: Schwedische Luftwaffe 146 (alle Versionen), Südafrika 19 JAS39C, 9 JAS 39D, Ungarn 12 JAS 39C, 2 JAS 39D, Tschechien 12 JAS 39C, 2 JAS 39D und Thailand 12 JAS 39C/D.
Bemerkungen: Mit der Gripen E/F lancierte Saab eine deutlich verbesserte Variante. Das stärkere Triebwerk erlaubt die Verbesserung der meisten Leistungsparameter. So besitzt diese Version Supercruise-Fähigkeiten. Die erhöhte Nutzlast erlaubt das Mitführen von 1000 kg mehr Waffen. Zwei zusätzliche Aufhängepunkte unter dem Rumpf sind vorhanden. Erhöht wurde auch die Tankkapazität um 1400 l. Das verstärkte Hauptfahrwerk wurde neu unter den Flügeln positioniert und weist eine breitere Spur auf. Schließlich besitzt die New Gripen eine AESA-Radarantenne von Thales und die ganze Avionik ist nun modular aufgebaut.
Hersteller: Saab-Scania Aktiebolag, Linköping, Schweden.

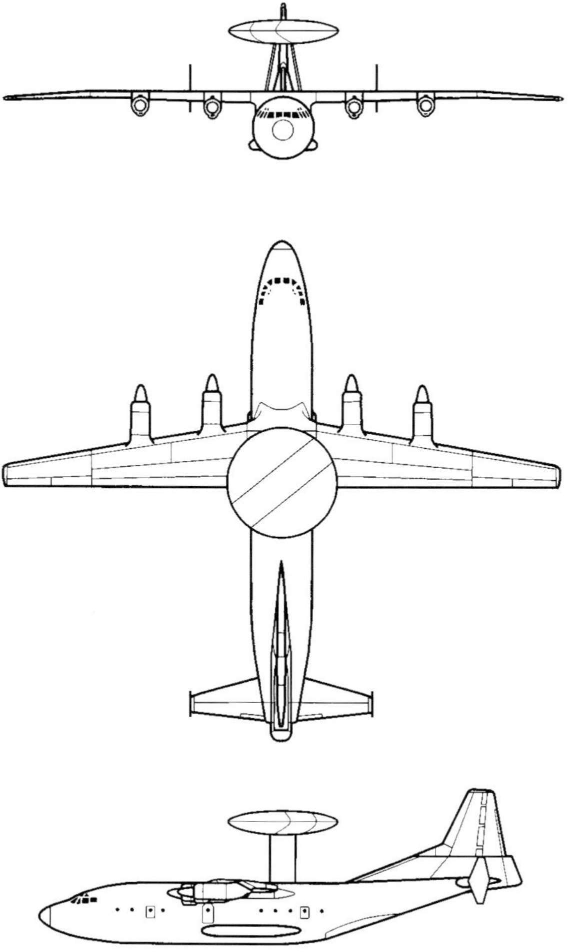

Abmessungen (Y8/Y9):
Spannweite 38,00 m
Länge 34,02/36,00 m
Höhe 11,16/11,30 m
Flügelfläche 121,86 m².

SHAANXI AIRCRAFT Y8/Y9

Ursprungsland: Volksrepublik China.
Kategorie: (Y8/Y9) Mittelschwerer militärischer Transporter, (KJ200/KJ500) Frühwarn- und Radarüberwachungsflugzeug, (Y8GX-8) ELINT-Version.
Triebwerke (Y8F-600/Y9): Vier Propellerturbinen Pratt & Whitney PW 150B von unbekannter Leistung bzw. Zhuzhou WoJiang-6C von je 5100 WPS (3805 kW) Leistung.
Leistungen (Y8F-400/Y9): Höchstgeschwindigkeit 640/650 km/h, Reisegeschwindigkeit 550 km/h; Anfangssteiggeschwindigkeit 7,8/? m/Sek; Dienstgipfelhöhe 8000/10100 m; Reichweite mit max. Nutzlast 2150 km, mit max. Treibstoffzuladung 4500/5000 km.
Gewichte (Y8F-400/Y9): Leergewicht 34760/39000 kg; max. Abfluggewicht 61000/77000 kg.
Zuladung (Y8F-400/Y9): Drei Mann Besatzung und bis zu 96/132 Soldaten bzw. 72 liegende und 20 sitzende Verletzte plus drei Pfleger; max. Nutzlast 15000/25000 kg.
Entwicklungsstand: Die Ursprungsausführung Y-8 fliegt seit 25. Dezember 1974, die Weiterentwicklung Y-9 seit 5. November 2010. Letztere befindet sich seit 2012 bei Luftwaffe und Marine Chinas im Einsatz. Von der AEW-Ausführung erhielt die Luftwaffe der VR China sechs Y8W, Pakistan vier als ZDK-03 bezeichnete Einheiten. Seit 2011 fliegt auch eine Seeüberwachungs- und U-Bootbekämpfungsausführung.
Bemerkungen: Von der Y8/Y9 gibt es mittlerweile eine Vielzahl von Ausführungen. Nebst der Transportversion sind mehrere AEW&C/ELINT/SIGINT-Varianten gebaut worden. Die KJ-200 basiert auf der Y8F-600 und besitzt ein elektronisch scannendes Fixradar über dem Rumpf. Sie soll am 14. Januar 2005 erstmals geflogen sein. Bei der an Pakistan abgelieferten ZDK-03 handelt es sich ebenfalls um eine Y8F-600, aber ausgerüstet mit einem drehenden »Tellerradar« analog der Iljuschin A50Ehl (siehe Ausgabe 2011). Schließlich gibt es noch die Y8W, basierend auf der älteren Y8F-400, aber ebenfalls mit Drehradar über dem Rumpf. Die Seeüberwachungs- und U-Bootbekämpfungsausführung besitzt vorne am Rumpf ein Suchradar und in der Rumpfmitte einen Waffenschacht. Im Heck wurde eine MAD-Sonde (**M**agnetic **A**nomaly **D**etector; Metallanzeigedetektor) angebracht. Zudem ist diese Ausführung mit verschiedenen elektronischen Sensoren ausgerüstet. Die Weiterentwicklung Y9 erbringt dank stärkerer Triebwerke deutlich bessere Flugleistungen.
Hersteller: Shaanxi Aircraft Company, Shaanxi, Volksrepublik China.

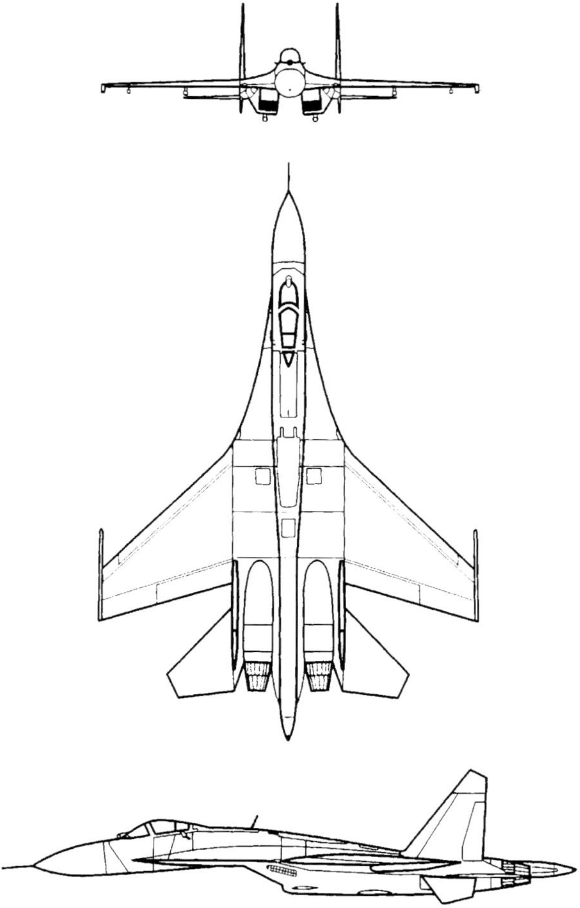

Abmessungen:
Spannweite 14,70 m, mit beigeklappten Flügeln 7,40 m
Länge 21,90 m
Höhe 5,93 m
Flügelfläche 62,04 m^2.

SHENYANG J-15 FLYING SHARK

Ursprungsland: Volksrepublik China (Russland).
Kategorie: Ein- und zweisitziges bordgestütztes Mehrzweckkampfflugzeug.
Triebwerke: Zwei Mantelstromtriebwerke WS-10A von je rund 8100 kp (79,43 kN) Standschub ohne und 12500 kp (122,60 kN) Standschub mit Nachbrenner.
Leistungen (Schätzungen): Höchstgeschwindigkeit 2100 km/h (Mach 2,0) in großer Höhe; 1350 km/h auf Meereshöhe (Mach 1,1); Anfangssteiggeschwindigkeit 325 m/Sek; Dienstgipfelhöhe 20000 m; Reichweite in großen Höhen 3500 km.
Gewichte: Leergewicht 17500 kg; normales Startgewicht 27000 kg, max. 33000 kg.
Bewaffnung: Eine sechsläufige 30-mm-Revolverkanone und Waffen aller Art bis zu 8000 kg an zwölf Aufhängepunkten.
Entwicklungsstand: Ein erster Prototyp fliegt seit 31. August 2009. Diese Version kommt auf dem bisher einzigen Flugzeugträger Liaoning der Chinesischen Volksmarine zum Einsatz. Erste Probeeinsätze auf dem Schiff fanden im Herbst 2012 statt. Der Serienbau soll 2013 gestartet worden sein. Bereits fliegen rund 20 J-15. Am 4. November 2012 flog erstmals auch die zweisitzige J-15S.
Bemerkungen: Die J-15, Flying Shark genannt, ist eine trägergestützte Weiterentwicklung der Shenyang J-11 (siehe Ausgabe 2012). Sie basiert vermutlich auf der russischen Suchoj Su-33 (siehe Ausgabe 1997), welche auf dem russischen Flugzeugträger im Einsatz ist. Ob es sich bei der J-15 um eine Neuentwicklung oder nur um eine Kopie des Ausgangsmusters handelt, kann noch nicht beurteilt werden. Man kann davon ausgehen, dass Radar und Avionik sowie die meisten Systeme der J-11B entsprechen und somit chinesischer Provenienz sind. Für den Einsatz auf Flugzeugträgern ist die Struktur sicherlich verstärkt. Die J-15 verfügt zudem über beiklappbare Flügel. Die dunkle Radarnase lässt vermuten, dass darin ein neues AESA-Radar eingebaut ist. Sie kann auch mit einem Refulling-Pod ausgerüstet werden, um andere J-15 im Flug betanken zu können.
Hersteller: Shenyang Aircraft Corporation, Shenyang, Volksrepublik China.

Abmessungen:
Spannweite 14,70 m
Länge 21,94 m
Höhe 6,35 m
Flügelfläche 62,04 m².

SHENYANG J-11B/J-16

Ursprungsland: Volksrepublik China.
Kategorie: Ein- oder zweisitziges Mehrzweckkampfflugzeug.
Triebwerke (J-11B/J-16): Zwei Mantelstromtriebwerke WS-10 bzw. WS-10A Taihang von je 9090 kp (89,17 KN) Standschub und 14960 kp (135,00 kN) mit Nachbrenner.
Leistungen (J-11B/J-16, geschätzt): Höchstgeschwindigkeit 2500 km/h (Mach 2,35) auf 11000 m Höhe; 1350 km/h auf Meereshöhe (Mach 1,1); Anfangssteiggeschwindigkeit 305 m/Sek; Dienstgipfelhöhe 17300 m; Einsatzradius im Tiefflug 1500 km, Reichweite mit max. Treibstoffzuladung 3900 km.
Gewichte (J-16): Leergewicht 17700 kg; normal beladen 26000 kg, max. 35000 kg.
Bewaffnung: Eine sechsläufige 30-mm-Revolverkanone und Waffen aller Art bis zu 8000 kg an zwölf Aufhängepunkten, u.a. (J-11A) halbaktive Luft-Luft-Lenkwaffen.
Entwicklungsstand: Erste Bilder der Version J-16 Version sind im Juni 2012 aufgetaucht. Ein erstes Serienexemplar fliegt seit Anfang 2014. Die Produktion des Vorgängers J-11 soll Mitte 2014 zugunsten der J-16 eingestellt worden sein. Wie viele Maschinen von der Luftwaffe der VR China beschafft werden, ist nicht bekannt.
Bemerkungen: Die J-16 basiert auf der Shenyang J-11 (siehe Ausgabe 2012), welche wiederum eine chinesische Weiterentwicklung der russischen Suchoj Su-27SK (siehe Ausgabe 2006) ist. So erhielt die erste eigene Ausführung der J-11 Triebwerke, Radar und Avionik chinesischer Provenienz. Auch die Bewaffnung wurde vollständig auf einheimische Produkte umgestellt. Als erste Variante hat man die J-11A gebaut, ausgerüstet mit einer EFIS-Avionik, dem verbesserten N001VE-Radar und leistungsfähigerem Prozessor. Die Piloten können Helmvisir-gesteuerte Funktionen auslösen. Die nächste Ausführung J-11B ist als Mehrzweckkampfflugzeug ausgelegt. Die Struktur wurde durch Verwendung von Verbundwerkstoffen um rund 700 kg erleichtert. Schließlich gibt es noch den Doppelsitzer J-11BS. Der wesentlichste Unterschied zwischen der J-16 und der J-11 stellt das neue AESA-Radar chinesischer Provenienz dar.
Hersteller: Shenyang Aircraft Corporation, Shenyang, Volksrepublik China.

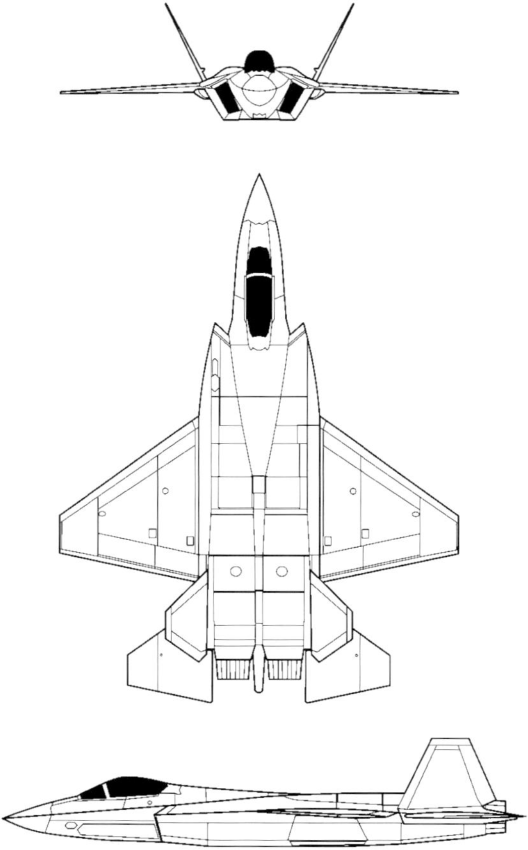

Abmessungen (noch sehr provisorische Angaben):
Spannweite 11,50 m
Länge 16,90 m
Höhe 4,80 m
Flügelfläche ca. 40 m^2.

SHENYNAG J-31

Ursprungsland: Volksrepublik China.
Kategorie: Einsitziges Mehrzweckkampfflugzeug.
Triebwerke (Prototyp): Zwei Mantelstromtriebwerke Klimow RD-93 oder alternativ zwei Guizhou WS-13 Taishan.
Leistungen (noch sehr provisorische Angaben): Höchstgeschwindigkeit Mach 1,8; Aktionsradius 1250 km ohne bzw. 2000 km mit Zusatztanks; Überführungsreichweite 4000 km.
Gewichte (noch sehr provisorische Angaben): Normales Startgewicht 17500 kg.
Bewaffnung: Waffen können sowohl in zwei internen Waffenschächten sowie unter den Flügeln mitgeführt werden.
Entwicklungsstand: Ein erster Prototyp nahm die Flugerprobung am 31. Oktober 2012 auf. Erste Spekulationen gehen dahin, dass es sich um ein Mehrzweckkampfflugzeug der 5. Generation, vorwiegend für Einsätze ab Flugzeugträgern handeln könnte, aber auch allenfalls ein Konkurrenz- bzw. Ergänzungsprodukt zur Chengdu J-20 (siehe Seiten 136/137). Chinesische Offizielle ließen aber verlauten, dass dieser Typ auch für den Exportmarkt vorgesehen ist.
Bemerkungen: Von der Auslegung her scheint dieses Muster eine gewisse Ähnlichkeit zur Lockheed Martin F-22 Raptor (siehe Ausgabe 2011) aufzuweisen, in den Abmessungen jedoch kleiner zu sein. Beobachter spekulieren über das eingesetzte Triebwerk: Denkbar ist das bekannte russische Klimow RD-93, aber auch eine neue chinesische Eigenentwicklung ist möglich. Mindestens der entdeckte Prototyp wies aber keine Vektor-Steuerung der Triebwerke auf. Die Flügelanordnung soll jener der F-35 nahe kommen. Die beiden Seitenleitwerke gleichen jenen der F-22. Die ganze Formgebung deutet auf Stealth-Eigenschaften hin. Beim Fahrwerk fällt auf, dass das Bugfahrwerk Doppelbereifung aufweist, was darauf hindeuten könnte, dass dieser Typ auch für Einsätze auf Flugzeugträgern sowie auf unbetonierten Pisten vorgesehen ist. Kürzlich gezeigte Modelle deuten darauf hin, dass eine Serienversion u.a. über vollständig überarbeitete Seitenleitwerke und einer einteiligen Cockpithaube verfügen wird.
Hersteller: Shenyang Aircraft Corporation, Shenyang, Volksrepublik China.

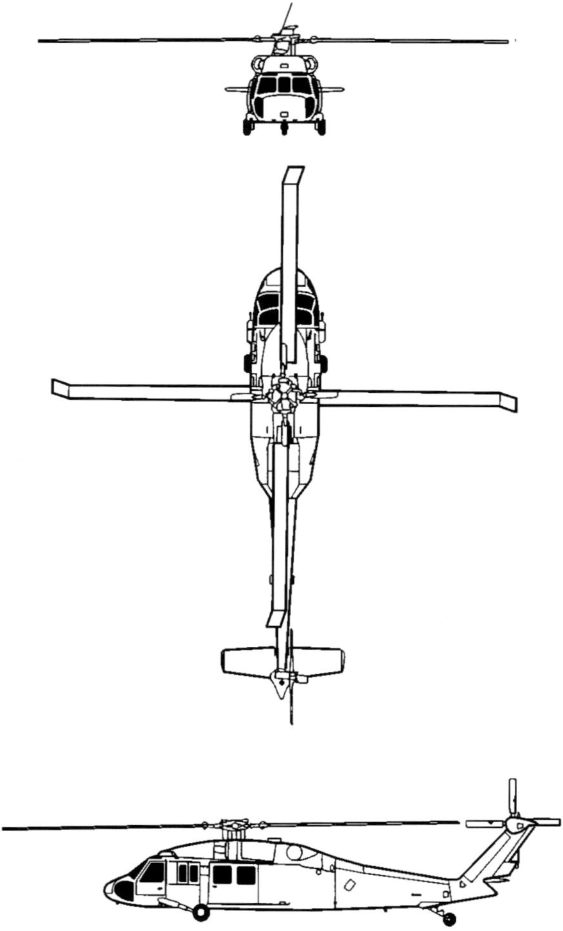

Abmessungen:
Rotordurchmesser 16,36 m
Rumpflänge 15,26 m
Höhe inkl. Rotormast 3,76 m.

SIKORSKY UH-60M BLACKHAWK

Ursprungsland: USA.
Kategorie: Taktischer Transporthubschrauber.
Triebwerke: Zwei Gasturbinen General Electric T700-GE-701D von je 2215 WPS (1651 kW) Leistung.
Leistungen: Max. Reisegeschwindigkeit 280 km/h; vertikale Steiggeschwindigkeit 5,04 m/Sek; Dienstgipfelhöhe 5837 m; Schwebehöhe mit Bodeneffekt 3206 m, ohne 1831 m; Reichweite 511 km, mit zwei 870-l-Zusatztanks 1667 km.
Gewichte: Leer 5670 kg; max. Startgewicht mit Außenlasten 10433 kg.
Zuladung: Drei Mann Besatzung und elf voll ausgerüstete Soldaten. Als Transporter bis zu 4100 kg Außenlasten am Frachthaken.
Entwicklungsstand: Die neueste Variante der umfangreichen S-70/H-70-Familie, die UH-60M, flog erstmals am 17. September 2003. 1375 (956 UH-60M/419 HH-60M) neue Hubschrauber werden für die US Army in jährlichen Tranchen von etwa 80 Maschinen bis 2026 beschafft. Die 500. wurde am 19. Juli 2012 an die US Army abgeliefert. Weitere Bestellungen für diese Version u.a.: Bahrain 9, Mexiko (Luftwaffe 18, Marine 8, Polizei 6), Schweden 15, Taiwan 60, Thailand 5, Tunesien neu 12, UAE 50. Rund 3500 Blackhawks aller Versionen sind bisher an über 30 militärische oder paramilitärische Organisationen, aber auch vereinzelt an Private geliefert worden. Neben der UH-60M wird auch die UH-70i produziert (Bestellungen u.a. Kolumbien 7, Türkei 109 T-70).
Bemerkungen: Die UH-60M stellt eine wesentlich weiter entwickelte Ausführung der UH-60L dar. Durch verschiedene Verbesserungen steigt die Lebensdauer der Triebwerke an. Ihre Leistung konnte zudem um 4% erhöht werden. Weitere Merkmale der UH-60M sind die größere Treibstoffkapazität, breitere Rotorblätter und ein neues Glascockpit. Die Avionik umfasst auch ein GPS sowie einen neuen Autopiloten. Zudem ist die Struktur verstärkt. Später kommen vielleicht ein Fly-By-Wire-System und auch neue Triebwerke GE CT7-8C der Leistungsklasse 3000 WPS hinzu. Seit 2010 wird eine als S-70i bezeichnete Weiterentwicklung der UH-60L angeboten, die über eine crash-resistentere Kabine verfügt. Ganz neu ist die HH-60W, die Combat Rescue-Version für die USAF. Bis zu 112 sollen beschafft werden. Sie verfügen über eine Sonderausrüstung sowie größere Treibstofftanks.
Hersteller: Sikorsky Aircraft, Stratford, Connecticut, USA.

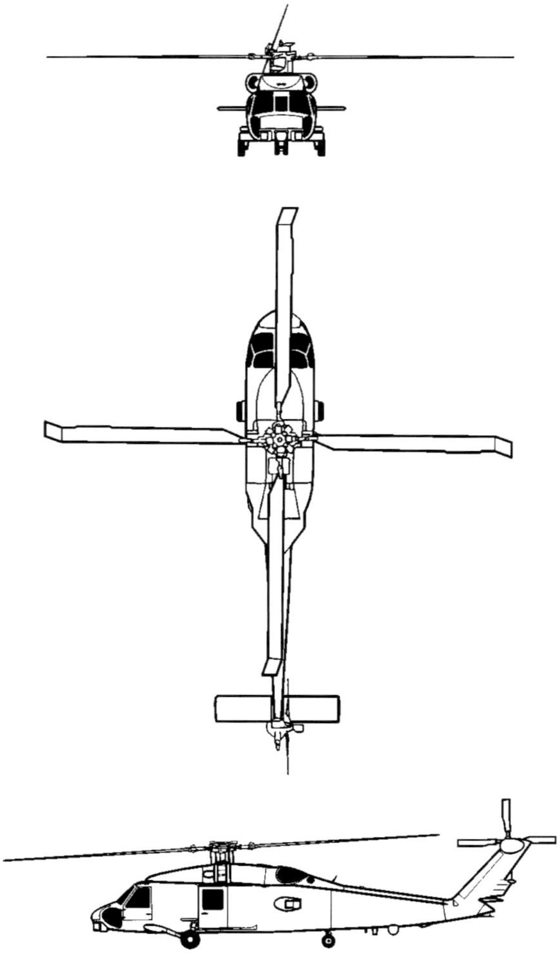

Abmessungen:
Rotordurchmesser 16,36 m
Rumpflänge 15,26 m
Höhe inkl. Rotormast 3,79 m.

SIKORSKY MH-60R STRIKEHAWK

Ursprungsland: USA.
Kategorie: Bordgestützter U-Bootjäger- und Mehrzweckhubschrauber.
Triebwerke: Zwei Gasturbinen General Electric T700-GE-401C von je 1900 WPS (1417 kW) Leistung.
Leistungen: Höchstgeschwindigkeit 272 km/h auf Meereshöhe; max. Reisegeschwindigkeit 249 km/h auf 1525 m; Aufenthaltsdauer 3 Std. 50 Min. in 92 km bzw. 45 Min. in 483 km Entfernung vom Stützpunkt.
Gewichte: Leergewicht 6191 kg; max. Startgewicht 10700 kg.
Bewaffnung: Zwei Torpedos Mk.46 oder zwei Antischiffslenkwaffen Penguin sowie AGM-114 Hellfire-Panzerabwehrlenkwaffen und ein 7,62-mm-Maschinengewehr.
Entwicklungsstand: Eine aus einer SH-60B umgebaute MH-60R flog erstmals am 19. Juli 2001, die erste voll ausgerüstete Ausführung am 4. April 2002. Rund 300 sollen bis 2017 durch die US Navy erworben werden, 200 davon waren Ende 2014 abgeliefert. Die erste Staffel hat im Oktober 2007 die Einsatzfähigkeit erlangt. Die Marine Australiens beschafft 24 Einheiten, Dänemark 9, Qatar 6 und Süd Korea 8. Von den verschiedenen Versionen der SH/HH/MH-60 wurden über 550 Einheiten an zehn Marinen oder Küstenwachen geliefert. In beschränkten Zahlen ist diese Ausführung weiterhin im Bau, u.a. für die Marinen von Brasilien (zusätzliche 2) und Singapur (zusätzliche 2) und eventuell auch für die Indische Marine (16).
Bemerkungen: Während die Grundstruktur der MH-60R gegenüber dem Ausgangsmuster in etwa gleich bleibt, stellt sie in vielen Bereichen eine Neukonstruktion dar. So verfügt sie u.a. über ein EFIS-Glascockpit, APS-147-Mehrzweckradar, AQS-22-Sonar, Akustik-Prozessor. FLIR-Sensor und ECM-Ausrüstung sind ebenfalls völlig neu. Später sollen neue Triebwerke der 3000 WPS-Klasse (2240 kW) eingebaut werden, welche sowohl die Flugleistungen als auch die Wirtschaftlichkeit verbessern. Die Ausrüstung der MH-60R ermöglicht es, mehrere Aufgaben der früheren SH-60B/SH-60F/HH-60H-Versionen in einem Muster zu vereinen. Eine Transport- und Mehrzweckversion MH-60S (siehe Ausgabe 2008) der USN wird bei einem Gesamtbedarf von 275 weiterhin gebaut. Die SH-60K der Japanischen Marine ist eine verbesserte Ausführung der SH-60J mit einer der MH-60R ähnlichen Aufdatierung.
Hersteller: Sikorsky Aircraft, Stratford, Connecticut, USA.

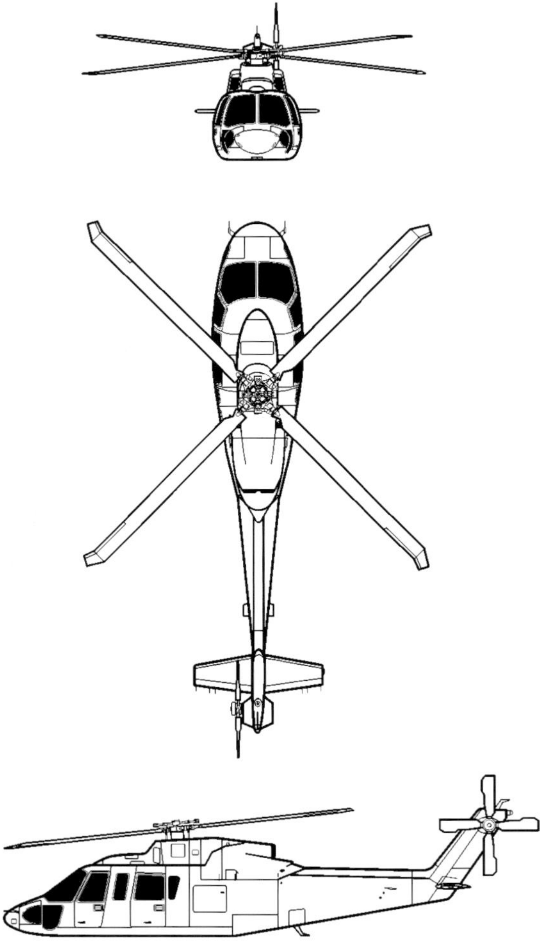

Abmessungen:
Rotordurchmesser 13,41 m
Rumpflänge 13,22 m
Höhe über Heckleitwerk 3,58 m.

SIKORSKY S-76D

Ursprungsland: USA.
Kategorie: Ziviler Mehrzweck- und Transporthubschrauber.
Triebwerke: Zwei Gasturbinen Pratt & Whitney PW 210S von je 1050 WPS (783 kW) Leistung.
Leistungen: Höchstgeschwindigkeit 287 km/h auf Meereshöhe; Reisegeschwindigkeit 260 km/h; Dienstgipfelhöhe 4572 m; Schwebehöhe mit Bodeneffekt 2957 m bzw. ohne Bodeneffekt 1524 m; Reichweite mit normaler Treibstoffzuladung und 30 Min. Reserven 639 km, ohne Reserven 834 km.
Gewichte: Leergewicht 3269 kg; max. Startgewicht 5307 kg.
Zuladung: Ein bis zwei Piloten und normal sechs, maximal 12 Passagiere; max. Nutzlast (Utility/Executive, S-76C++, siehe Dreiseitenriss) 2129/1571 kg.
Entwicklungsstand: Der Prototyp der S-76D hob erstmals am 7. Februar 2009 ab. Mit den Auslieferungen begann man später als geplant erst im zweiten Quartal 2013. Bisher sind Bestellungen bzw. Absichtserklärungen für 100 Exemplare bekannt gegeben worden, darunter von Bristow bis zu 26, Saudi Arabien für 12 (+ 8 Optionen), Zhuhai Helicopters 15, Japan Coast Guard neu 11, Air Engiadina 1. Jährlich sollen bis zu 30 Einheiten produziert werden. Von allen S-76-Versionen baute der Hersteller bisher über 800 Hubschrauber.
Bemerkungen: Die derzeit neueste Ausführung S-76D ist mit leistungsfähigeren und verbrauchsgünstigeren Triebwerken ausgestattet. Besonders in heißen und hochgelegenen Regionen kann sie wesentlich größere Nutzlasten mitführen. Zudem verfügt sie über vibrationsärmere Rotorblätter aus Verbundwerkstoffen. Neu ist auch die TopDeck-Avionik von Thales. Wegen der umfangreicheren Ausrüstung musste auch das elektrische System verstärkt werden. Mit der S-76D zielt der Hersteller primär auf den VIP-Hubschraubermarkt. Diese Version ist mit einer entsprechend komfortablen Inneneinrichtung ausgerüstet. Im Flug soll sie noch vibrations- und geräuschärmer als die Vorgängerversion sein. Der Rumpf und weitere Elemente werden von Aero Vodochody in Tschechien hergestellt.
Hersteller: Sikorsky Aircraft, Stratford, Connecticut, USA.

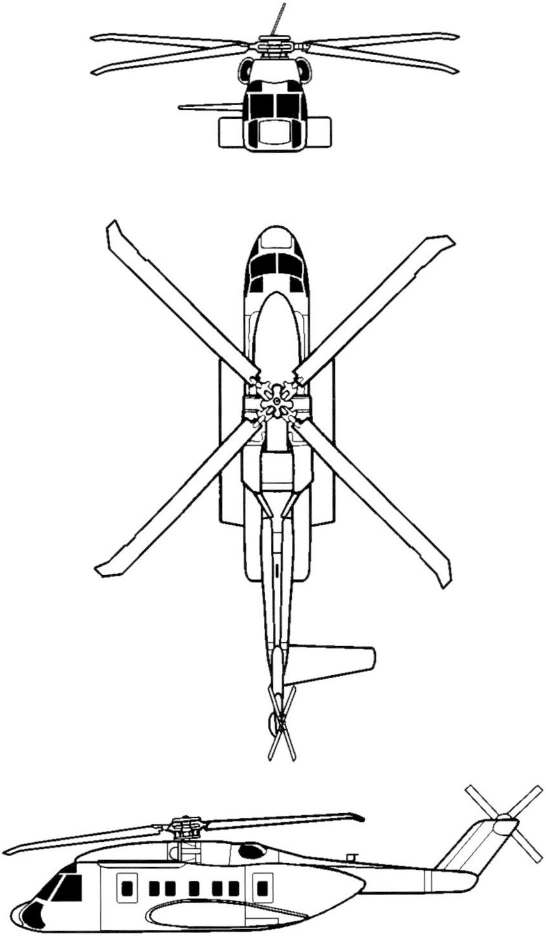

Abmessungen:
Rotordurchmesser 17,17 m, Rumpflänge 17,10 m, Höhe inkl. Rotorkopf 4,71 m.

SIKORSKY S-92 HELIBUS/CH-148 CYCLONE

Ursprungsland: USA.
Kategorie: Ziviler und militärischer Mehrzweckhubschrauber.
Triebwerke: Zwei Gasturbinen General Electric CT7-8 von je 2400 WPS (1790 kW) Leistung.
Leistungen (S-92): Höchstgeschwindigkeit 305 km/h; max. Reisegeschwindigkeit 280 km/h; normale Reisegeschwindigkeit 254 km/h; Dienstgipfelhöhe 4570 m; Schwebehöhe mit Bodeneffekt 3261 m, ohne Bodeneffekt 1942 m; Reichweite mit 19 Passagieren ohne Reserven 996 km, max. 1272 km.
Gewichte (S-92): Leergewicht 7212 kg; max. Startgewicht mit interner Nutzlast 12150 kg, mit externer Nutzlast 12837 kg.
Zuladung: Zwei Piloten und zwischen 19 und 22 Passagiere; max. externe Nutzlast 4760 kg.
Bewaffnung (CH-148): Torpedos, Minen und Lenkwaffen an Auslegern seitlich am Rumpf.
Entwicklungsstand: Das erste von vier Erprobungsexemplaren S-92A startete am 23. Dezember 1998 zum Erstflug. Die Ablieferung an Kunden begann Mitte 2004. Mehr als 200 Hubschrauber waren Ende 2014 im Einsatz, darunter mehrere als Staatshubschrauber (Bahrain, Guinea, Qatar, Südkorea, Thailand, Türkei, Turkmenistan). 28 Einheiten einer Mehrzweckversion CH-148 Cyclone (Erstflug 15. November 2008, Ablieferung ab Mitte 2012) erhält die Marine Kanadas. Die bisher größten zivilen Besteller sind CHC Helicopters mit 39 und Bristow mit 47 Einheiten. Vorläufig sechs als VH-92 bezeichnete S-92 werden für die Flotte des US Präsidenten beschafft. Bristow betreibt seit Ende 2014 elf S-92 im Auftrag der UK Coast Guard als Rettungshubschrauber.
Bemerkungen: Während der Rumpf eine völlige Neukonstruktion darstellt, sind die meisten dynamischen Komponenten (Haupt- und Heckrotor, Rotorkopf) von der S-70 übernommen. Die geräumige Kabine (Länge 5,67 m, Breite 2,00 m, Höhe 1,83 m) bietet einen Komfort wie ein Linienflugzeug, so z. B. bezüglich Lärm und Vibration. Das Fahrwerk ist einziehbar. Zum besseren Beladen ist eine Heckladerampe vorhanden. Nebst der heute üblichen Elektronik verfügt die S-92 über die Besonderheit eines digitalen Flugkontrollsystems (AFCS), das den Hubschrauber auch im Schwebeflug automatisch steuert. Als Avionik gelangt die Collins Pro Line 21 zum Einbau. Die S-92 soll dank verschiedener Rüstsätze für eine Vielfalt von Aufgaben einsetzbar sein, u. a. Offshore-Einsätze, SAR-, ASW-Aufgaben sowie für VIP- und Commuterflüge.
Hersteller: Sikorsky Aircraft, Stratford, Connecticut, USA.

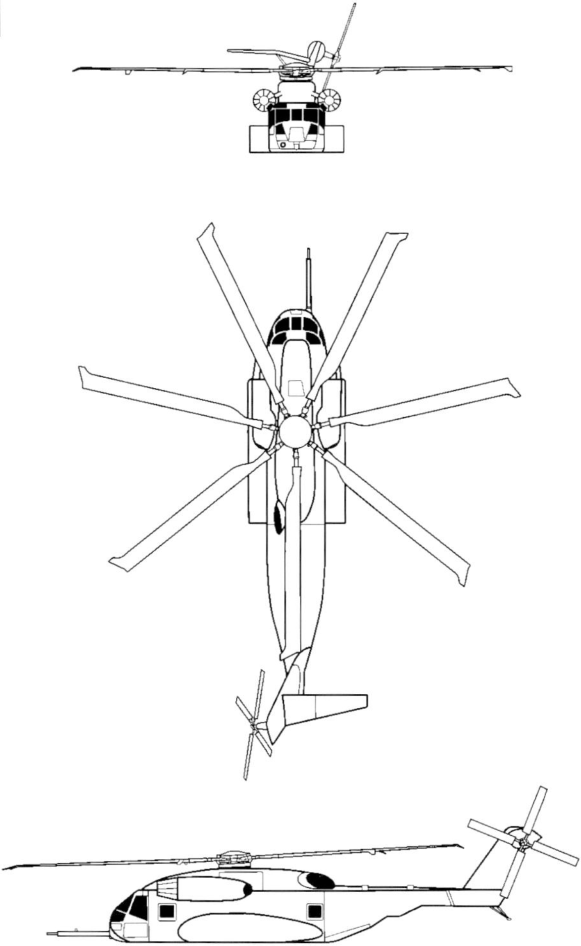

Abmessungen:
Rotordurchmesser 24,00 m
Rumpflänge inkl. Rotor 30,20 m
Höhe 8,46 m.

SIKORSKY CH-53K KING STALLION

Ursprungsland: USA.
Kategorie: Schwerer Transporthubschrauber.
Triebwerke: Drei Gasturbinen General Electric GE38-1B von je 7500 WPS (5600 kW) Leistung.
Leistungen (nach Angaben des Herstellers): Reisegeschwindigkeit 315 km/h; max. Schrägsteiggeschwindigkeit 13,00 m/Sek; Dienstgipfelhöhe 4380 m; Aktionsradius mit einer Nutzlast von 12200 kg 200 km; Reichweite mit max. interner Treibstoffzuladung rund 840 km.
Gewichte: Leergewicht 15071 kg; beladen 33600 kg; max. Startgewicht 38400 kg.
Zuladung: Zwei Piloten und zwischen 37 und 55 voll ausgerüstete Soldaten. Je nach Einsatz zusätzlich drei Mitrailleure; max. Nutzlast 15900 kg.
Bewaffnung: Möglichkeit an den beiden Seitentüren und auf der Heckladerampe Maschinengewehre fest einzubauen.
Entwicklungsstand: Ein erster Prototyp YCH-53K hatte am 5. Mai 2014 den Roll-out und soll Anfang 2015 die Flugerprobung aufnehmen. Insgesamt sind vier fliegende Erprobungsmuster geplant. Das USMC will rund 200 Einheiten beschaffen, die ersten vier wurden mittlerweile bestellt. Mit der Indienststellung rechnet man ab 2019.
Bemerkungen: Die neu als King Stallion bezeichnete CH-53K sieht äußerlich fast gleich wie das Vorgängermuster CH-53E aus. Dabei handelt es sich bei ähnlichen Außenabmessungen weitgehend um eine Neukonstruktion und sie ist wesentlich leistungsfähiger. Im Vergleich zum Ausgangsmuster weist die CH-53K u. a. folgende Veränderungen bzw. Verbesserungen auf: Neuer siebenflügliger Hauptrotor aus Verbundwerkstoffen, neue und um 57% leistungsstärkere Triebwerke die generell bessere Flugleistungen, besonders in hoch gelegenen heißen Gebieten ermöglichen. So kann sie im Vergleich zur CH-53E eine Nutzlast von 12200 kg etwa doppelt so weit transportieren. Sie wird auch rund 37 km/h schneller sein. Wie heute üblich, gelangt ein Multifunktionscockpit zum Einbau. Das Steuerungssystem beruht auf Fly-By-Wire-Basis. Die Kabine misst in der Länge 9,10 m, in der Höhe 2,00 m und in der Breite 2,70 m und ist damit rund 0,25 m breiter als jene der CH-53E. Das Innenvolumen nimmt um rund 15% zu. Der Rumpf besteht weitgehend aus Verbundwerkstoffen.
Hersteller: Sikorsky Aircraft, Stratford, Connecticut, USA.

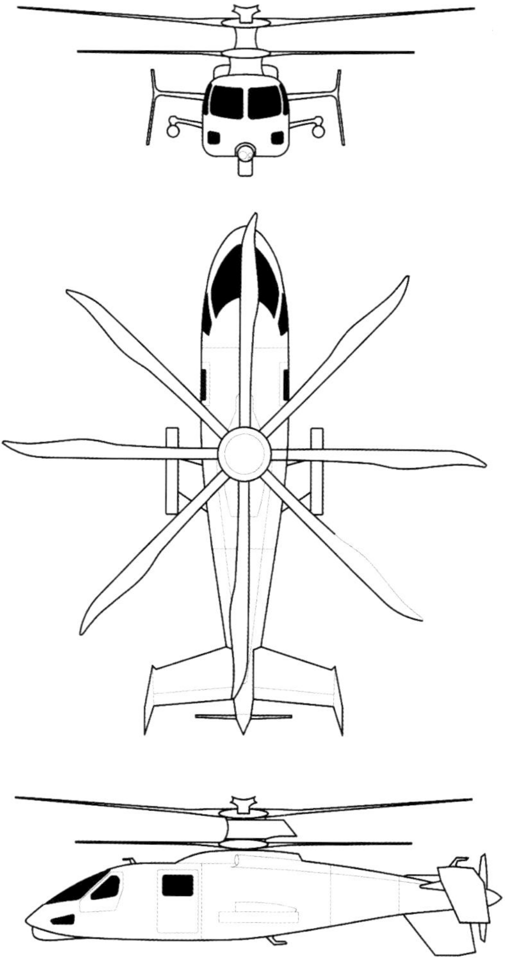

Abmessungen:
Rotordurchmesser 10,36 m
Durchmesser Heckpropeller 2,13 m
Rumpflänge 11,28 m.

SIKORSKY S-97 RAIDER

Ursprungsland: USA.
Kategorie: Erprobungsträger für einen militärischen Mehrzweckhubschrauber der nächsten Generation.
Triebwerke: Eine Gasturbine General Electric YT706-GE-700R mit einer Leistung von rund 2600 WPS (1950 kW).
Leistungen (erste Schätzungen): Höchstgeschwindigkeit unbewaffnet bis zu 500 km/h, bewaffnet 410+ km/h; Einsatzhöhe bei 360 C bis zu 3050 m; Reichweite mit max. interner Treibstoffzuladung mehr als 600 km; maximale Flugdauer 2,7 Std.
Gewichte: Max. Startgewicht 5171 kg.
Zuladung: Zwei Mann Besatzung und bis zu sechs Soldaten.
Bewaffnung: An Pylonen seitwärts am Rumpf können Hellfire-Lenkwaffen, ungelenkte 2,75-Raketen sowie 20-mm-Kanonen bzw. 7,62-mm-Maschinengewehre mitgeführt werden.
Entwicklungsstand: Die erste S-97 wurde im Oktober 2014 der Öffentlichkeit vorgestellt und sollte Anfang 2015 zum Erstflug starten. Dieses Muster ist ausschließlich mit Firmenmitteln finanziert. Ein Serienbau ist nach heutigem Kenntnisstand nicht vorgesehen.
Bemerkungen: Basierend auf dem Erprobungsträger Sikorsky X2 (siehe Ausgabe 2009) wurde die Weiterentwicklung S-97 primär für militärische Einsatz lanciert. Die Absicht des Herstellers ist, mit diesem Typen den Hubschraubermarkt zu revolutionieren. Deshalb vereinigt die S-97 eine ganze Anzahl wichtiger Innovationen, u.a. starrer Coaxial-Rotor aus Verbundwerkstoff, vierblättriger Schubpropeller, Fly-By-Wire-Steuerung, aktiv gesteuertes Höhen- und Seitenleitwerk. Der Rumpf besteht vollständig aus Verbundwerkstoffen. Die S-97 soll im Flug äußerst agil und wendig zu steuern sein, schneller, höher und weiter fliegen als konventionelle Hubschrauber heutiger Generation. Alle diese Eigenschaften befähigen diesen Typ besonders für militärische Spezialoperationen und sogenannte Scout-Einsätze.
Hersteller: Sikorsky Aircraft, Stratford, Connecticut, USA.

Abmessungen (Su-30MK):
Spannweite 14,70 m
Länge 21,93 m
Höhe 6,35 m
Flügelfläche 63,20 m².

SUCHOJ SU-30MKK/MKI/MK2

Ursprungsland: Russland.
Kategorie: Zweisitziges Mehrzweckkampfflugzeug
Triebwerke: Zwei Mantelstromtriebwerke Saturn (Lyulka) AL-31F von je 8100 kp (79,43 kN) Standschub ohne und 12500 kp (122,60 kN) mit Nachbrenner.
Leistungen (Su-30MK): Höchstgeschwindigkeit Mach 2,0 in großer Höhe; 1350 km/h auf Meereshöhe (Mach 1,1); Anfangssteiggeschwindigkeit 330 m/Sek; Dienstgipfelhöhe 17300 m; Einsatzradius im Tiefflug 1270 km, Reichweite in großen Höhen 3000 km, mit einer Flugbetankung 5200 km.
Gewichte (Su-30MKK): Leergewicht 17700 kg; max. Startgewicht 34500 kg.
Bewaffnung: Eine 30-mm-Kanone GSh-301 und Waffen aller Art bis zu 8000 kg an zwölf Aufhängepunkten.
Entwicklungsstand: Die Mehrzweckversion Su-30M fliegt seit 30. Dezember 1989, gefolgt von der Su-30MKK 1993 und der Su-30MKI am 26. November 2000. Mehr als 200 Su-30MKK bzw. Su-30MK2 beschaffte die Chinesische Luftwaffe, 24 die Marine. Folgende weitere Luftwaffen setzen diese oder Unterversionen davon ein: Algerien 44 Su-30MKI, Indien 314 (Lizenzbau), Indonesien 18+ Su-30MK, Malaysia 16 Su-30MKM, Russland: Luftwaffe 60 Su-30SM, neu Marine 12 Su-30SM, Venezuela 24 Su-30MKV, Vietnam bis zu 36 Su-30MK2, Uganda 8-12? Su-30MK2.
Bemerkungen: Die doppelsitzige Ausführung Su-30M ist vorwiegend für Jagdbomber-Einsätze vorgesehen. Entsprechend dem Aufgabenspektrum wurden anstelle des Abfangradars ein neues Kampfelektroniksystem sowie ein Navigationssystem Loran eingebaut. Besonders die Heckpartie wurde überarbeitet und verstärkt. Die neueste Ausführung heißt Su-30SM (Erstflug 31. September 2012) und ist ausschließlich für die Luftstreitkräfte Russlands bestimmt. Wesentliche Änderungen umfassen ein Bars-R-Radar, Weitwinkel-HUD und generell verbesserte Avionik. Die Triebwerke verfügen über Schubvektor-Steuerung analog der Suchoj Su-35 (siehe Seiten 298/299).
Hersteller: Suchoj Design Bureau/KnAAPO, Werke Komsomolsk-na-Amur und Irkutsk, Moskau, Russland.

Abmessungen:
Spannweite 15,30 m
Länge 21,93 m
Höhe 5,90 m
Flügelfläche 62,00 m².

SUCHOJ SU-35M-1

Ursprungsland: Russland.
Kategorie: Einsitziger Luftüberlegenheits- und Mehrzweckjäger.
Triebwerke: Zwei Mantelstromtriebwerke NPO Saturn 117S mit Schubvektorsteuerung von je 8800 kp (86,27 kN) ohne und 14500 kp (142,97 kN) mit Nachbrenner.
Leistungen: Höchstgeschwindigkeit Mach 2,25 in großer Höhe; 1400 km/h auf Meereshöhe; Anfangssteiggeschwindigkeit 330 m/Sek; Dienstgipfelhöhe 18000 m; Einsatzradius im Tiefflug 1270 km, Reichweite auf Meereshöhe 1580 km, in großen Höhen 3600 km, mit Zusatztanks 4500 km.
Gewichte: Leergewicht 17000 kg; normales Startgewicht 25300 kg, mit Überlast 34500 kg.
Bewaffnung: Eine 30-mm-Kanone GSh-301 und Waffen aller Art bis zu 8000 kg an zwölf Aufhängepunkten.
Entwicklungsstand: Der erste Prototyp nahm die Flugerprobung am 19. Februar 2008 auf, gefolgt vom zweiten am 2. Oktober 2008. Das erste Serienflugzeug flog erstmals im Frühjahr 2011. Die Russische Luftwaffe bestellte 2009 48 Su-35M. Mit weiteren Aufträgen wird gerechnet. Die Einsatzbereitschaft erfolgte Ende 2012. China verhandelt weiterhin über einen Auftrag für 24 Su-35M-1.
Bemerkungen: Erste Bemühungen, die einsitzige Su-27 weiterzuentwickeln, gab es bereits Mitte der Neunziger Jahre. Immer wieder wurden weitere Varianten vorgestellt, die aber alle im Prototypstadium stecken blieben. Die neueste als Su-35-1 bezeichnete Ausführung der Generation 4++ besitzt einen überarbeiteten Flügel. Dafür wurde auf die Vorflügel verzichtet. Dank stärkerer Triebwerke mit Schubvektorsteuerung verbessern sich diverse Leistungsparameter. So besitzt die Su-35M-1 Supercruise-Fähigkeit. Eingebaut wird das derzeit modernste russische Kampfradar Tikhomirov NIIP Irbis-E mit neuester Phased-Array-Funktion (= elektronische Strahlschwenkung). Weitere Elektroniksysteme, z.B. zur Suche via Infrarot und zur Verfolgung von Zielen sind vorgesehen. Völlig neu ist das Cockpit mit u.a. sog. HOTAS-Bedienung (Hands-On-Throttle-And-Stick). Angesichts des erhöhten Startgewichts wurde das Fahrwerk verstärkt und vorne mit Zwillingsrädern versehen.
Hersteller: Suchoj Design Bureau/KnAAPO, Werk Komsomolsk-na-Amur, Moskau, Russland.

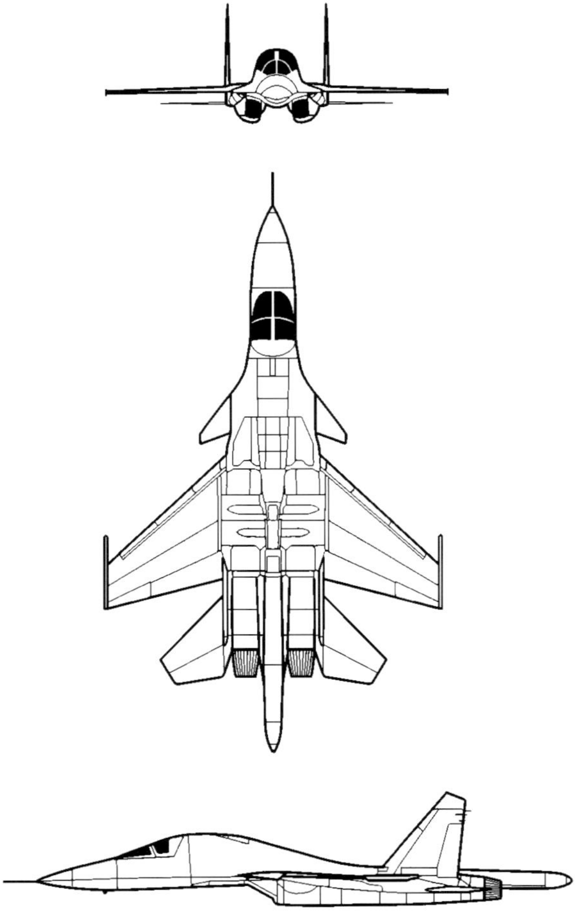

Abmessungen:
Spannweite 14,70 m
Länge 23,95 m
Höhe 6,10 m
Flügelfläche 62,00 m^2.

SUCHOJ SU-34

Ursprungsland: Russland.
Kategorie: Zweisitziger Jagdbomber.
Triebwerke: Zwei Mantelstromtriebwerke Saturn (Ljulka) AL-35F von je rund 14000 kp (137 kN) Standschub mit Nachbrenner.
Leistungen (geschätzt): Höchstgeschwindigkeit 2500 km/h auf 11000 m (Mach 2,35), auf Meereshöhe 1400 km/h (Mach 1,17); Dienstgipfelhöhe 14000+ m; max. Reichweite 4000 km.
Gewichte: Max. Startgewicht 44360 kg.
Bewaffnung: Eine eingebaute 30-mm-Kanone und eine Waffenlast von 8200 kg, z. B. Luft-Boden-Lenkwaffen Kh-25M, Kh-29, Kh-58, Antiradar-Lenkwaffen Kh-31P oder Antischiffs-Raketen Kh-31A oder Kh-35 sowie gelenkte und frei fallende Bomben aller Art. Zudem können Luft-Luft-Lenkwaffen R-73 oder RVV-Ae (R-77) mitgeführt werden.
Entwicklungsstand: Der als Su-27IB bezeichnete Prototyp startete am 13. April 1990 zum Erstflug. Im September 1993 folgte der erste von drei auf Su-34 umbenannten Serienprototypen. Die beschränkte Serienproduktion von sieben, zwischendurch wieder als Su-27IB bezeichnet, begann 1996. Nun heißt der Typ definitiv Su-34. Nachdem 2010 die Luftwaffe Russlands 32 Einheiten bestellt hatte, folgte 2012 ein weiterer Auftrag über 92 Maschinen. Mit den Auslieferungen wurde Anfang 2012 begonnen. Bisher sind gegen 40 Su-34 gebaut worden.
Bemerkungen: Der augenfälligste Unterschied zum Ausgangsmuster Su-27 ist der völlig neu konstruierte Vorderrumpf mit Sitzen nebeneinander. Die Piloten verfügen über ein geräumiges, z.T. gepanzertes Cockpit. Die Su-34 ist mit kleinen Vorflügeln hinter dem Cockpit sowie mit bis an die Nase weiter gezogenen Vorflügelkanten ausgerüstet. Für den harten Erdkampfeinsatz ist sie zudem punktuell verstärkt und verfügt über ein neues Hauptfahrwerk mit Doppelrädern hintereinander. Gegenüber den Prototypen wurde der Heckkonus vergrößert, um Platz für einen Bremsfallschirm und ein rückwärts gerichtetes Radar zu schaffen. Zudem ist das Seitenleitwerk etwas kleiner. Einem Prototyp wurde ein modernstes Mehrzweckradar Leninetz mit hochauflösender Kartendarstellung sowie ein Trägheits-Navigationssystem mit GPS eingebaut. An den Flügelspitzen sind ECM-Pods Sorbtsiya-S montiert.
Hersteller: Suchoj Design Bureau, Werk KnAAPO Nowosibirsk, Moskau, Russland.

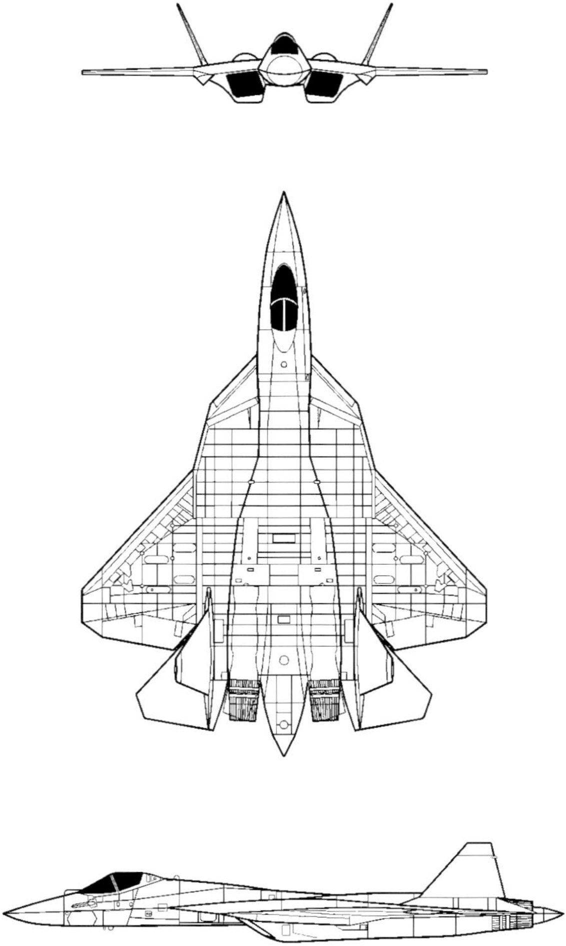

Abmessungen:
Spannweite 13,95 m
Rumpflänge 19,80 m
Höhe 4,74 m
Flügelfläche 78,80 m^2.

SUCHOJ T-50

Ursprungsland: Russland.
Kategorie: Einsitziger Luftüberlegenheitsjäger und Mehrzweckkampfflugzeug.
Triebwerke: (Prototypen): Zwei Mantelstromtriebwerke NPO Saturn AL-41F von je 9500 kp (93,16 kN) ohne und je 15000 kp (147,10 kN) mit Nachbrenner und Schub-Vektor-Steuerung.
Leistungen: Höchstgeschwindigkeit 2440 km/h (Mach 2,3); Supercruise-Geschwindigkeit auf optimaler Höhe rund Mach 1,3; Dienstgipfelhöhe 18000 m; Aktionsradius mit normaler Bewaffnung 1200 km; max. Reichweite ohne Zusatztanks 3500 km, mit Zusatztanks 7400 km.
Gewichte: Leergewicht 18500 kg; Startgewicht 26000 kg, max. 35000 kg.
Bewaffnung: Sechs intern in Waffenschächten mitgeführte Luft-Luft-Raketen, davon vier des Mittelstreckentyps R-77M sowie zwei Kurzstrecken Luft-Luft-Raketen R-73, R-74 oder R-30. Weiter können TV-, Laser- und Radar-gelenkte Luft-Boden-Waffen bis zu einem Gewicht von rund 7500 kg geladen werden. Später soll auch eine 30-mm-Kanone eingebaut werden.
Entwicklungsstand: Am 29. Januar 2010 hat der erste Prototyp die Flugerprobung aufgenommen. Mittlerweile fliegen fünf Prototypen. Vorerst will die Russische Luftwaffe zehn Vorserienmaschinen erwerben, bevor der definitive Beschaffungsentscheid gefällt wird. Der Zeitpunkt der Indienststellung ist für 2016 vorgesehen. Man erwartet, dass Russland vorerst 60, später bis zu 250 Einheiten erwirbt. Die Indische Luftwaffe scheint an der Beschaffung der T-50 interessiert zu sein, und zwar an einer leicht größeren zweisitzigen Variante.
Bemerkungen: Mit der T-50 will die Russische Luftwaffe ein mit der Lockheed Martin F/A-22 Raptor (siehe Ausgabe 2011) vergleichbares Kampfflugzeug entwickeln. Wie bei allen neuen Konstruktionen von Kampfflugzeugen wird die T-50 über gute Stealth-Eigenschaften verfügen. Eine weitere Neuerung für russische Modelle ist die Fähigkeit, ohne Nachbrenner recht hohe Überschallgeschwindigkeit zu erreichen. Konkrete Informationen über Auslegung, Materialverwendung und Elektronik sind noch nicht im Detail bekannt. Man kann davon ausgehen, dass die T-50 alle einem Muster der sog. fünften Generation entsprechenden Konstruktionsmerkmale und Systeme aufweist. Die Serienmuster sollen das in Entwicklung stehende neue Triebwerk NPO Saturn izdeliye 30 mit einer Leistung von 11500 ohne und 18000 kp mit Nachbrenner erhalten.
Hersteller: Suchoj Design Bureau/KnAAPO, Moskau, Werk Komsomolsk-na-Amur, Russland.

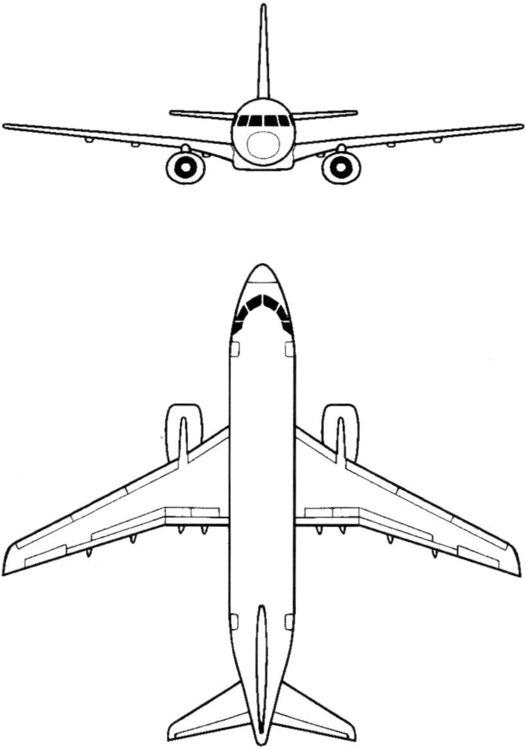

Abmessungen:
Spannweite 27,80 m
Länge (SSJ 100-75) 26,33 m, (SSJ 100-95) 29,83 m
Höhe 10,28 m
Flügelfläche 84,00 m^2.

SUCHOJ SUPERJET 100

Ursprungsland: Russland.
Kategorie: Kurz- und Mittelstrecken-Verkehrsflugzeug.
Triebwerke: Zwei Mantelstromtriebwerke Snecma/NPO Saturn SaM-146 von je (SSJ 100-75) 6985 kp (68,50 kN) bzw. (SSJ 100-95) von je 7937 kp (77,85 kN) Standschub.
Leistungen (nach Angaben des Herstellers): Max. Reisegeschwindigkeit Mach 0,78; Dienstgipfelhöhe 12497 m; Reichweite mit max. Nutzlast (SSJ 100-75/LR) 2900/4550 km, (SSJ 100-95/LR) 2950/4420 km, als Option bis zu 4550 km.
Gewichte: Leergewicht zwischen 21900 und 24715 kg; max. Startgewicht (SSJ 100-75/LR) 38820/42280 kg bzw. (SSJ 100-95/LR) 42500/45880 kg.
Zuladung: Zwei Mann Cockpitbesatzung und je nach Ausführung (SSJ 100-75) 75 bzw. (SSJ 100-95) 98 Passagiersitze in Viererreihen. Max. Nutzlast (SSJ 100-75) 9130 kg und (SSJ 100-95) 12245 kg.
Entwicklungsstand: Die erste Superjet 100 nahm am 19. Mai 2008 die Flugerprobung auf. Im April 2011 fand der erste kommerzielle Flug durch Armenia statt. Bis Ende 2014 sind über 160 Bestellungen ausschließlich für die SSJ100-95 eingegangen, u.a. von Aeroflot 30, AIRUnion 15, Dalavia 6, Avia Leasing 24, FinanceLeasing 10+, Interjet 15, Blue Panorama 12. Gegen 50 waren zum selben Zeitpunkt ausgeliefert. Die Version 100LR für längere Strecken absolvierte den Erstflug am 12. Februar 2013.
Bemerkungen: Mit dieser neuen Familie von mittelgroßen Commuter-Flugzeugen versucht sich Russland im nationalen wie auch im internationalen Zivilflugzeugmarkt zu etablieren. Um dies zu erreichen, wurden mehrere internationale Kooperationen eingegangen, so u.a. mit der italienischen Alenia. Beide Grundmuster der Superjet sind zu 95% baugleich. Ein besonderes Merkmal dieses Typs ist die robuste, möglichst einfach gehaltene Grundkonstruktion, welche eine sehr große Bandbreite von Bedürfnissen abdeckt. Die Superjet ist mit einem Fly-By-Wire-Steuersystem mit Sidesticks ausgerüstet. Sie kann auf nur teilweise vorbereiteten Pisten starten und landen. Auf die Wirtschaftlichkeit wurde besonderer Wert gelegt. Als nächstes folgt eine Corporate-Jet-Variante und mittelfristig ist gedacht, eine für 130 Passagiere verlängerte Ausführung zu entwickeln.
Hersteller: Suchoj Civil Aircraft Company, Moskau, Werk KnAAPO, Komsomolsk-na-Amur, Russland.

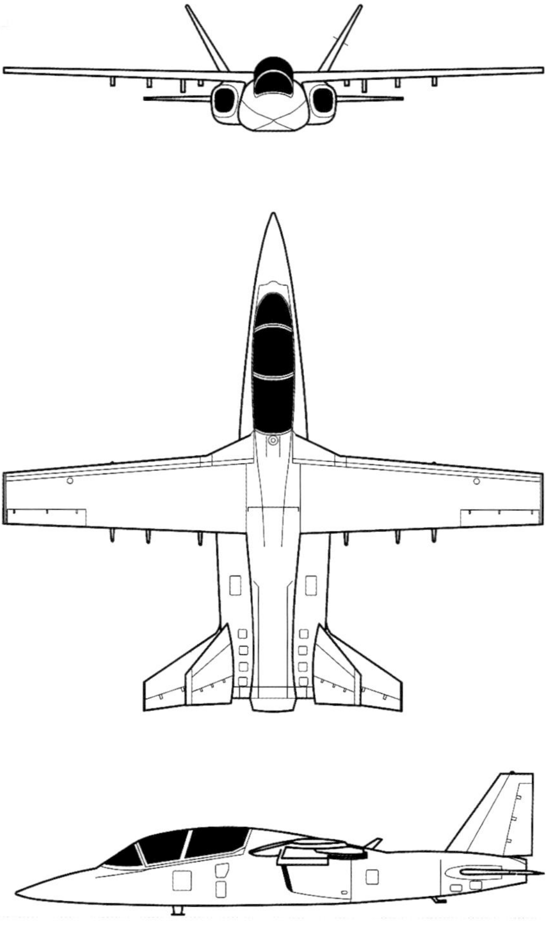

Abmessungen:
Spannweite 14,43 m
Länge 13,26 m
Höhe 4,30 m
Flügelfläche ca. 26,70 m².

TEXTRON AIRLAND SCORPION

Ursprungsland: USA.
Kategorie: Leichtes Erdkampf- und Aufklärungsflugzeug.
Triebwerke: Zwei Mantelstromtriebwerke Honeywell TFE731-40AR-3S von je rund 1800 kp (17,65 kN) Standschub.
Leistungen (nach Angaben des Herstellers): Höchstgeschwindigkeit 830 km/h; Dienstgipfelhöhe 13700 m; max. Reichweite 3800 km; max. Flugdauer 5 Std.
Gewichte: Leergewicht 5352 kg; max. Startgewicht 9638 kg.
Bewaffnung: Verschiedene Waffenlasten in einem Waffenbehälter im Rumpf und an sechs Stationen unter den Flügeln bis zu einem Gesamtgewicht von 2800 kg.
Entwicklungsstand: Überraschend wurde im September 2013 das bisher bei Cessna geheim entwickelte Muster des Mutterkonzerns von Cessna und Bell Helicopters, der Textron vorgestellt. Der Prototyp absolvierte den Erstflug am 12. Dezember 2013. Die Einsatzreife könnte 2015 erreicht werden. Bisher ist aber noch kein Besteller bekannt gegeben worden.
Bemerkungen: Mit der Scorpion versucht der Hersteller in den offenbar als attraktiv beurteilten Markt für leichte Erdkampf- und COIN-Flugzeuge einzusteigen. Das Modell ist für sog. »low-threat-missions« (= Tiefrisiko-Einsätze) optimiert. Die ganze Struktur besteht aus Composites-Werkstoffen. Sie ist entsprechend leicht und robust. Bei der Avionik hat man ein modulares Prinzip gewählt, welches eine spätere Integration von neuen Systemen wesentlich erleichtert und vergünstigt. Angetrieben ist die Scorpion von zwei Mantelstromtriebwerken ziviler Herkunft. Um Entwicklungs- und Herstellkosten zu sparen, wurden wo immer möglich kommerziell bereits erhältliche Teile verwendet. Dabei kommen viele Teile der Cessna Citation-Familie zur Anwendung. Speziell ist bei diesem relativ kleinen Muster, dass er über eine interne Waffenkammer verfügt. Diese lässt sich in verschiedene Bereiche aufteilen. Dank modularen Haltevorrichtungen kann eine Vielzahl von Waffen, Sensoren, Kommunikationsmitteln oder auch ein Zusatz-Treibstofftank bis zu einem Gesamtgewicht von 1360 kg mitgeführt werden.
Hersteller: Textron AirLand Inc. (Joint-Venture zwischen Textron LLC und AirLand Enterprises LLC), Wichita, Kansas, USA.

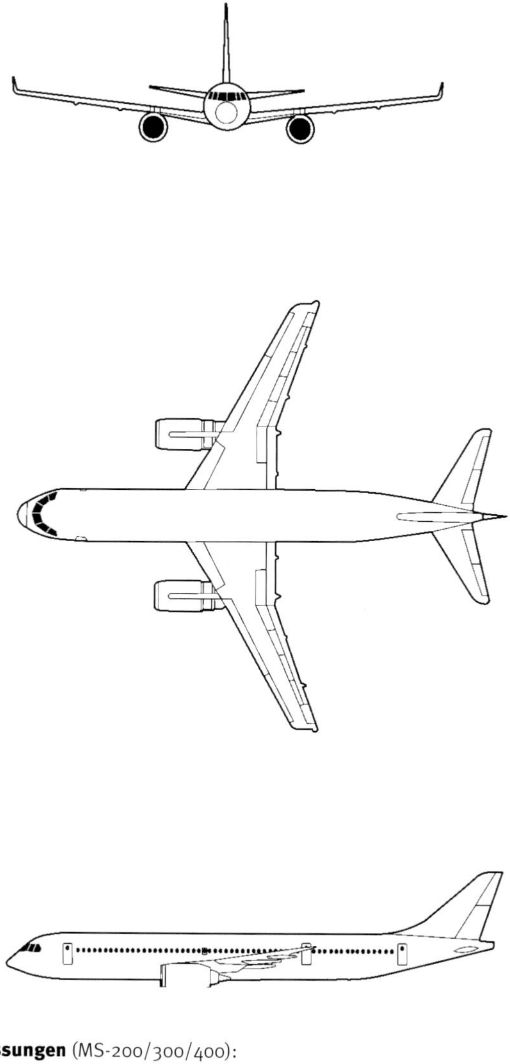

Abmessungen (MS-200/300/400):
Spannweite 35,90/35,90/36,80 m
Länge 35,90/41,50/46,70 m
Höhe 11,50/11,50/12,70 m.

UNITED AIRCRAFT MS-21

Ursprungsland: Russland.
Kategorie: Kurz- und Mittelstrecken-Verkehrsflugzeug.
Triebwerke: Wahlweise zwei Mantelstromtriebwerke Aviadvigatel PD-14 oder Pratt & Whitney PW1400G mit einer Leistung von (MS-200/300/400) 12500/14000/15600 kp (122,6/137,3/153,0 kN).
Leistungen (nach Angaben des Herstellers): Max. Reisegeschwindigkeit Mach 0,80; Dienstgipfelhöhe 11600 m; Reichweite je nach Ausführung zwischen 5000 bis 5500 km.
Gewichte (MS-21-200/300/400, nach Angaben des Herstellers): Max. Startgewicht 67600/76180/87230 kg.
Zuladung: Zwei Mann Cockpitbesatzung und bei einer Standardbestuhlung (MS-200/300/400) 150/181/212 Passagiere in Sechserreihen. Maximal können 162/198/230 Passagiere mitgeführt werden.
Entwicklungsstand: Ein erster Prototyp soll Ende 2015 oder Anfang 2016 die Flugerprobung aufnehmen. Mit den Ablieferungen an Kunden will der Hersteller im Laufe von 2018 beginnen. Bisher sind 175 Bestellungen und 101 Optionen für Maschinen der unterschiedlichen Versionen eingegangen, vorwiegend von Leasinggesellschaften. Die Aeroflot hat 50 MS-21 in Auftrag gegeben.
Bemerkungen: Dank der MS-21-Familie will Russland mit einem konkurrenzfähigen Muster in den heiß umkämpften Markt der 150 bis 200-plätzigen Mittelstreckenflugzeuge eindringen, welchen heute weitgehend Airbus und Boeing kontrollieren. Drei Varianten sollen gebaut werden, die MS-200, -300 und -400, die sich primär durch unterschiedliche Abmessungen, Gewichte und Triebwerke voneinander unterscheiden. Auf die kleinere Ausführung MS-100 wurde verzichtet. Besonders die längste Version dürfte auf ein größeres Interesse stoßen, da sie in die Kategorie der Boeing 757 fällt, für die es aktuell kein adäquates Nachfolgemuster auf dem Markt gibt. Ziel dieses Musters ist, gegenüber den heutigen Modellen ein bis zu 15% effizienteres Flugzeug anzubieten. Zwei Hauptfaktoren dafür sind die Triebwerke neuester Technologie sowie die Struktur, die zu rund einem Drittel aus Verbundwerkstoffen besteht. Die Avionik stammt von Rockwell Collins. Eventuell soll die Bezeichnung der MS-21 auf Yak-242 geändert werden.
Hersteller: United Aircraft Corporation (UAC), Moskau, Werk Irkut Corp., Irkutsk, Russland.

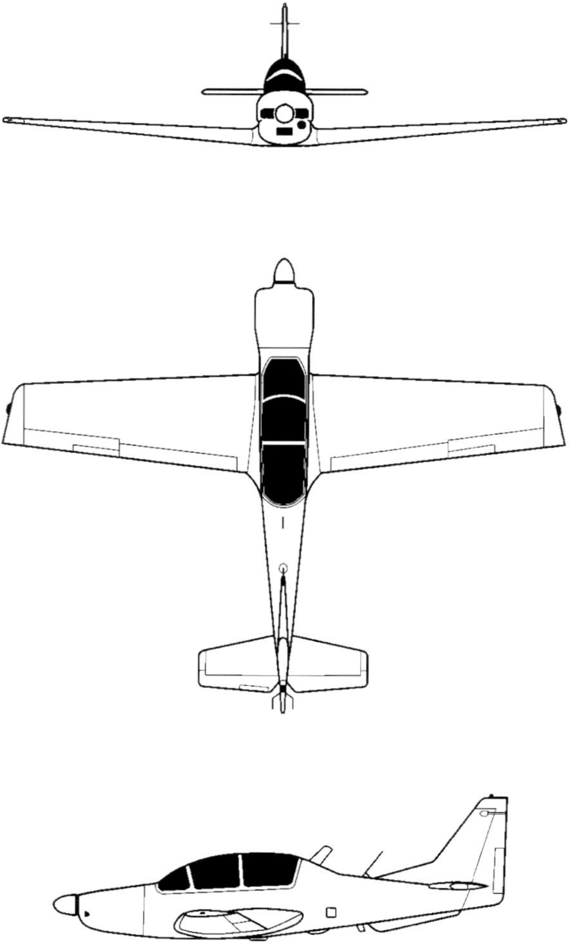

Abmessungen (Lasta-95/Kobac):
Spannweite 9,70/9,60 m
Länge 7,96/8,60 m
Höhe 2,99/3,20 m
Flügelfläche 12,90/11,60 m².

UTVA LASTA-95/KOBAC

Ursprungsland: Serbien.
Kategorie: (Lasta-95) Basistrainer und (Kobac) leichter Erdkämpfer.
Triebwerke (Lasta-95/Kobac): Ein luftgekühlter Sechszylinder-Boxermotor Lycoming AEIO 540-Z1B5D von 300 PS (224 kW) bzw. eine Propellerturbine Pratt & Whitney Canada PT6A-25C von 730 WPS (544 kW) Leistung.
Leistungen (Lasta-95/Kobac): Höchstgeschwindigkeit 320/500 km/h; Dienstgipfelhöhe 6700/8000 m; max. Reichweite 1160 km auf 1500 m bzw. 1600 km auf 4500 m.
Gewichte (Lasta-95/Kobac): Leergewicht 903/1080 kg; max. Startgewicht unbewaffnet 1205/1425 kg, bewaffnet 1450/1900 kg.
Bewaffnung: Als Waffentrainer können bei der Lasta-95 an je einer Station unter den Flügeln Bomben, ungelenkte Raketen oder Maschinengewehrbehälter für max. 240 kg mitgeführt werden. Die Kobac dagegen führt an vier Aufhängepunkten unter den Flügeln bis zu 550 kg Waffen mit.
Entwicklungsstand: Der erste von zwei Lasta-95-Prototypen startete am 5. Februar 2009 zum Erstflug. Irak hat 20 Lasta-95 (+ 15 Optionen) bestellt, die serbische Luftwaffe deren 15. Die Weiterentwicklung Kobac wurde 2012 vorgestellt. Der Erstflug steht aber immer noch aus.
Bemerkungen: Die Lasta-95 (= Schwalbe) basiert auf einem Entwurf aus den Achtziger Jahren, der Lasta 1, welche wiederum von der Lola Utva 75 stammte. Daraus abgeleitet folgte die Version Lasta 2. Mitte der Neunziger Jahre entstand schließlich die Lasta 3, später in Lasta-95 umbezeichnet. Die Prototypen wurden jedoch während des Kosovokrieges zerstört und das Projekt erst 2006 wieder aufgenommen. Von der Lasta 2 unterscheidet sich die Lasta-95 durch einen neuen Flügel und ein geändertes Leitwerk. Die ganze Konstruktion ist konventionell aufgebaut. Die Weiterentwicklung Kobac (= Sperber) stellt eine wesentliche Weiterentwicklung der Lasta-95 dar und ist für leichte Waffeneinsätze konzipiert. Nebst der Propellerturbine verfügt sie über ein leicht gepanzertes Cockpit, Schleudersitz, Angriffs-Avionik und Flügelendtanks.
Hersteller: Utva-Flugzeugwerke, Batajinca/Belgrad, Serbien.

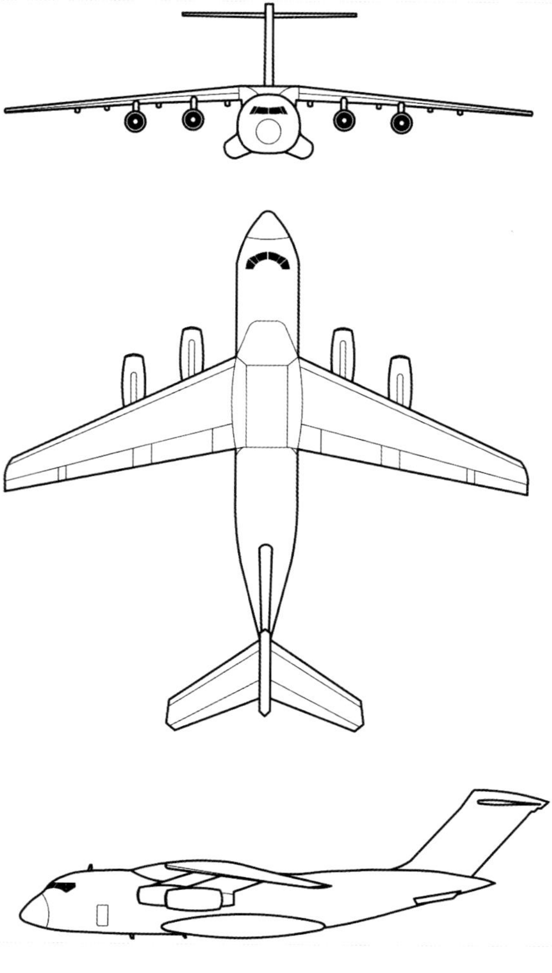

Abmessungen (sehr prov. Angaben):
Spannweite zwischen 45 und 50 m
Länge 47 m
Höhe 15 m
Flügelfläche 330 m^2.

XI'AN Y-20

Ursprungsland: Volksrepublik China.
Kategorie: Schwerer militärischer Langstreckentransporter.
Triebwerke: Vier Mantelstromtriebwerke NPO Saturn D-30KP-2 von je 12120 kp (119,00 kN) Leistung.
Leistungen: (Schätzungen): Höchstgeschwindigkeit ca. 920 km/h; Dienstgipfelhöhe 13000 m; Reichweite mit max. Nutzlast 4500 km.
Gewichte (Schätzungen): Leergewicht ca. 100000 kg max. Startgewicht mehr als 200000 kg.
Zuladung: Zwei Piloten und je nach Quelle eine maximale Nutzlast von zwischen 50000 und 66000 kg.
Entwicklungsstand: Die erste Y-20 nahm die Erprobung am 26. Januar 2013 auf. Aktuell fliegen drei Prototypen. Eine Indienststellung ist frühestens für 2017 zu erwarten. Je nach Quelle will die Luftwaffe der VR China bis zu 400 Einheiten beschaffen.
Bemerkungen: Nach Jahren der Spekulationen wurde die Existenz Ende 2012 bestätigt. Gewisse Ähnlichkeiten mit der Il-76/476 (siehe Seiten 210/211) sind erkennbar. Trotzdem handelt es sich um ein eigenständiges Muster, welches anfänglich mit Unterstützung der ukrainischen Antonow entwickelt wurde. Die Y-20 weist die typischen Merkmale eines militärischen Transporters auf: Rumpf mit großem Querschnitt, Heckladerampe, Hochdecker, T-Leitwerk, robustes Fahrwerk. Heutigen Angaben zufolge dürfte die Y-20 größenmäßig (u.a. Rumpfquerschnitt) zwischen der Il-76 und der C-17 liegen. Obwohl rund 2 m kürzer als die Il-76, soll das Ladevolumen deutlich größer sein. Leistungsmäßig dürften mindestens die Prototypen und die allfälligen Vorserienmaschinen durch die eher schwachen russischen Triebwerke D-30 eingeschränkt sein. Es ist zu vermuten, dass eine spätere Serienausführung über neue stärkere chinesische Triebwerke WS-20 Huanghe mit größerem Nebenstromverhältnis verfügen wird. Dank einem Flügel mit superkritischem Profil und Auftriebshilfen sollen gute Startleistungen und hohe Reichweiten möglich sein. Die Avionik entspricht dem heutigen Standard. Jedes Rad des Fahrwerks weist eine eigene Aufhängung auf und ist damit geeignet, auch auf Naturpisten zu operieren
Hersteller: Xi'an Aircraft Industrial Corporation, Xi'an, Volksrepublik China.

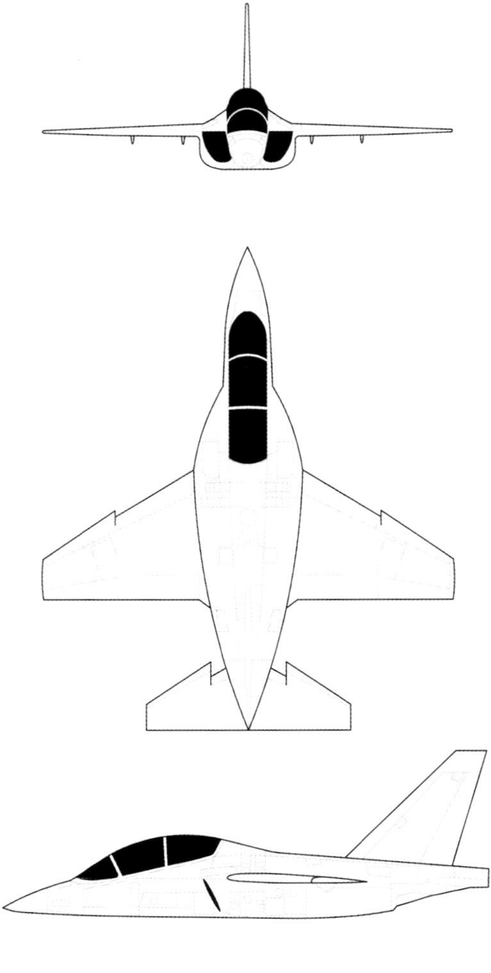

Abmessungen:
Spannweite 9,84 m
Länge 11,49 m
Höhe 4,76 m
Flügelfläche 23,52 m².

YAKOWLEW YAK-130

Ursprungsland: Russland.
Kategorie: Zweisitziger Fortgeschrittenentrainer und leichtes Erdkampfflugzeug.
Triebwerke: Zwei Mantelstromtriebwerke Progress AI-222-25 von je 2500 kp (24,50 kN) Standschub.
Leistungen: Höchstgeschwindigkeit auf Meereshöhe 1060 km/h (Mach 0,919; Anfangssteiggeschwindigkeit 75 m/Sek; Dienstgipfelhöhe 12500 m; Aktionsradius mit zwei 500-kg-Bomben (Einsatzprofil hoch-tief-tief-hoch) 850 km; Überführungsreichweite mit Außentanks 2300 km.
Gewichte: Leergewicht 4600 kg; normales Startgewicht 7230 kg; max. Startgewicht 10290 kg.
Bewaffnung: Waffen aller Art bis zu einem Gewicht von 3000 kg.
Entwicklungsstand: Ein Prototyp startete mit großer Verspätung am 25. April 1996 zum Erstflug. Das erste Serienmuster flog erstmals Ende 2003, das zweite im April 2005. Der Gesamtbedarf der Russischen Luftwaffe beläuft sich auf 300 Maschinen, 12 wurden zuerst bei Sokol, weitere 55 neu bei Irkut bestellt. Die Einsatzfähigkeit wurde Mitte 2012 erreicht. 16 Maschinen beschafft Algerien, Weißrussland vier. Offenbar soll der Auftrag seitens Syriens über 36 Einheiten doch abgewickelt werden. Neuester Besteller: Bangladesh 24. Jährlich werden rund 20 Maschinen gebaut.
Bemerkungen: Die Yak-130 tritt die Nachfolge der heutigen Trainingsflugzeuge Aero L 29 Delfin und L 39 Albatros bei der Russischen Luftwaffe an. Da sie besonders wendig ist, kann die Yak-130 alle wichtigen Flugmanöver der heutigen Kampfflugzeuggeneration Su-27 und MiG-29 ausführen. Die Konstruktion ist von konventioneller Art und besonders robust ausgelegt. Ungewöhnlich ist der komplexe Deltaflügel mit den ovalen Triebwerkeinläufen. Das Triebwerkmanagement (FADEC) ist vollständig digitalisiert, ebenso die übrige Avionik. Die Flugsteuerung stützt sich auf ein vierfach redundantes Fly-By-Wire-System ab. Das Cockpit umfasst u.a. drei große LCD-Bildschirme. Später ist geplant, auch eine Erdkampfversion von der Yak-130 abzuleiten.
Hersteller: OKB Alexander S. Yakowlew, Irkut Corporation, Werk Irkutsk, Sibirien bzw. Sokol, Nizhny Novgorod, Russland.

VERZEICHNIS DER FLUGZEUGTYPEN

ABKüRZUNGEN IM TEXT

Aéronavale	=	Französische Marineluftwaffe
AESA-Radar	=	**A**cive **E**lectronically **S**canned **A**rray, Radar mit aktiver elektronischer Strahlschwenkung
AEW/C	=	**A**irborne **E**arly **W**arning/**C**ommand, fliegende Radarfrühwarn- und Kommandoflugzeuge
ALAT	=	**A**viation **L**égère de l'**A**rmée de **T**erre, französische Heeresluftwaffe
Armée de l'Air	=	Französische Luftwaffe
ASW	=	**A**nti-**S**ubmarine **W**arfare, U-Boot-Bekämpfung
AWACS	=	**A**irborne **W**arning **A**nd **C**ontrol **S**ystem, Frühwarnflugzeug
COMINT	=	**COM**munications **INT**elligence, Nachrichtenaufklärung
CTOL	=	**C**onventional **T**ake-**O**ff and **L**anding, Start und Landung konventionell
CRT	=	**C**athode-**R**ay-**T**ube, Kathodenröhren-Anzeigen
ECM	=	**E**lectronic **C**ounter **M**easures, Sammelbegriff für alle Maßnahmen zur Störung feindlicher Funk- und Radareinrichtungen auf elektronischem Weg
EFIS	=	**E**lectronic **F**light **I**nstrument **S**ystem, Elektronische Bildschirmanzeige-instrumente
Elint	=	**El**ectronics **Int**elligence, elektronische Aufklärung
FADEC	=	**F**ull **A**uthority **D**igital **E**ngine **C**ontrol, Digitales Triebwerkmanagement-System
FBW	=	**F**ly-**B**y-**W**ire, Steuerung des Flugzeuges mittels elektrischen Impulsen
FLIR	=	**F**orward-**L**ooking **I**nfra**R**ed, Infrarot-Nachtsichtgerät
GFK	=	**G**las**f**aserverstärkter **K**unststoff
GPS	=	**G**lobal **P**ositioning **S**ystem, präzise Navigationshilfe mittels Satelliten
HOTAS	=	**H**ands-**O**n-**T**hrottle-**A**nd-**S**tick, alle wichtigen Bedienungsfunktionen sind im Steuerknüppel und Schubhebel vereinigt
HUD	=	**H**ead-**U**p **D**isplay, Blickfelddarstellungsgerät. Die wichtigsten Flugdaten werden auf die Frontscheibe projiziert
IFR	=	**I**nstrument **F**light **R**ules, Instrumentenflugregeln
LANTIRN	=	**L**ow-**A**ltitude **N**avigation **T**argeting **IR** for **N**ight, Tiefflugnavigations- und Infrarot- Angriffssystem für Nachteinsätze
MAD	=	**M**agnetic **A**nomaly **D**etection, Magnetometer, Gerät zum Aufspüren magnetischer Unregelmäßigkeiten (Einsatz zur U-Boot-Bekämpfung)
NVG	=	**N**ight **V**ision **G**oggles, Sammelbegriff für Nachsichtgeräte/-brillen am Kopf des Piloten befestigt
RAAF	=	**R**oyal **A**ustralien **A**ir **F**orce, australische Luftwaffe
RAF	=	**R**oyal **A**ir **F**orce, britische Luftwaffe
RN	=	**R**oyal **N**avy, britische Marineluftwaffe
SAR	=	**S**earch **A**nd **R**escue, Such- und Rettungseinsätze
SAR	=	**S**ynthetic **A**perture **R**adar, Sythetisches Breitband-Aufklärungsradar
SIGINT	=	**SIG**nals **INT**ellingence, Funkaufklärung
STOL	=	**S**hort **T**ake-**O**ff and **L**anding, Kurzstart und -landung
STOVL	=	**S**hort **T**ake-**O**ff and **V**ertical **L**anding, Kurzstart und Senkrechtlandung
USAF	=	**U**nited **S**tates **A**ir **F**orce, Luftwaffe der USA
USCG	=	**U**nited **S**tates **C**oast **G**uard, Küstenwache der USA
USMC	=	**U**nited **S**tates **M**arine **C**orps, Marineinfanterie der USA
USN	=	**U**nited **S**tates **N**avy, Marine der USA
VFR	=	**V**isual **F**light **R**ules, Sichtflugregeln
VTOL	=	**V**ertical **T**ake-**O**ff and **L**anding, Senkrechtstart und -landung
WPS	=	**W**ellen-**PS**, Leistung einer Propeller- oder Gasturbine, gemessen an der Welle; der Restschub wird nicht berücksichtigt, Englisch: shp (Shaft Horse Power)